対話形式による
橋梁設計シミュレーション

中井 博・当麻庄司・丹羽量久 著

共立出版

はしがき

　本書の原書である「BASIC による橋梁工学」が，1989 年に，当麻により刊行されました．

　その後，十数年が経過し，橋梁設計の基本となる道路橋設計示方書が 1990 年，1994 年，1997 年および 2002 年に改訂されてきました．そして，1999 年からわが国でも，旧来の重力単位に代わって，国際的な SI 単位が導入されました．また，パソコンの使用環境も著しく変化し，今までの BASIC 言語が使用できなくなり，新たに VISUAL BASIC 言語を使用しなければ，汎用のパソコンが稼動しなくなりました．

　一方で，大学における各種構造物の設計演習のあり方も，近年著しく変化し，これまでの電卓を用いた手計算による設計は，基本的なものであるものの，あまり現実的でないものになってきました．また，実務において，コンピュータを用いた自動設計が主流となっている反面，計算フローがブラックボックス化し，計算結果が妥当なものか否か，設計の初心者には，判断が極めて難しくなってきています．このように，あらゆる分野でコンピュータを用いた対話形式による設計演習が，理想的な手法として求められています．

　これらの点に鑑み，本書では，各種橋梁のうち代表的なものである

　　　　ⅰ）合成桁橋（本書の第Ⅰ編）
　　　　ⅱ）トラス橋（本書の第Ⅱ編）

の実設計に焦点をあてて，スパンや幅員を自在に変化させて設計できる VISUAL BASIC で書かれたパソコン用のプログラムを，本書に添付の CD にまとめました．すなわち，それらのプログラムは，対話形式になっており，設計結果を見ながら入力を修正して，順次，設計を進めることができるように構築されています．そして，本書の本文には，旧書と同様に，上記の橋梁設計に関する技術的な解説を行っています．また，合成桁橋とトラス橋のそれぞれの巻末にフォームペーパーを準備し，これによって橋梁設計の演習を自分自身で

行い，その結果をコンピュータの演算結果と比較して確かめることができるようにしました．

以上のように，本書の目的は，大学における橋梁設計の演習を添付するパソコンソフトを使って自在に行い，学生の多大な負担を軽減し，かつ橋梁設計への理解を深めようとするものです．また，一方では，橋梁設計の実務においても，概略設計に供し得るように図られています．

なお，本書に添付されたプログラムは，当初「BASICによる橋梁工学」において北海学園大学・当麻研究室の学生諸君によって作成されたものを，今回の出版に当たって同研究室の協力を得てVISUAL BASIC言語に書き換えました．ここに記して，関係者の方々に深甚の謝意を表します．さらに，本書の出版に努力をして下さった共立出版(株)の関係各位にも，厚くお礼を申し上げます．

2005年6月

中井　博
当麻庄司
丹羽量久

目　　次

I編　合成桁橋の設計

1章　設計条件

1.1　道路橋の設計基準 …………………………………………………………… *2*
1.2　プログラムの構成 …………………………………………………………… *2*
1.3　橋の形式 ………………………………………………………………………… *3*
1.4　設計の選択 …………………………………………………………………… *4*
1.5　設計条件の入力 ……………………………………………………………… *5*
1.6　設計条件の確認 ……………………………………………………………… *7*
1.7　一般図 …………………………………………………………………………… *13*

2章　床版の設計

2.1　床版に作用する死荷重強度 ………………………………………………… *16*
2.2　床版に作用する活荷重強度 ………………………………………………… *16*
2.3　床版に作用する曲げモーメント …………………………………………… *17*
2.4　床版の鉄筋量と応力照査 …………………………………………………… *20*

3章　主桁の設計

3.1　主桁に作用する荷重強度 …………………………………………………… *23*
3.2　断面力を求める位置 ………………………………………………………… *30*
3.3　主桁の曲げモーメント影響線 ……………………………………………… *33*
3.4　主桁に働く曲げモーメント ………………………………………………… *34*
3.5　主桁のせん断力影響線 ……………………………………………………… *36*
3.6　主桁に働くせん断力 ………………………………………………………… *38*
3.7　主桁の断面決定 ……………………………………………………………… *40*
3.8　鋼桁の断面定数 ……………………………………………………………… *62*
3.9　合成桁の断面定数 …………………………………………………………… *63*
3.10　合成前死荷重による鋼桁の応力度 ……………………………………… *66*
3.11　合成後死荷重と活荷重による合成桁の応力度 ………………………… *67*
3.12　死荷重と活荷重による鋼桁の応力度 …………………………………… *69*

- 3.13 コンクリートの乾燥収縮による変動応力度 ················· 70
- 3.14 コンクリートのクリープによる変動応力度 ··················· 73
- 3.15 主荷重による応力度の安全照査 ······························· 76
- 3.16 床版と鋼桁の温度差による応力度 ····························· 77
- 3.17 主荷重と温度差の合計応力度に対する安全照査 ················· 79
- 3.18 コンクリートの降伏に対する安全照査 ························ 80
- 3.19 鋼桁の降伏に対する安全照査 ································ 82

4章　補鋼材の設計

- 4.1 支点上の補鋼材の設計 ······································· 85
- 4.2 中間垂直補鋼材の間隔と水平補鋼材の必要性 ···················· 88
- 4.3 中間垂直補鋼材の寸法 ······································· 90
- 4.4 水平補鋼材の寸法 ··· 91

5章　現場継手の設計

- 5.1 上フランジの現場継手 ······································· 93
- 5.2 下フランジの現場継手 ······································· 96
- 5.3 腹板(ウェブ)の現場継手 ···································· 99

6章　ずれ止めの設計

- 6.1 ずれ止めに働く水平せん断力 ································ 105
- 6.2 ずれ止めの間隔 ·· 108

7章　主桁のたわみ　(111)

8章　合成桁橋設計計算のフォームペーパー　(113)

II編　トラス橋の設計

1章　設計条件

- 1.1 プログラムの構成 ·· 126
- 1.2 橋の形式 ·· 126
- 1.3 設計の選択 ·· 129
- 1.4 設計条件の入力 ·· 129
- 1.5 設計条件の確認 ·· 132

1.6　一般図 ·· *136*

2章　縦桁の設計

2.1　縦桁に載荷される死荷重と活荷重(T荷重) ······································ *139*
2.2　縦桁の反力影響線 ·· *141*
2.3　縦桁への死荷重強度 ·· *142*
2.4　縦桁への活荷重強度 ·· *143*
2.5　縦桁に働く曲げモーメント ·· *145*
2.6　縦桁に働くせん断力 ·· *147*
2.7　縦桁の断面決定 ·· *149*
2.8　縦桁の床桁への連結 ·· *155*

3章　床桁の設計

3.1　床桁の反力影響線と活荷重強度 ·· *157*
3.2　床桁への死荷重強度 ·· *158*
3.3　床桁の断面力影響線 ·· *159*
3.4　床桁に働く曲げモーメント ·· *160*
3.5　床桁に働くせん断力 ·· *162*
3.6　中間床桁の断面決定 ·· *164*
3.7　端床桁の断面決定 ·· *165*
3.8　床桁の主構への連結 ·· *166*

4章　主構の設計

4.1　主構への死荷重強度 ·· *167*
4.2　主構への活荷重強度 ·· *170*
4.3　トラスの影響線 ·· *173*
4.4　主構の部材力 ·· *182*
4.5　上弦材の断面決定 ·· *184*
4.6　端柱の断面決定 ·· *190*
4.7　斜材の断面決定 ·· *192*
4.8　下弦材の断面決定 ·· *200*
4.9　主構部材の断面寸法表 ·· *205*

5章　上横構の設計

5.1　上横構への荷重と部材力 ……………………………………………… *209*
5.2　上横構斜材の断面 ……………………………………………………… *212*
5.3　上横構支材の断面 ……………………………………………………… *214*

6章　下横構の設計

6.1　下横構への荷重と部材力 ……………………………………………… *217*
6.2　下横構斜材の断面 ……………………………………………………… *219*

7章　橋門構の設計

7.1　橋門構への荷重と部材力 ……………………………………………… *221*
7.2　橋門構の断面 …………………………………………………………… *222*
7.3　端柱の応力照査 ………………………………………………………… *224*

8章　たわみの計算

8.1　トラスのたわみの計算法 ……………………………………………… *227*
8.2　たわみの制限 …………………………………………………………… *229*

9章　トラス橋設計計算のフォームペーパー　(*231*)

索　引 ……………………………………………………………………………… *251*

付録 CD-ROM の使用に当たって

　本書の付録 CD-ROM には，本文中で解説した「合成桁橋」および「トラス橋」の設計プログラムとソースコードとが収録されています．

◆設計プログラムのご利用方法
　動作環境

合成桁セットアップ	CD-ROM¥gousei¥setup.exe
トラス橋セットアップ	CD-ROM¥truss¥setup.exe
確認済みの動作環境	Windows 2000/XP

　インストール方法（合成桁橋）

　マイコンピュータを右クリックして Explorer を開き，CD-ROM ドライブの setup¥gousei フォルダにある setup.exe をダブルクリックすると，セットアップが実行されますので，＜OK＞をクリックします．

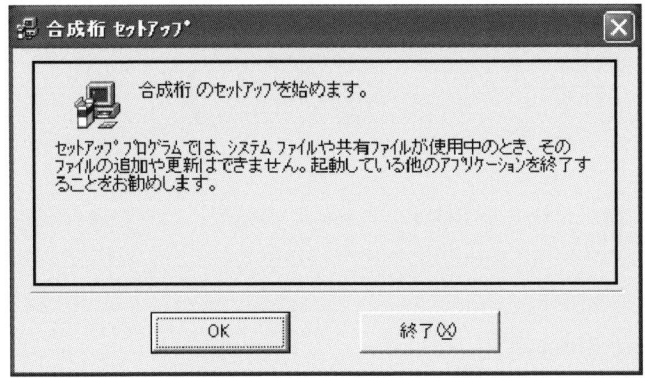

　そして，インストール先を指定し，実行ボタンをクリックしてください．

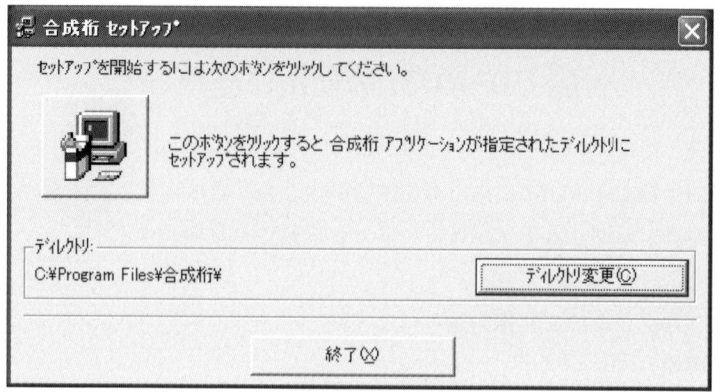

あとは，セットアップの指示に従ってセットアップを完了させてください．
　また，トラス橋に対しては，CD-ROM ドライブの setup¥truss フォルダにある setup.exe を実行してください．

◆ソースコードのご利用方法

　ソースコードは，CD-ROM ドライブの source フォルダ内の書庫ファイルに収録されておりますので，適宜，フォルダにコピーし，解凍してご利用ください．

合成桁ソースコード	CD-ROM¥source¥gousei.lzh
トラス橋ソースコード	CD-ROM¥source¥truss.lzh
コンパイルソフトウェア	Microsoft Visual Basic 6.0 SP 6

　なお，本書の付録 CD-ROM のご利用に当たり，以下の点にご留意ください．

◆使用条件と免責事項

　著者，ならびに共立出版(株)はサポートの義務を負うものではなく，これらが任意の環境で動作することを保証するものではありません．また，いかなる運用結果，ならびに設計情報を応用した結果に対しても責任を負うものではありません．これらすべては，利用者ご自身の責任においてご利用ください．

◆著作権について

本書に収録した設計プログラムのソースコードについては，著作権を主張しません．ソースコードの改変や流用は，自由です．ただし，ソースコードの改変によるいかなる運用結果に対しても責任を負うものではありません．すべて，利用者ご自身の責任においてご利用ください．

◆再計算用の入力データ

CD-ROMの中には，再計算用の入力データ"gousei"（合成桁橋の設計用）と"truss"（トラス橋の設計用）が収録されています．これらの入力データは下記の本に掲載されている設計計算例に基づいて作成したものです．

「新編 橋梁工学」（橋梁工学（第5版）改訂・改題） 中井 博・北田俊行著，共立出版

WindowsとVisual BasicはMicrosoft社の登録商標です．

I編 合成桁橋の設計

道路橋合成桁の設計

Ver 2.0

1章　設計条件

1.1　道路橋の設計基準

　道路橋を設計する場合には，**「道路橋示方書」**によって行う．「道路橋示方書」は，次の5編からなる．
　　Ⅰ「共通編」　Ⅱ「鋼橋編」　Ⅲ「コンクリート橋編」　Ⅳ「下部構造編」
　　Ⅴ「耐震設計編」
本書で設計するのは鋼橋の上部工であるので，上の示方書のうち，Ⅰ 共通編とⅡ 鋼橋編が本書に関係する．橋を設計する場合に必要なさまざまの事項については，これらの示方書に規定されている．Ⅰ 共通編には設計荷重のとり方，材料定数の値等が述べられており，Ⅱ 鋼橋編には鋼材の許容応力度，各種部材の強度，各種鋼橋の設計法等が説明されている．
　本書で設計法について述べていくとき，「道路橋示方書」に従う事項については，その項目番号を記載した．これらの規定についてより詳しく知りたい場合には，「道路橋示方書・同解説」（日本道路協会，平成14年3月）を参考にされたい．

1.2　プログラムの構成

　本書で説明するプログラムは，自動設計の思想を念頭において組まれている．設計者は，基本的には，最初の入力を終えた後は 進　む キーだけで設計を終了することができる．途中，必要と思われるところには，設計者が対話形式で修正を加えることができるようになっている．
　プログラムの構成は，大きく次の4つの部分からなっている．
　　① 設計条件，床版の設計　　　　　　　［画面 I-1 ～ I-7］
　　② 主桁の荷重強度，主桁の断面力　　　［画面 I-8 ～ I-13］

③ 主桁の断面決定（各種応力度の算定） ［画面 I-14 ～ I-30］
④ 補剛材，現場継手，ずれ止め，たわみ ［画面 I-31 ～ I-39］

本書は，コンピュータの各画面ごとにまとめて説明が加えられている．

コンピュータの画面は，進　むにより次の画面へと送っていくが，もとに戻したいときには戻　るをクリックすることにより画面を戻すことができる．ただし，途中主桁の断面力の算定後，次の主桁の断面決定に移ると，この間では，画面をもとに戻すことはできない．その他の画面では，全て画面を戻すことができる．

設計の各画面では，印　刷，またそれまでの設計データを保存して終　了することもできる．

1.3　橋の形式

本書で設計する橋の形式は，"単純活荷重合成 I 桁道路橋"である．"単純"とは橋の支持形式を説明しており(**単純支持**，simple support)，種々の支持形式の中でも言葉が示すとおりもっとも単純なものである．これは，梁の一端が水平移動に固定されたヒンジ(**固定ヒンジ**，fixed hinge)で支持され，他端が水平移動の可能なヒンジ(**可動ヒンジ**，movable hinge)で支持されている．図 I.1 には，桁橋の各種支持形式を示す．

合成桁(composite girder)とは，鉄筋コンクリートの床版部とそれを支える鋼桁部が一体となって働くように合成された桁のことで，これらが別々に働く場合よりも合成することによる相乗的な効果ではるかに効率の良い桁をつくることができる．

"活荷重合成"というのは，**合成断面**(composite section)に作

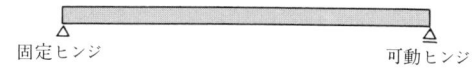
（a）単純梁(simple beam)

（b）張出し梁(overhanging beam)

（c）連続梁(continuous beam)

（d）ゲルバー梁(Gerber beam)

図 I.1　梁の支持形式

用する荷重が主として活荷重であることを示している．そして，ほとんどの死荷重は，合成前の鋼桁断面に作用する．したがって，主桁の設計をするときには，鋼桁断面に作用する断面力と合成断面に作用する断面力を区別して設計計算を行う必要がある．このことから，設計計算は，若干複雑

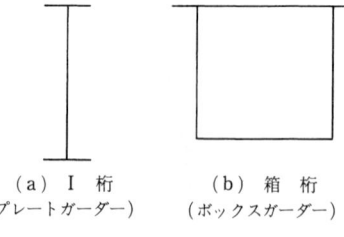

図I.2 桁橋の断面

なことになる．活荷重合成に対しては，死荷重と活荷重の両方が合成断面に作用する死活荷重合成の形式がある．しかし，この形式は，設計計算が簡単な代わりに，施工に手間がかかるため，あまり一般的に用いられない．

"I桁"とは，**上下フランジ**(upper and lower flange)と**腹板**(ウェブ，web)を組み合わせてI形にした桁のことで，鈑桁あるいは**プレートガーダー**(plate girder)とも呼ばれ，鋼橋ではもっとも一般的な桁の形式である．I桁に対しては，鋼板を組み合わせて箱形にした**箱桁**(box girder)がある．これは，断面が四角形の閉じた形をしているので，ねじりに強い性質をもっている．図I.2には，I桁と箱桁の断面形状を示す．

道路橋は，橋としてはもっとも多く建設されるもので自動車を通過させることを目的としている．橋の用途別の分類をすると，そのほかに，鉄道橋，水路橋，歩道橋等がある．しばしば，道路橋には歩道部を路側に設けることがあるが，本書の設計プログラムでは歩道部をもたない道路橋について設計するものとする．

1.4 設計の選択

まず，画面I-1では，新規設計か再設計かを選択する．つぎに，新規設計の場

画面I-1 設計の選択

合，画面 I-2 で設計条件を入力する．再設計の場合，以前の設計データを保存したファイルを呼び出して設計を進めることになる．

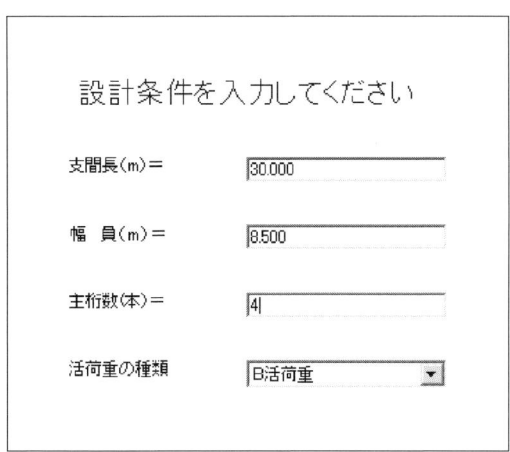

画面 I-2　設計条件の入力

ここでは，新規設計の場合について以後説明を進める．また，設計条件は「新編橋梁工学」（中井博・北田俊行著，共立出版）と同じとし，設計計算の詳細については同書の設計例を参考にされたい．

1.5　設計条件の入力

ここで，設計条件として，支間長，幅員，主桁数および活荷重の種類の4項目を入力する．基本的には，これらが入力のすべてである．これらの設計条件の入力にあたって留意すべき点を，以下にまとめる．

A.　支間と幅員

橋の**支間**(スパン，span)と**幅員**(clear width)は，橋を設計するうえでもっとも基本となる寸法である．本書では，この2つの設計条件と主桁数を入力するだけで，そのほかの必要な設計条件はすべてこれらから推定して自動的に設定するようにプログラムされている．そして，それらの設計条件は，必要に応じて対話形式により修正が可能である．

支間(L)は，単純合成桁の場合 $L=15\sim45$ m 程度が適している範囲である．こ

れ以上の支間をもつ橋になると，**トラス橋**(truss bridge)や**アーチ橋**(arch bridge)がよく用いられ，また各径間をつないだ**連続橋**(continuous bridge)形式にする必要性が出てくる．

幅員は，接続する道路部の幅によって決まってくるが，I 桁橋(プレートガーダー橋)の場合，幅員の大きさによって必要な主桁の本数や主桁の間隔が決定されるので，非常に重要な設計条件の1つである．

B. 主桁の本数

主桁の本数は，幅員との対応で決められるもので，幅員が広くなれば，当然，主桁数も多くなる．主桁の間隔は，大略，3 m までとするのが一般的である．これは，最近自動車荷重の増大に伴い床版の疲労損傷が多く見られるようになっているので，なるべく主桁間隔を狭くとるのがよい．

しかし，最近では，幅員 10 m 程度でも 2 主桁で支持しようとする合理化橋が設計されている．これは，床版に PC(プレストレストコンクリート)構造を用いて強度を大きくし，それを主桁間隔 6 m 程度まで広げた 2 主桁で支える新しい設計概念をもつ橋である．

本書では，従来の設計概念に基づき，主桁本数の制限として 3〜6 本の範囲を設けている．これ以外の本数でも，計算は可能な場合はあるが，一般図の出力やそのほかに問題が発生するおそれがある．

幅員と主桁本数の関係は，一概にいえないが，おおよその目安として，次のような基準が考えられる(後述の図 I.6 参照)．

幅　員	主桁本数
〜7 m	3 本
7〜10 m	4 本
10〜13 m	5 本
12 m〜	6 本

C. 活荷重の種類

活荷重は交通量に応じて A 荷重と B 荷重に分類されるが，これについては 3.1 D「主桁に作用する活荷重強度」のところで詳しく述べる．

1.6　設計条件の確認

前の画面 I-2 で入力した基本的な設計条件をもとに，そのほかの必要な設計条件をコンピュータは，設計者に呈示する．設計者は，修正したい場合，ここで修正することができる．コンピュータがこの画面 I-3 で呈示した設計条件の各項目について，以下で説明する．

画面 I-3　設計条件の確認（本画面は修正入力が可能）

```
他諸値は、以下のように計算されました。

支　間　長(m)＝    30.000
幅　　　員(m)＝    8.500
桁　　　長(m)＝    30.700
橋　　　長(m)＝    30.900
地　覆　幅(m)＝    0.600
地　覆　高(m)＝    0.570
主　桁　数(本)＝   4
主桁間隔(m)＝      2.60
対傾構数(本)＝     7
対傾構間隔(m)＝    5.000
床　版　厚(m)＝    0.24
アスファルト厚(m)＝ 0.08
```

A.　橋長と桁長

支間，幅員そして主桁数の基本的な 3 つの設計条件を入力することにより，画面 I-3 のに示すように，そのほかの必要な設計条件がすべて自動的に決定される．そのうち，橋長と桁長は，次のようにして決めている．

$$橋長＝支間＋900\,\text{mm}, \quad 桁長＝支間＋700\,\text{mm}$$

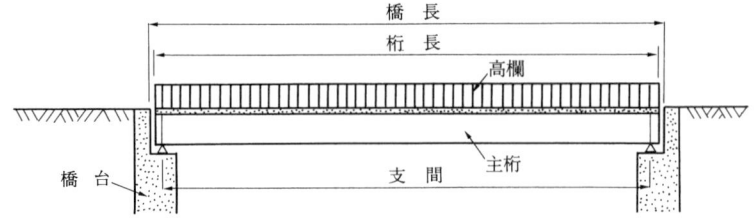

(a) 側 面 図

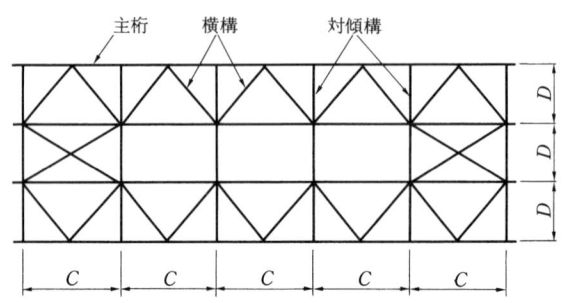

C：対傾構間隔(6m以下)
D：主桁間隔

(b) 平 面 図

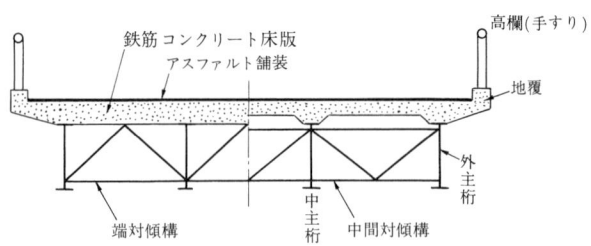

(c) 断 面 図

図 I.3 一般図（I桁（プレートガーダー）橋）

　橋長と桁長は，橋の設計計算上それほど重要な意味をもつものではなく，また以後の設計計算でも使われることはないが，設計計算の終了後に一般図（図 I.3）を作成し，また橋の製作や施工をするときには重要な寸法の1つになってくる．

B. 地覆幅と地覆高

地覆(coping) というのは，床版の端部で車輪が橋から落ちないように少し高くした部分をいう（図I.3(c) 参照）．この部分は，とくに基準等に従って決めているわけではないが，一般的な寸法として画面I-3に示すように，地覆幅＝600 mm および地覆高＝570 mm と，あらかじめプログラムで設定されている．この寸法は，設計者がこの段階で自由に修正することができる．

地覆の寸法をあらかじめ決定しておくことは，後で荷重強度の算定を行うときに必要となる．地覆は，荷重強度全体の中で占める割合がそれほど大きくはなく，設計計算上決定的な影響を与えるものでない．しかし，実際に施工するにあたって，地覆部の大きさは，その上に取り付く**高欄**(手すり，hand rail) との関係等で重要な意味をもっている．

C. 対傾構の本数と間隔

「道路橋示方書」によれば，プレートガーダー橋の**対傾構**(sway bracing) の間隔は，6 m 以内でかつフランジ幅の30倍を超えない範囲と決められている(「道示II 10.6.2」)．したがって，プログラムでは，対傾構の間隔が6 m を超えないように支間を等分割して設定している．

主桁本数が3本以上のときは**荷重分配横桁**が必要になるが(「道示II 10.6.2」)，このときには，中央の対傾構が荷重分配横桁にとって代わられることになる．すなわち，主桁が3本以上になると，各主桁間の荷重分配をはかる必要があるために，荷重分配横桁を支間中央部に設ける．このことから，対傾構による支間の分割数は，偶数となることが好ましい．プログラムでは，とくに対傾構を偶数分割して配置するようには設計されていないが，もし必要ならば，この時点で対傾構本数および間隔を変更することが可能である．

D. 主桁の間隔と床版厚さ

I-3 の画面でもっとも重要な決定事項は，主桁の本数に対するその間隔である．主桁の本数は，幅員が広いほど多く必要になる(図I.4参照)．また，主桁の適切な間隔は，床版の厚さとの関係から設定されることになる．床版による死荷重は，全体の荷重の中でもかなり大きな割合を占めているので，床版の厚さをできるだけ薄くすることが望ましい．「道路橋示方書」によれば，鉄筋コンクリート床版の厚さ

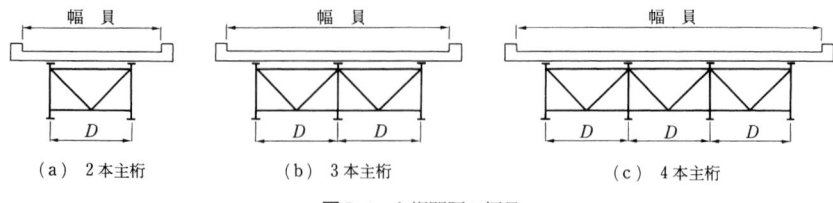

図 I.4　主桁間隔と幅員

表 I.1　車道部分の床版の最小全厚（cm）（「道示Ⅱ 8.2.5」）

版の区分		床版の支間の方向 （車両進行方向に直角）	
一等橋	単純版	$4D+11$	
	連続版	$3D+11$	
	片持版	$0<L_c\leq 0.25$	$28L_c+16$
		$L_c>0.25$	$8L_c+21$
二等橋		一等橋の値から 3 cm 減じた値	

$D,\ L_c$：床版の支間(m)（図 I.4～I.5 参照）

は，16 cm 以上と定められている（「道示Ⅱ 8.2.5」）．主桁の間隔を狭くすることは，床版を支持する間隔が狭くなり床版の厚さを薄くできることであるから，その意味で主桁間隔を狭くするほうが望ましいといえる．しかし，主桁間隔をあまり狭くすると，床版の両端に張り出す部分（片持部）が長くなり強度がもたなくなる．いっぽうでは，床版の最小厚さは，疲労強度上ある好ましい範囲があり（だいたい 18～22 cm 程度），これからおおよその適切な主桁間隔の範囲が決まってくる．すなわち，車道部分の連続支持されている床版の必要厚さ t_s(cm) は，表 I.1 より，次式によって求められる（「道示Ⅱ 8.2.5」）．

$$t_s(\mathrm{cm})=3D+11 \tag{I.1}$$

ここに，D：主桁間隔(m)．

上式で求められる床版の厚さがだいたい好ましい範囲（$t_s=18$～22 cm）に入るためには，上式を変形した次式により逆算して主桁間隔を次の範囲にとることが好ましいことになる．

$$D(\mathrm{m})=\frac{t_s-11}{3}=2.3\sim 3.7 \tag{I.2}$$

しかし，最近では，自動車荷重の増大に伴い床版の傷みが激しくなり，主桁の間隔を 3 m 以上にとることが少なくなっている（$D=2.3\sim 3.0$ m）．

いっぽう，片持部の床版厚は(t_s=18～22 cm の範囲に対して)，表I.1より，次式によって求める(「道示II 8.2.5」)．

$$t_s(\text{cm}) = 28L_c + 16, \quad 0 \leq L_c(\text{m}) \leq 0.25 \tag{I.3}$$

ここに，L_c は，片持部の支間であり，図I.5に示すように上フランジの突出幅の半分の位置を支持点として，そこから車輪荷重(T荷重)がもっとも遠くに載る位置までの距離をいう．したがって，上フランジの幅をいま仮に200 mmとすれば，式(I.3)より，幅員のうち片持部の占める長さD_cが，求められる(図I.5参照)．

$$D_c(\text{m}) = L_c + 0.3 \tag{I.4}$$

式(I.3)と式(I.4)より片持部の長さD_cと床版厚のt_sの関係が下記のように得られ，これに適切な最小床版厚(t_s=18～22 cm)を代入するとD_cの適切な範囲が求められる．

$$D_c(\text{m}) = \frac{t_s}{28} - 0.27 = 0.37 \sim 0.52 \text{ m} \tag{I.5}$$

式(I.2)と式(I.5)より，幅員Bと床版厚さt_sの関係が，次のように得られる．

$$B(\text{m}) = (n-1)\left(\frac{t_s - 11}{3}\right) + 2\left(\frac{t_s}{28} - 0.27\right) \tag{I.6}$$

ここに，nは，主桁本数である．式(I.6)にt_s=18～22 cmを代入して幅員Bの範囲を求めると，図I.6の破線に示すようになる．しかし，最近では，前にも述べたように床版の傷みが激しくなってきていることから主桁の間隔を狭くとるようになってきている．画面I-2の入力説明で示した道路幅員と主桁本数の関係は，図I.6の破線よりも少し主桁本数が多いめになっている．図I.6では，この関係を実線で

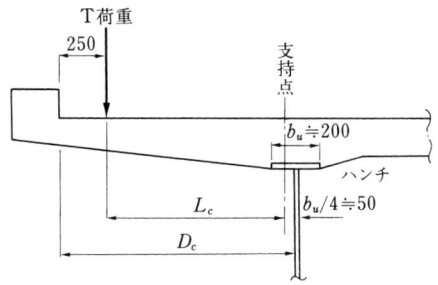

図I.5 片持版の支持長さ

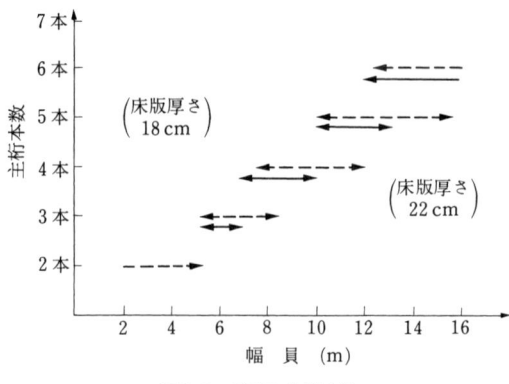

図 I.6 幅員と主桁本数

示しており，これにならって実際の主桁本数を決めるのがよいであろう．

主桁の間隔は，ここで示した床版厚さとの関係のほかに，車線の位置により自動車の車輪荷重の載る範囲がだいたい決まってくるため，これを考慮して主桁を配置するようにするのが望ましい．

最近では，大型の自動車交通量の増大

表 I.2　交通量と割増係数 k_1
（「道示II表-解8.2.1」）

1方向当りの大型車の 計画交通量（台/日）	係数 k_1
500 未満	1.10
500 以上 1,000 未満	1.15
1,000 以上 2,000 未満	1.20
2,000 以上	1.25

に伴い床版が過酷な荷重条件下におかれ，疲労による損傷が目立つようになってきたため，床版の最小全厚は増加させて設計するのが望ましい（「道示II 8.2.5」）．すなわち，表 I.1 で求めた床版の最小全厚は，一般的な荷重条件下にある場合であり，大型車の交通量に応じて表 I.2 から求めた割増係数 k_1 を乗じるものとしている．さらに，床版を支持する桁の剛性に著しい差がある場合の割増係数 k_2 も考慮しなければならない（「道示II 8.2.5」）．本設計例の場合は，各主桁間の剛性に大きな差がないので，$k_2=1$ とする．これらの割増係数は，本書におけるプログラムでは考慮に入れられていない．もし割増しをする必要があるときには，画面 I-3 で床版厚を修正できるようになっている．

1章　設計条件

1.7　一　般　図

　これまでの画面で決定した設計条件をさらに視覚的に確認し，また設計者がこれらの条件をより深く理解できるように，画面 I-4 a，4 b および 4 c で一般図を画面に出力した．**一般図**とは，側面図，平面図および断面図からなり，橋の概要をもっともよく表すものである．

画面 I-4a　一般図（側面図）

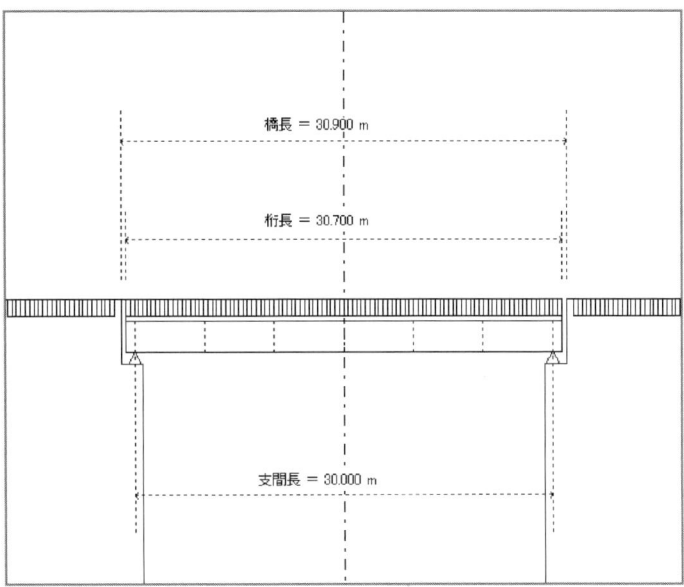

画面 I-4b　一般図（平面図）

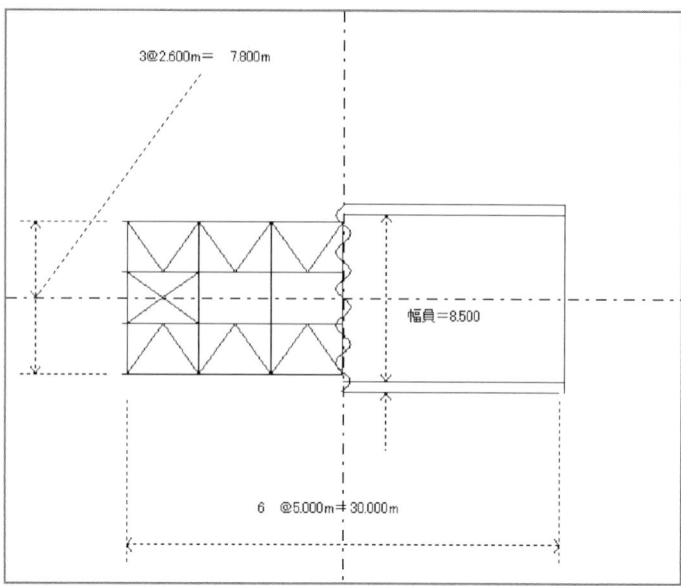

画面 I-4c　一般図（断面図）

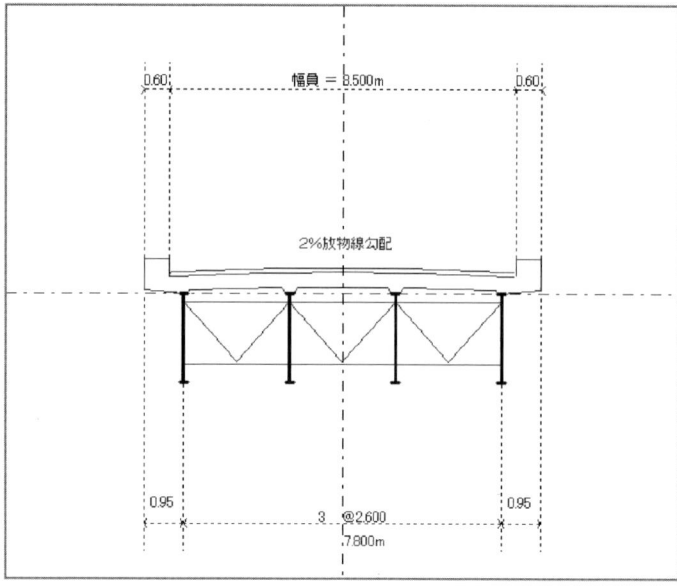

2章　床版の設計

　画面 I-3 で設定した床版厚さをもとにして，**床版**(floor slab) の設計で不可欠な鉄筋量と鉄筋配置について定めるとともに，コンクリート応力度のチェックを行う．その際，床版に配置する主鉄筋の方向は，橋軸方向と橋軸直角方向に並べる 2 つの方法がある．しかし，合成桁橋のように，主桁が橋軸方向に並んで床版を支持する形式の場合には，橋軸直角方向に主鉄筋を配置するのがふつうである．画面 I-5 は，床版に働く死荷重，活荷重(T 荷重) およびそのほかの荷重強度の算定結果

画面 I-5　床版に作用する荷重強度（本画面は修正入力が可能）

死荷重

アスファルト舗装厚　（80 mm）	1.800	(kN/m2)
鉄筋コンクリート床版　（240 mm）	5.880	(kN/m2)
	7.680	(kN/m2)
地覆	8.379	(kN/m)
高欄	0.500	(kN/m)
合計　値を修正した時はクリックして下さい．	8.879	(kN/m)

活荷重

後輪荷重　Pr=	100.000	(kN)	
高欄推力　wh=	-2.500	(kN/m)	(床版より高さ h1=1.1mに作用)
衝突荷重　wf=	25.000	(kN)	(支柱1本当たり)

を示す．

2.1 床版に作用する死荷重強度

床版に作用する荷重には，死荷重と活荷重がある．**死荷重**(dead load) というのは自重のことであり，床版が支持すべき自重となると床版自身の重量が主たるもので，そのほかには舗装，地覆，高欄等がある．それぞれの寸法はすでに決まっているので，それに単位体積当りの重量をかければ，死荷重強度は，求められる．鉄筋コンクリートとアスファルト舗装の単位重量は，次に示す値を用いる(「道示Ⅰ 2.2.1」)．

$$\text{鉄筋コンクリート：}24.5\,\text{kN/m}^3, \quad \text{アスファルト：}22.5\,\text{kN/m}^3$$

高欄(手すり)の自重は，用いられるタイプによって異なり，高欄のカタログ等から重量を調べて設計に用いる．

2.2 床版に作用する活荷重強度

活荷重(live load) とは，自動車荷重，歩道上の群集荷重および軌道の車両荷重等のことを指す．本設計では，歩道をもたない道路橋を対象としているため，これらのうち自動車荷重のみが関係してくる．自動車荷重と一口にいっても自動車の種類は数多くあり，いったいどの自動車荷重によって設計するべきかを決定するのは容易でない．当然，路線の交通量の大きさによって，自動車荷重の大きさも，異なってくることになる．たとえば，港湾に近いところでは，荷役用の大型トレーラ等が頻繁に通ったりして，地域によって異なる．この設計条件の部分は，通常，構造設計者が担当するより前に決定されるが，「道路橋示方書」では自動車荷重を分類し，またその大きさのとり方についても規定している(「道示Ⅰ 2.2.2」)．

それによれば，床版には，大型トラックの車輪荷重が直接作用するために

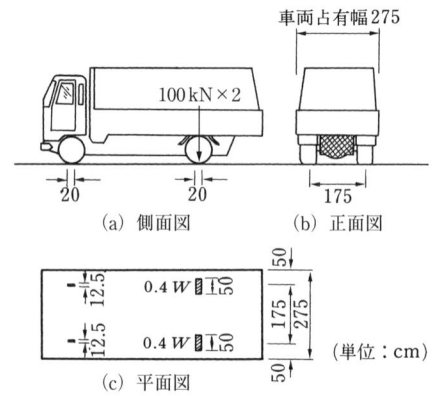

図Ⅰ.7 床版に作用する活荷重(「道示Ⅰ 2.2.2」)

車輪荷重を設計に用いる．これを，**T荷重**という．これに対し，橋全体を支える主桁には，車輪荷重のような局部的な荷重よりも橋の全長にわたって載る全体的な荷重の方が重要となる．これを，L荷重という．T荷重は，図 I.7 に示すような総重量 $W=245\,\mathrm{kN}$ のトラックを想定している．後輪には約 $0.4W$ が作用するので，後輪荷重は約 $100\,\mathrm{kN}$ となる．以前は，前輪荷重も考慮して設計していたが，前輪荷重は設計への影響が小さいので，現在はこの後輪荷重のみで設計している．図 I.7 に示すように後輪荷重の作用幅は $50\,\mathrm{cm}$ とされており，この寸法は前に床版の厚さを決めるとき（画面 I-3 参照）に用いられたものである．すなわち，後輪荷重の作用位置としてもっとも端に寄った場合には，地覆から $25\,\mathrm{cm}$ 離れたところに作用中心がくるとしている（図 I.5 参照）．

床版を設計するときの活荷重として特殊なものは，高欄推力と衝突荷重がある．**高欄推力**は，人間が高欄にもたれたときに横から推す力で，$2.5\,\mathrm{kN/m}$ の推力が路面上 $110\,\mathrm{cm}$ の高さに働くものとして設計する（「道示 I 5.1.2」）．この荷重は，もともと高欄を設計するためのものであるが，当然，高欄に作用する荷重の影響が床版に及ぶため，これについても考慮に入れておかなければならない．

衝突荷重は，自動車が高欄の支柱に衝突したときに働くものであるが，この荷重が一時的なものであるので許容応力度の割増しをすることができ，これを考慮すると床版に対して危険側になることは少ない．

2.3　床版に作用する曲げモーメント

床版は，図 I.8(a) に示すように構造的に**版**(slab) という 2 次元的な広がりをもっており，梁や柱のような棒部材とは異なる．死荷重のような等分布荷重に対しては，版の単位幅を取り出して考えると結果的に図 I.8(b) の梁と同様に断面力や

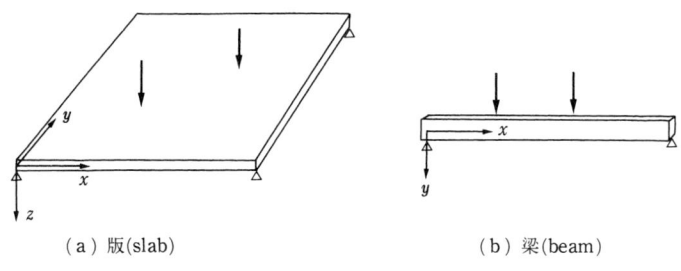

(a) 版(slab)　　　　　　　(b) 梁(beam)

図 I.8　版と梁

表I.3　等分布死荷重による床版の単位幅(1 m)当りの設計曲げモーメント)(kN・m/m)
(「道示II 8.2.4」)

版の区分	曲げモーメントの種類		主鉄筋方向の曲げモーメント	配力鉄筋方向の曲げモーメント
単純版	支間曲げモーメント		$+wL^2/8$	無視してよい
片持版	支点曲げモーメント		$-wL^2/2$	
連続版	支間曲げモーメント	端　支　間	$+wL^2/10$	
		中　間　支　間	$+wL^2/14$	
	支点曲げモーメント	2 支 間 の 場 合	$-wL^2/8$	
		3 支間以上の場合	$-wL^2/10$	

L：死荷重に対する床版の支間(m)(「道示II 8.2.4」)
w：等分布死荷重(kg/m^2)

応力度を求めることができる．しかし，集中荷重に対しては，少し複雑になる．すなわち，図I.8(a) に示すように，版に集中荷重が作用した場合は，xとyの2方向からのつり合い関係を解いて断面力が求められる．

　床版を設計する場合，支配的となるのは曲げモーメントであり，せん断力はここであまり問題とならない．まず，死荷重による曲げモーメントは，表I.3に示すように，梁と同様な算定式から求めることができる(「道示II 8.2.4」)．

　つぎに，活荷重による曲げモーメントを考えてみると，ここでの活荷重(T荷重）は集中荷重として作用するので，先に述べたように2次元のつり合い方程式から求めるが，「道路橋示方書」では，設計者の便宜のために簡略化した曲げモーメント算定式を表I.4のように与えている(「道示II 8.2.4」)．

　表I.4の式は，床版の支間Lと後輪荷重の大きさPで表した簡単なものとなっている．ここに，床版の支間Lのとり方として，単純版や連続版においては主桁間隔をとり，片持版においては支点となる桁のフランジ突出幅の1/2の点からT荷重の位置までの距離(図I.5参照) をとる．単純版というのは主桁が2本の場合の主桁間の床版部を意味し，また連続版というのは主桁が3本以上の場合の主桁間床版部のことをいう．これらの主桁配置と床版の支間の関係は，床版は主桁によって支持されているということから理解できる．

　活荷重には，通常，衝撃荷重を伴うが，表I.4の曲げモーメント算定式の中には，衝撃による影響も含んでいる．したがって，衝撃荷重による曲げモーメントを，新たに計算する必要がない．

　画面I-6には，以上説明した算定方法に従って得られた曲げモーメントを示す．本設計では，主鉄筋は橋軸直角方向，配力鉄筋は橋軸方向に配置されている．曲げ

表 I.4 T荷重（衝撃を含む）による床版の単位幅（1 m）当りの設計曲げモーメント（kN・m/m）

（「道示II 8.2.4」）

版の区分	曲げモーメントの種類		床版の支間の方向 曲げモーメントの方向 適用範囲(m)	車両進行方向に直角の場合		車両進行方向に平行の場合	
				主鉄筋方向の曲げモーメント	配力鉄筋方向の曲げモーメント	主鉄筋方向の曲げモーメント	配力鉄筋方向の曲げモーメント
単純版	支間曲げモーメント		$0<L\leq 4$	$+(0.12L+0.07)P$	$+(0.10L+0.04)P$	$+(0.22L+0.08)P$	$+(0.06L+0.06)P$
連続版	支間曲げモーメント	中間支間	$0<L\leq 4$	＋(単純版の80%)	＋(単純版の80%)	＋(単純版の80%)	＋(単純版と同じ)
		端支間				＋(単純版の90%)	＋(単純版と同じ)
	支点曲げモーメント	中間支点		－(単純版の80%)	—	－(単純版の80%)	—
片持版	支点		$0<L\leq 1.5$	$-\dfrac{PL}{(1.30L+0.25)}$	—	$-(0.70L+0.22)P$	—
	先端付近			—	$+(0.15L+0.13)P$	—	$+(0.16L+0.07)P$

L：T荷重に対する床版の支間(m)（「道示II 8.2.3」）
P：自動車1後輪荷重(kN)（「道示I 2.2.2」）
　　$P=100$ kN

表 I.5　床版の支間方向が車両進行方向に直角の場合の単純版および連続版の主鉄筋方向の曲げモーメントの割増し係数

支間 L (m)	$L\leq 2.5$	$2.5<L\leq 4.0$
割増し係数	1.0	$1.0+(L-2.5)/12$

L：T荷重に対する床版の支間(m)（「道示II 8.2.3」）

モーメントは，正と負の符号がある．正の曲げモーメントは主桁と主桁の間に生じ，負の曲げモーメントは主桁の上で生じる．鉄筋を配置するにあたっては，正の曲げモーメントに対しては床版の下側，負の曲げモーメントに対しては床版の上側に入れることになる．

　B荷重で設計する橋では，床版の支間が橋軸直角方向にとられている場合，床版支間の長さに応じて表 I.4 で求めた曲げモーメントに表 I.5 に示す割増係数を乗じる．A荷重の場合は割増係数を考慮しないで，表 I.4 の値を20%低減してよい（「道示II 8.2.4」）．

画面 I-6　床版に働く曲げモーメント

項　目	片持版部		連続版部	
	主鉄筋方向	配力鉄筋方向	主鉄筋方向	配力鉄筋方向
死荷重　Md (kN·m)	-5.673		5.192 -6.490	
活荷重　ML+i (kN·m)	-15.873	13.750	30.815 -30.815	24.200
高欄推力　Mh (kN·m)	-2.750			
合計　M (kN·m)	-24.296	13.750	36.006 -37.304	24.200

2.4　床版の鉄筋量と応力照査

　主鉄筋は橋軸直角方向に配置され，床版は主桁によって支持されている．床版に働く最大曲げモーメントは，外主桁の上（片持版の支持部）の負曲げモーメントか主桁間の中央（連続版あるいは単純版）の正曲げモーメントのいずれかに生じるので，その大きいほうをとって主鉄筋量を求め，また応力照査も行う．画面 I-6 の計算結果では，この場合連続版部の合計曲げモーメントのほうが大きく，これを用いている．そして，配力鉄筋は，片持版部も連続版部も同じとする．

　画面 I-7 には，主鉄筋と配力鉄筋の配置例を示している．この配置例について，設計者は，画面上では修正を加えることはできないが，もし修正したい場合でも，ここで示した計算結果が大いに参考となるであろう．

　鉄筋コンクリート床版のコンクリートと鉄筋に生じる応力度の算定方法については，他の鉄筋コンクリートに関する参考書に譲ることとし，ここでは省略する．

2章 床版の設計

画面 I-7 床版の応力照査

主鉄筋の配筋図（φ-16, SD-24）

As' = 804mm2
As = 1608mm2

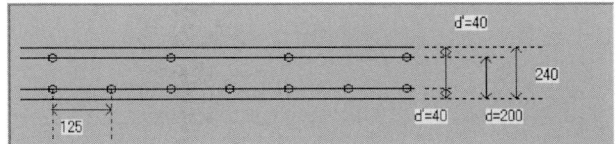

配力鉄筋の配筋図（φ-13, SD-24）

As' = 531mm2
As = 1062mm2

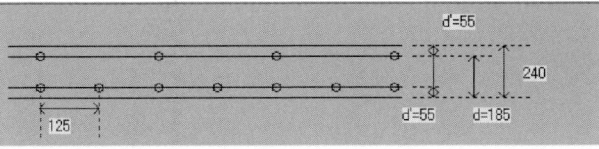

床版の応力照査

項 目	M (kN·m)	h (mm)	d (mm)	d' (mm)	z (mm)	I (E+4mm4)	σc (N/mm2)	σs (N/mm2)
連続版 主鉄筋	37.304	240	200	40	73.01	53,196	5.1	134
連続版 配力鉄筋	24.200	240	185	55	61.81	32,193	4.6	139

3章 主桁の設計

3.1 主桁に作用する荷重強度

A. 設計構造物単位への荷重強度

すべての構造物の設計は，まず最初，荷重強度の算定から始める必要がある．いま，設計している合成桁橋という構造物全体を，設計単位の構造物に分割すると，図 I.9 のようになる．許容応力度設計法では，これらの設計構造物単位ごとにそれぞれ① 荷重強度，② 断面力および③ 応力度の 3 段階の設計計算を行う．これらの 3 段階の設計計算は，いずれも力の関係を解明していくものである．まず，①**荷重強度**では設計構造物単位に働く力を取り扱い，②**断面力**では構造物内のある断面に働く力を取り扱い，そして ③**応力度**では，その断面内のある点(単位面積当り) に働く力を取り扱う．すなわち，力の作用する対象が大から小へ分解されていき，最終的には，単位面積当りの力(応力度) にまで掘り下げていくのが許容応力度設計法の作業内容である．それは，許容応力度設計法では，応力度のレベルになってはじめて材料の強度と比較することができ，構造物が安全かどうかを判断することができるからである．床版に対するこれらの設計作業は，すでに前章で示し

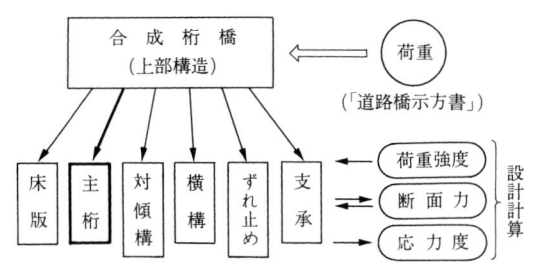

図 I.9 合成桁橋の設計構造物単位

た．

「道路橋示方書」では，自動車荷重(活荷重)のとり方が示されている．これは，図Ⅰ.9に示すように，合成桁橋という構造物全体に作用する荷重であるので，これを設計構造物単位に作用する荷重に変換しなければならない．本節で求める荷重強度算定は，各主桁(設計構造物単位)に作用する荷重を求めるものである．

主桁に作用する荷重の種類としては，次のようなものがある．

① 死荷重　　　　② 活荷重(L荷重)　　　　③ 衝撃荷重
 ｛合成前死荷重　｛全体等分布荷重　｛主載荷荷重
 ｛合成後死荷重　｛部分等分布荷重　｛従載荷荷重

これらの荷重の具体的な内容については，以後の各項で説明する．

B. 主桁への荷重反力影響線

幾本かの主桁が並列しているとき，各主桁に作用する荷重強度の算定方法には，

画面Ⅰ-8　主桁に働く荷重強度（本画面は修正入力が可能）

荷重強度 Wds、Wdv、P1、P2と衝撃係数 i				
項　目		外桁に作用する荷重	中桁に作用する荷重	
各主桁の反力影響線		(図: 600, 350, 2,600m, 300, 2,950m, A=1.674, 1.000, 1.250, 1.135)	(図: 150, 5,500m, 150, 2,600m, 2,600m, 1.000, A=2.600)	
鋼桁に作用する	死荷重	床　版(kN/m) 地震半分(kN/m) 鋼桁自重(kN/m) ハンチ他(kN/m)	24.500 × 0.240 × 1.674 ＝　9.843 24.500 × 0.600 × 0.240 × 1.250 ＝　4.410 ＝　3.200 ＝　4.117	24.500 × 0.240 × 2.600 ＝ 15.288 ＝　3.400 ＝　3.800
		合　計(kN/m)	Wds＝　21.570	Wds＝　22.488
合成桁に作用する	死荷重	舗　装(kN/m) 地震半分(kN/m) 高　欄(kN/m) 添加物(kN/m)	22.500 × 0.080 × 1.674 ＝　3.013 24.500 × 0.600 × 0.330 × 1.250 ＝　6.064 0.500 × 1.250 ＝　0.625 ＝ －1.413	22.500 × 0.080 × 2.600 ＝　4.680 ＝ －1.600
		合　計(kN/m)	Wdv＝　8.289	Wdv＝　3.080
活荷重		衝撃係数 P1 荷重曲げ(kN/m) 　　せん断(kN/m) P2 荷重　(kN/m)	i＝　0.250 10.000 × 1.674 × 1.250 ＝ 20.925 12.000 × 1.674 × 1.250 ＝ 25.110 3.500 × 1.674 × 1.250 ＝　7.324	i＝　0.250 10.000 × 2.600 × 1.250 ＝ 32.500 12.000 × 2.600 × 1.250 ＝ 39.000 3.500 × 2.600 × 1.250 ＝ 11.375

次の2種類がある．

① 簡易計算法：各主桁間の相互作用は考えず，各主桁の間に載った荷重は比例配分によって分担率を算出する方法（1-0法ともいう）
② 格子計算法：各主桁間は格子状に連結されているので，荷重に対しては橋全体が一体となって負担すると考え，各主桁への分担率を算出する方法

本プログラムでは，簡易計算法により荷重強度を求める．すなわち，荷重分配のための反力影響線は，画面I-8のコンピュータ画面に示すように三角形となる．外桁に作用する荷重は隣の中桁との間で比例配分され，張出し部は1.0以上の影響値をもっている．また，中桁に作用する荷重は比例配分されることから，二等辺三角形の影響線となる．

C. 主桁に作用する死荷重強度

死荷重とは，自重のことであり，それぞれの材料の単位体積当りの重量に体積をかけて求めることができる．各主桁に作用する死荷重強度を求めるには，画面I-8の影響線の縦距あるいは面積に単位重量をかける．その計算内容も，同画面内に示している．このときの算定には，次の各種材料の単位体積重量が用いられている（「道示I 2.2.1」）．

鋼　材　　　　　　　$77.0\,kN/m^3$
鉄筋コンクリート　　$24.5\,kN/m^3$（コンクリート　$23.0\,kN/m^3$）
アスファルト　　　　$22.5\,kN/m^3$

すなわち，鋼材は，鉄筋コンクリートの約3倍の重量であることがわかる．また，画面I-8に用いられている添字の表す意味は，次のとおりである．

d：死荷重，s：鋼桁に作用する荷重，i：衝撃荷重，v：合成桁に作用する荷重

死荷重は，鋼桁に作用する死荷重と合成桁に作用する死荷重に分類される．すなわち，本書で設計する「活荷重合成桁」の架設順序は，図I.10に示すように，まず鋼桁を架設した後床版のコンクリートを打設するので，床版のコンクリートが固まった段階ではじめて合成桁ができ上がることになる．したがって，コンクリートが軟らかい状態では鋼桁断面のみが有効であり，ここまでの荷重はすべて鋼桁が受け持っている．この合成前の死荷重には，鋼桁，鉄筋コンクリート床版，地覆の床版部，ハンチ等がある．**ハンチ**(haunch)というのは，路面に排水のため縦断勾配や横断勾配で設けるが，これらの勾配で各主桁の上の床版の高さを調整するための

もので，その調整代のことをいう（前掲の図 I.5 参照）．

　合成前死荷重の中で，床版や地覆については実際の寸法を用いて重量を算定することができるが，鋼桁の自重はこれから設計して断面を決定した後に確定するものであり，この段階では仮定することになる．この仮定が断面決定した結果と大きく異なっていると，設計計算は，この段階にまでさかのぼってやり直しが必要になってくる．その意味で，鋼桁自重をいくらに仮定するかはきわめて重要になってくるが，これには過去に蓄積されたデータがあるのでこれにもとづいて仮定すればよい．図 I.11 に過去の鋼重データの一例を示すが，十分なデータのもとでは，平均値を直線で表すことができる．本書のプログラムでは，図 I.12 に示す最近の鋼重データ（平成 10〜12 年）に基づいた近似式が用いられている．これらの図によって与えられる鋼重は，鋼主桁だけではなく，そのほかの鋼構造部である対傾構や横構も含んだものである．そして，設計者は，道路面の単位面積当りの鋼重として与えられていることに

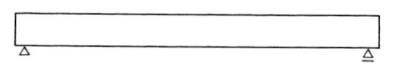

(a) 鋼桁架設

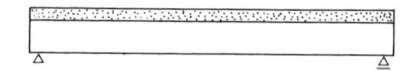

(b) 床版用コンクリートの打設

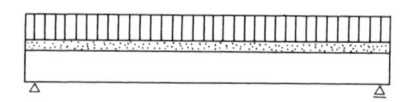

(c) 高欄，添加物等の取付け

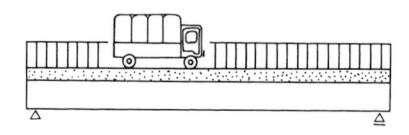

(d) 自動車荷重の走行

図 I.10 活荷重合成桁の架設順序

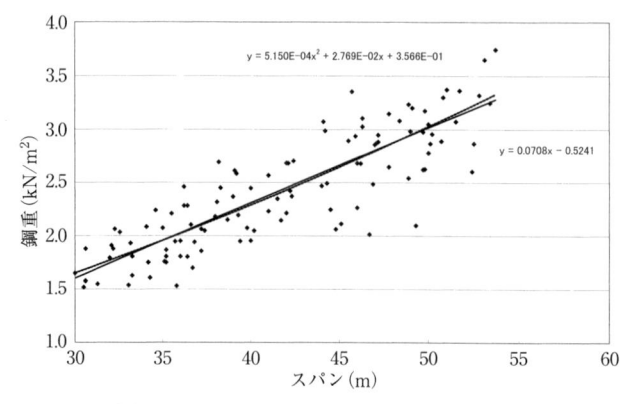

図 I.11 単純合成桁の鋼重分布（平成 6〜13 年）

$y = 5.150\text{E}{-}04 x^2 + 2.769\text{E}{-}02 x + 3.566\text{E}{-}01$

$y = 0.0708 x - 0.5241$

3章 主桁の設計

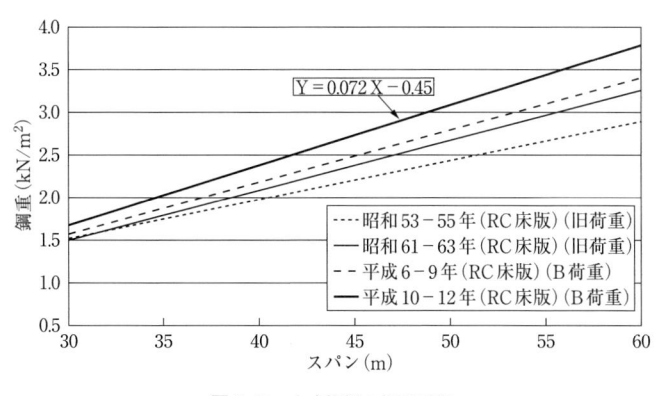

図 I.12 合成桁橋の鋼重近似

注意を要する．

　床版のコンクリートが固まってから（図 I.10 の(c)以降）作用する荷重に対しては，合成断面で抵抗する．このときの荷重には，合成後死荷重である舗装，地覆の上部，高欄(手すり)，添加物(街路灯，水道管，通信用配管等)や自動車荷重(活荷重)がある．舗装には，コンクリート舗装とアスファルト舗装があるが，本書の設計例ではアスファルト舗装として死荷重計算を行っている．地覆半分というのは，地覆の床版部のコンクリートが硬化した後に施工する地覆上部のことである．高欄は，採用するタイプによって，重量がさまざまである．床版のコンクリートを打設するための型枠は，合成前死荷重に算入される．床版コンクリートが固まった後は撤去されるので，合成後死荷重では型枠荷重の分だけ減ることになる．

　また，添加物は，橋の架設位置によって先に述べたもののほかにも，必要に応じていろいろなものが取り付き，またその重量も一概にいえない．設計者は，個々の橋によって，設計条件の一環として考慮すればよい．

D. 主桁に作用する活荷重強度

　活荷重によって外主桁および中主桁に作用する荷重強度は，画面 I-8 の下方に示されている．活荷重とは橋上を通過する自動車荷重(その他に群集荷重や鉄道列車荷重などがある)のことであるが，主桁を設計する場合には，L荷重と呼ばれる自動車荷重を考える．先に述べた床版設計のときの活荷重は，T荷重と呼ばれる橋上の局部的な最大荷重を想定したものであった(前掲の図 I.7 参照)．主桁を設計するときの荷重としては，橋全体に載る荷重が問題となるので，橋全体の自動車荷重

を平均化した形で表現したL荷重が用いられる．

活荷重を分類すると，次のようである（「道示Ⅰ 2.2.2」）．

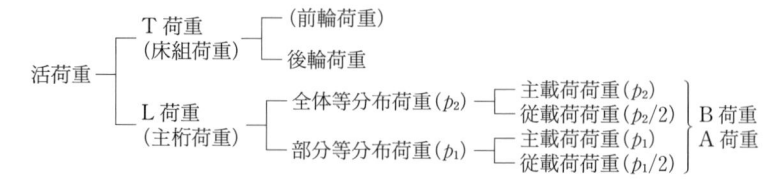

```
         ┌ T荷重       ┌（前輪荷重）
         │（床組荷重） └ 後輪荷重
活荷重 ──┤
         │ L荷重       ┌ 全体等分布荷重($p_2$) ┌ 主載荷荷重($p_2$)     ┐ B荷重
         │（主桁荷重） │                        └ 従載荷荷重($p_2/2$)  │
         └             └ 部分等分布荷重($p_1$) ┌ 主載荷荷重($p_1$)     ┘ A荷重
                                                 └ 従載荷荷重($p_1/2$)
```

L荷重は，p_2荷重（全体等分布荷重）とp_1荷重（部分等分布荷重）に分かれる．さらに，これら2つは，主載荷荷重と従載荷荷重に分かれる．**p_2等分布荷重**とは，橋全体に載っているトラックや乗用車の大小の荷重を平均化して表したものである．それに対して**p_1荷重**とは，橋上の平均的な荷重に混ざってたまに存在する大型トラックの荷重を表したものである．これは，T荷重を主桁の設計に用いやすいように表現を単純化したものである．このような大型トラックによる荷重は，橋の上に何台も載る可能性が少ないので，p_2荷重は1橋につき1つ考えればよいことになっている．ただし，大型トラックの交通量によって，p_1荷重の載荷長Dに差異を設けるものとし，表Ⅰ.6に示すようにB荷重では$D=10$ m，A荷重では$D=6$ mにとる．p_1荷重およびp_2荷重の大きさは，表Ⅰ.6に示すとおりである．

主載荷荷重と従載荷荷重は，渋滞時とそうでない場合を想定したものである．何らかの理由で橋上に交通渋滞が生じた場合，自動車荷重は大きくなるが，そのような場合，通常，両方向とも渋滞が生じることはなく，片側の車線についてのみ渋滞を考慮すればよい．そこで，片側2車線を想定して，2車線×2.75 m＝5.5 mの幅に交通渋滞を想定した主載荷荷重を載せ，残りの部分にはその半分である従載荷荷重を載せる．

表Ⅰ.6 L荷重の強度（「道示Ⅰ 2.2.2」）

荷重	載荷長 D (m)	主載荷荷重（幅5.5 m）					従載荷荷重
		等分布荷重 p_1		等分布荷重 p_2			
		荷重 (kN/m²)		荷重 (kN/m²)			
		曲げモーメントを算出する場合	せん断力を算出する場合	$L≦80$	$80<L≦130$	$130<L$	
A活荷重	6	10	12	3.5	4.3−0.01L	3.0	主載荷荷重の50%
B活荷重	10						

L：支間長（m）

3章 主桁の設計

（a） 立体図

（b） 平面図

（c） 側面図（主載荷荷重）

（d） 断面図

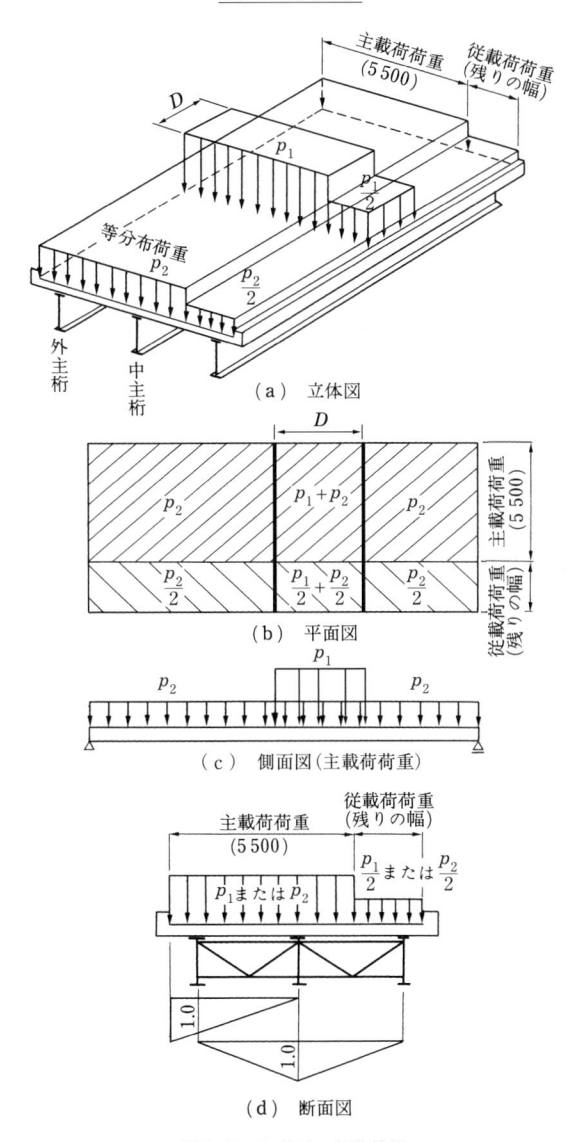

図 I.13 L荷重の載荷状態

図 I.13 には，全体等分布荷重（p_2）と部分等分布荷重（p_1）および主載荷荷重と従載荷荷重の載荷状態を示す．主載荷荷重（幅 5.5 m）の幅員方向の載荷位置は，設計する主桁の荷重強度が最大となるように決定する．すなわち，**外主桁**を設計する

ときは主載荷荷重は外側寄りに載荷され，**中主桁**を設計するときには中央寄りに載荷される．また，同様に，p_1 荷重の載荷位置は，主桁の断面力が最大となるように決定される．すなわち，主桁の中央断面を設計するときには中央断面の上に載荷され，断面変化点を設計するときには断面変化点に近い位置に載荷する．

主桁への荷重反力影響線と表 I.6 に示した L 荷重を用いて，外主桁と中主桁への活荷重強度を求めると，画面 I-8 に示したようになる．各荷重の単位に注目すると，等分布荷重はもともと路面上に載荷される荷重であるため単位面積当りの荷重(kN/m^2) として「道路橋示方書」では定めている．これを各主桁に作用する荷重に変換すると，単位長さ当りの荷重(kN/m)になる．「道路橋示方書」では，橋全体に作用する荷重しか定めていない．これを何本かの主桁で支えているので，それぞれの主桁がどのように荷重を分担するのかを算定するのが，画面 I-8 で示した荷重強度の計算である．

E. 衝撃荷重

路面上を自動車が走行する場合，必ず振動を伴う．その振動によって，自動車荷重は，単にその重量だけでなくいくらかの割増効果が生じる．これを**衝撃荷重**(impact load) として，橋梁設計では考慮する．

衝撃荷重の大きさは，活荷重(自動車荷重) に衝撃係数を乗じたもので表される．すなわち，衝撃係数とは，活荷重に対する衝撃荷重の割合を示したものである．衝撃係数は支間長や構造特性によって異なるが，鋼橋に対しては，次の式で与えられる(「道示 I 2.2.3」)．

$$i = \frac{20}{50 + L} \tag{I.7}$$

ここに，L：橋の支間(m)

衝撃の度合いは，上式に見るように，支間長によって大きく左右される．支間長が大きくなるに伴って衝撃荷重は小さくなるが，だいたい合成桁橋に対しては $i \cong 0.3$ の値をとる．すなわち，自動車荷重の約 3 割が，衝撃荷重として作用する．

3.2 断面力を求める位置

断面力を求める位置は，中央断面，断面変化点および現場継手の各位置に相当するところである．合成桁橋に作用する断面力とは，曲げモーメントとせん断力の 2

3章 主桁の設計

(a) 最大曲げモーメント図（断面の抵抗モーメント）

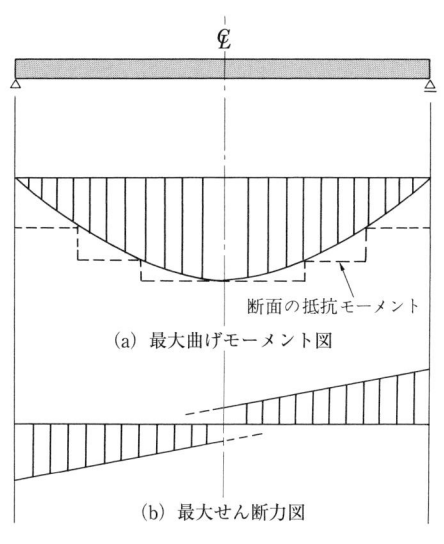

(b) 最大せん断力図

図 I.14 　最大断面力図

つである．軸方向力やねじりモーメントは作用しないので，本設計の対象は比較的簡単な構造物であるといえる．この曲げモーメントとせん断力の最大値の分布概念図を示すと，図 I.14 に示すようになる．合成桁の断面は，せん断力よりも曲げモーメントによって決定されるので，その断面の大きさは中央断面で最大となり，端部にいくに伴って断面を小さくすることができる．したがって，合成桁の断面は，何か所かで断面変化をさせて，徐々に小さくし，材料の節約をはかるように設計する．そのために，あらかじめ断面の変化させる位置を決めておき，その位置における断面力を求める必要が生じる．また，現場継手では，高力ボルトによって主桁を連結するが，高力ボルトの必要本数およびその配列を断面力をもとにして算定することになるので，現場継手位置における断面力も，求めておく必要がある．

なお，図 I.14 に示した断面力図は，必ずしも同一の荷重載荷条件ではない．すなわち，活荷重は固定されたものではなく，その位置における断面力が最大となるように移動するものである．その意味で，図 I.14 は，最大曲げモーメント図あるいは最大せん断力図と呼ばれる．

画面 I-9 には，断面変化点と現場継手の位置を指定するコンピュータ画面を示す．断面変化点の数は 0〜3 か所と変えることができ，この数をまず指定することにより，断面変化の位置および現場継手の位置をコンピュータは，自動的に下記の

画面 I-9　主桁の断面変化点（本画面は修正入力が可能）

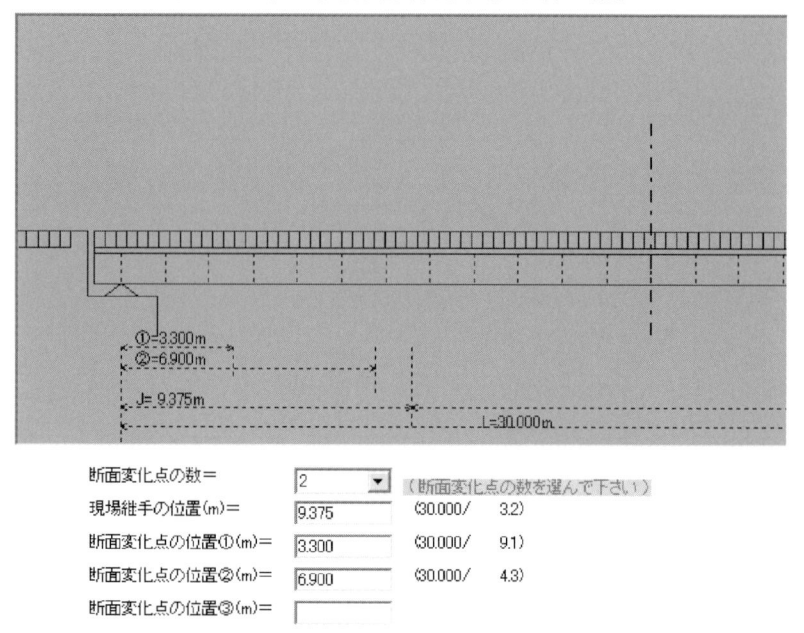

```
断面変化点の数＝          2           （断面変化点の数を選んで下さい）
現場継手の位置(m)＝        9.375      （30.000/  3.2）
断面変化点の位置①(m)＝   3.300      （30.000/  9.1）
断面変化点の位置②(m)＝   6.900      （30.000/  4.3）
断面変化点の位置③(m)＝
```

ように設定する．設計者は，もしこれらの位置を変更したければこの時点で変更することができる．

断面変化点の数	断面変化点の位置	現場継手の位置
1	$L/6.5$	$L/3.6$
2	$L/9.4$, $L/4.2$	$L/3.6$
3	$L/10.0$, $L/5.5$, $L/3.5$	$L/3.6$

ここに，L：橋の支間（スパン）．

　主桁の断面変化は鋼材の使用量を節約する目的で行うのであるから，支間の長い橋では，断面変化点も多くなる．支間の短い橋では，断面変化による鋼材量の減少よりも，断面変化に要する製作費の方が多くなってくる．断面変化の数は，このような点を考慮して決定しなければならない．

　一方，現場継手の位置は，現地での架設工法や輸送条件から決まる製品ブロックの大きさが大きな要因となるが，その他に断面の抵抗モーメントに余裕のある位置にすることが望ましい（後述の図 I.46 参照）．現場継手においては，ボルト孔を開けるために断面の抵抗モーメントが小さくなる．そのため，場合によっては，断面

を補強する必要も出てくる(5.2「下フランジの現場継手」参照).

3.3 主桁の曲げモーメント影響線

複数の荷重が作用している梁のある点の断面力を求めたいとき,**影響線**(influence line)は,非常に有効である.いま,合成桁橋には合成前死荷重,合成後死荷重,活荷重(p_1, p_2 等分布荷重)等のいろいろな荷重が作用している.そのそれぞれによる曲げモーメントを求めるときには,曲げモーメント影響線を用いると便利である.梁の途中のある点 A における曲げモーメントの影響線は,図 I.15 に示すようになる.すなわち,支点からの距離 a を縦距にとって直角三角形を描き,点 A が頂点となるようにこの直角三角形をカットすれば,点 A に対する曲げモーメントの影響線が,得られる.

この梁に p_1 および p_2 等分布荷重が作用するとき,これらの等分布荷重による点 A の曲げモーメントは,次式により求められる.

$$M_{p_1} = p_1 \cdot A_{p_1} \tag{I.8}$$

このとき,載荷長 D は,10 m(B 活荷重),あるいは 6 m(A 活荷重)である(表 I.6).

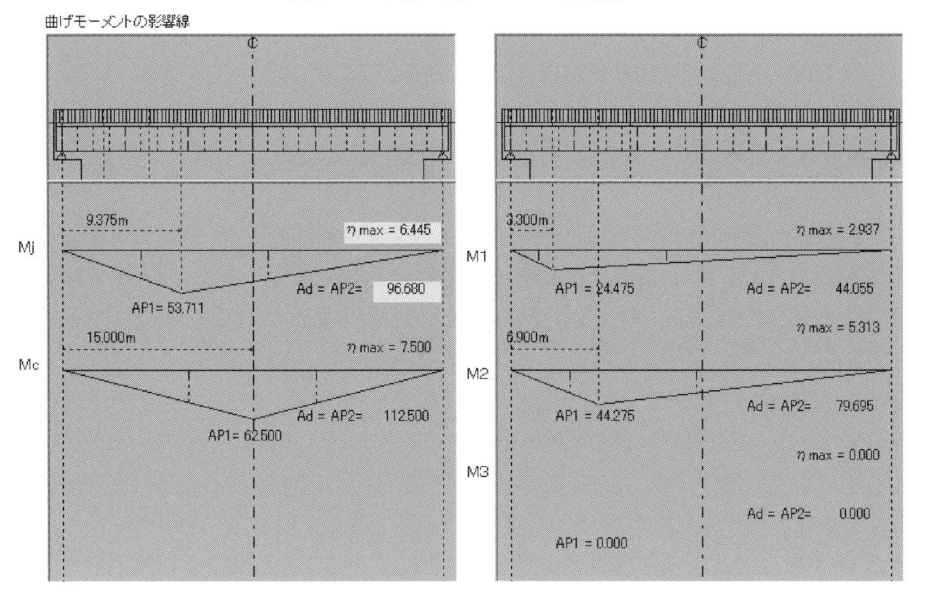

画面 I-10 主桁の曲げモーメント影響線

$$M_{p_2} = p_2 \cdot A_{p_2} \qquad (\text{I.9})$$

ここに，A_{p_1}，A_{p_2}：影響線面積．

等分布荷重 p_1 および p_2 の大きさは，表 I.6 に示されている．

本書における設計例について，断面中央，断面変化点および現場継手位置における曲げモーメントの影響線を示すと，画面 I-10 のようになる．同画面中，$\eta_{\max}$ は最大影響値を表し，A_d は死荷重による曲げモーメントを求めるときの影響線面積，また A_{p_1} および A_{p_2} は活荷重による曲げモーメントを求めるときの影響線面積を意味する．前に説明したように，死荷重は梁全体にわたって作用する固定荷重であり，活荷重は断面力が最大となるように作用する移動荷重であるから，本来，その作用の仕方が，異なっている．たまたま，この場合は，結果的に $A_d = A_{p_2}$ となり，死荷重と p_2 等分布活荷重は同じように梁全体にわたって作用する．これが，後で述べるせん断力を求める場合や連続桁の場合は，両者の載荷の仕方が異なってくる．

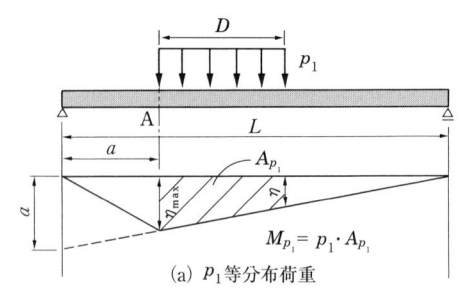

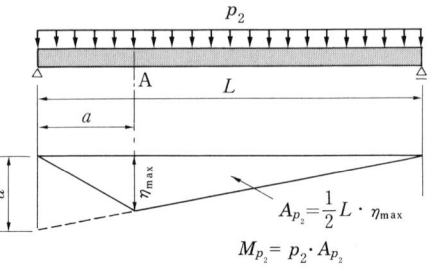

(a) p_1 等分布荷重

(b) p_2 等分布荷重

図 I.15　曲げモーメントの影響線

3.4　主桁に働く曲げモーメント

前節の画面 I-10 で述べた曲げモーメントの影響線と画面 I-8 で求めた荷重強度を用いて，式(I.8)および式(I.9)により，主桁に働く曲げモーメントを，算出することができる．そのとき，曲げモーメントは，以下のような種類に分けて求められる．

死荷重モーメント：
　　　鋼桁断面に作用する曲げモーメント：$M_s = w_{ds} \cdot A_d$ 　　(I.10)
　　　合成断面に作用する曲げモーメント：$M_{dv} = w_{dv} \cdot A_d$ 　　(I.11)

活荷重モーメント（衝撃を含む）：
　　　p_1 等分布荷重によるモーメント：　　$M_{p_1} = p_1 \cdot A_{p_1}(1+i)$ 　　(I.12)

画面 I-11 主桁に働く曲げモーメント

項目	外桁の曲げモーメント(kN·m)				
	J	C	1	2	3
Ad (=AP2)	96.680	112.500	44.055	79.695	
Ms=Wds·Ad	2085.381	2426.625	950.266	1719.021	
Mvd=Wdv·Ad	801.378	932.513	365.172	660.592	
P1·AP1	1123.901	1307.812	512.139	926.454	
P2·AP2	708.058	823.922	322.648	583.666	
Mv	2633.337	3064.247	1199.959	2170.712	

項目	中桁の曲げモーメント(kN·m)				
Ad (=AP2)	96.680	112.500	44.055	79.695	
Ms=Wds·Ad	2174.133	2529.900	990.709	1792.181	
Mvd=Wdv·Ad	297.773	346.500	135.689	245.461	
P1·AP1	1745.605	2031.250	795.437	1438.938	
P2·AP2	1099.731	1279.688	501.126	906.531	
Mv	3143.110	3657.438	1432.252	2590.929	

p_2 等分布荷重による曲げモーメント：$M_{p_2}=p_2 \cdot A_{p_2}(1+i)$ 　　(I.13)

ここに，w_{ds}：合成前死荷重，w_{dv}：合成後死荷重，p_1：部分等分布荷重(L荷重)，p_2：全体等分布荷重(L荷重)，A_d：死荷重影響線面積，
A_{p_1}：p_1 荷重影響線面積(図 I.15)，A_{p_2}：p_2 荷重影響線面積(図 I.15)．

A_d と A_{p_2} は，単純支持の橋の場合，等しい値となる．外主桁と中主桁に作用する荷重強度が異なるので，それぞれ作用曲げモーメントも，別々に計算される．本設計例についての計算結果を，画面 I-11 に示す．この画面は，桁中央，断面変化点および現場継手の位置におけるそれぞれの曲げモーメントの値を自動的にコンピュータによって作成したものである．

死荷重モーメントは，合成前の鋼桁断面に作用するものと，合成後に施工された部分で合成断面に作用するものに分かれる．いっぽう，活荷重モーメントは，合成断面にしか作用しない．それぞれの曲げモーメントによる応力度を求めるときに，鋼桁断面に作用するものと合成断面に作用するものとの区別をしっかり認識しておくことが肝要である．抵抗する断面の側から曲げモーメントをまとめると，次のようになる．

鋼桁断面に作用する曲げモーメント：M_s（合成前死荷重モーメント）

合成断面に作用する曲げモーメント：$M_v = M_{dv} + M_{p_1} + M_{p_2}$

　先の図 I.14 を見るとわかるとおり，曲げモーメントの大きさは，断面中央でもっとも大きくなり，端部にいくに従って小さくなる．合成桁に作用する断面力のうち，曲げモーメントは，桁の断面決定のうえで決定的な支配要因となり，その大きさによって断面の大きさも決まる．桁の断面は，この曲げモーメントに抵抗できるように決定するのであるから，桁の中央で最大断面となり端部へいくに従って小さい断面ですむようになり，その分だけ鋼材の費用を節約することができる．いっぽう，せん断力は，腹板の座屈に大きな影響を及ぼす．

　なお，ここで求めた曲げモーメントは，桁のそれぞれの位置に作用する最大曲げモーメントである．死荷重は，固定荷重であるので，一定の位置に作用している．しかし，移動荷重である活荷重は，前に述べたとおり，曲げモーメントが最大となる位置に作用させねばならない．つまり，最大曲げモーメントとは，あらゆる荷重の載り方の中でもっとも危険となるような活荷重の載荷位置に対応する曲げモーメントである．

3.5　主桁のせん断力影響線

　せん断力の影響線は，図 I.16 に示すように，せん断力を求めたい位置 A において上下不連続となる三角形によって構成される．これは，左右の支点の反力影響線を上下に組み合わせたものである．集中荷重 P が作用する場合は，この荷重の作用位置の影響値 η をかければ，点 A におけるせん断力が求まる．

$$S_A = P\eta \quad (\text{I}.14)$$

　いま，集中荷重が移動荷重であるとすれば，断面力が最大となる位置に載荷するのであるから，この集中荷重は η_{max} の位置，すなわち点 A 上に作用することになる．

　また，等分布荷重 w が梁全体に作用するときには，この荷重が作用する範囲の影響線面積をかけるのであるから，次式のようになる．

$$S_A = w A_d = w(A_\oplus - A_\ominus) \quad (\text{I}.15)$$

ここに，A_d：全影響線面積，$A_\oplus$：正の部分の影響線面積，$A_\ominus$：負の部分の影響線面積．

　せん断力の影響線の場合は，曲げモーメントの影響線と相違し，正の部分と負の

3章 主桁の設計

画面 I-12 主桁のせん断力影響線

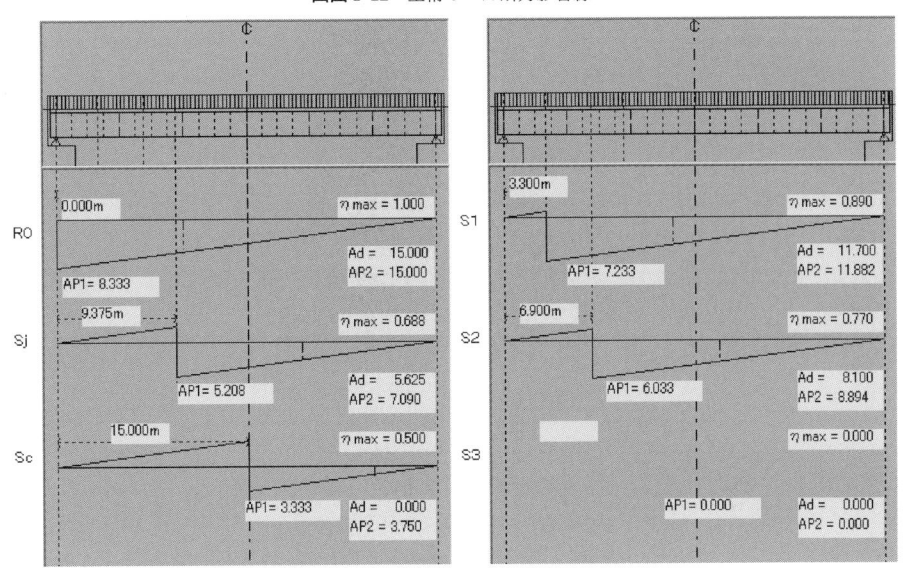

部分の両方が出てくる．死荷重のように梁全体にわたって載荷される荷重に対しては，影響線の面積の正負を両方含めた全面積（したがって，全面積は，正負どちらか大きいほうの面積よりは小さくなる）を用いて，せん断力を計算する．

いっぽう，L荷重の等分布荷重は，先に述べたように活荷重の一種であるから，せん断力が最大となるように載荷し，図 I.16 の場合についていえば正の部分にのみ載荷される．このときのせん断力算定式は，次のようになる．

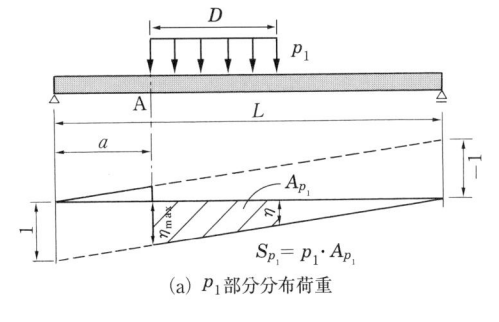

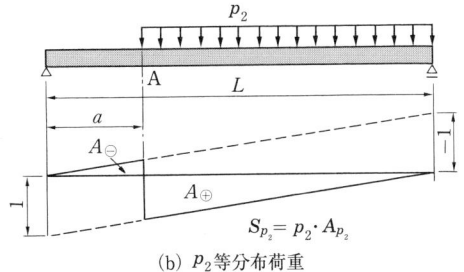

(a) p_1 部分分布荷重
$$S_{p_1} = p_1 \cdot A_{p_1}$$

(b) p_2 等分布荷重
$$S_{p_2} = p_2 \cdot A_{p_2}$$

図 I.16 せん断力の影響線

$$S_{p_1} = p_1 A_{p_1} \qquad (\text{I.16 a})$$
$$S_{p_2} = p_2 A_{p_2} \qquad (\text{I.16 b})$$

ここに，p_1：部分等分布荷重(L荷重)，p_2：全体等分布荷重(L荷重)，
A_{p_1}：p_1 荷重影響線面積(図I.16)，A_{p_2}：p_2 荷重影響線面積(図I.16)

このとき，p_1 荷重は，曲げモーメントを求めるときの値と異なることに注意を要する(画面I-8参照)．

画面I-12は，本書の設計例について求めたせん断力影響線のコンピュータ画面を示す．コンピュータは，せん断力の必要な中央断面，断面変化点および現場継手部に対して，影響線を求めている．また，桁の最大せん断力は，端部支点に生じるので，その影響線が画面I-12の"R 0"として示されている．すなわち，反力の影響線と同一である．

3.6　主桁に働くせん断力

前掲の画面I-12で述べたせん断力の影響線と画面I-8で求めた荷重強度を用いて，式(I.15)～(I.16)により，主桁に働くせん断力を，算出することができる．そのとき，せん断力は，以下のような種類に分けて求められる．

死荷重せん断力：鋼桁断面に作用するせん断力：$S_s = w_{ds} \cdot A_d$　　(I.17)
　　　　　　　　合成断面に作用するせん断力：$S_{dv} = w_{dv} \cdot A_d$　　(I.18)
活荷重せん断力(衝撃を含む)：
　　　　p_1 等分布荷重によるせん断力：$S_{p_1} = p_1 A_{p_1}(1+i)$　　(I.19)
　　　　p_2 等分布荷重によるせん断力：$S_{p_2} = p_2 A_{p_2}(1+i)$　　(I.20)

上式中，各記号の意味は，"主桁に作用する曲げモーメント"の項で述べたものと同じである．ここで注意すべきことは，影響線の面積のとり方について，図I.16の影響線図を見るとわかるとおり，正負の両方が出てくる．したがって，死荷重によるせん断力を求めるときに用いる影響線面積 A_d と，p_2 等分布荷重によるせん断力を求めるときに用いる影響線面積 A_{p_2} は，それぞれ次のようにとる(式(I.15)および(I.16) 参照)．

$$A_d = A_\oplus - A_\ominus, \quad A_{p_2} = A_\oplus \quad \text{あるいは} \quad A_\ominus \text{の大きいほう}$$

これは，活荷重の場合，桁の全長にわたって載るよりも，ある一部分に載ったほうがせん断力が大きくなるためである．

以上の式を用いて計算したせん断力の計算例を，画面I-13のコンピュータ画面

3章 主桁の設計

画面 I-13　主桁に働くせん断力

項 目	外桁のせん断力(kN)					
	J	C	R	1	2	3
Ad	5.625	0.000	15.000	11.700	8.100	
AP2	7.090	3.750	15.000	11.882	8.894	
Ss＝Wds・Ad	121.331	0.000	323.550	252.369	174.717	
Wdv・Ad	46.626	0.000	124.335	96.981	67.141	
P1・AP1	130.781	83.700	209.250	181.629	151.497	
P2・AP2	51.924	27.464	109.856	87.017	65.134	
Sv	229.331	111.164	443.441	365.627	283.772	
Ss+v	350.662	111.164	766.991	617.997	458.489	
	中桁のせん断力(kN)					
Ad	5.625	0.000	15.000	11.700	8.100	
AP2	7.090	3.750	15.000	11.882	8.894	
Ss＝Wds・Ad	126.495	0.000	337.320	263.110	182.153	
Wdv・Ad	17.325	0.000	46.200	36.036	24.948	
P1・AP1	203.125	130.000	325.000	282.100	235.300	
P2・AP2	80.647	42.656	170.625	135.152	101.164	
Sv	301.097	172.656	541.825	453.288	361.412	
Ss+v	427.592	172.656	879.145	716.398	543.564	

に示す．外主桁と中主桁の荷重強度は異なっているので，それぞれの主桁に対するせん断力が，別々に求められる．

せん断力の値は，画面 I-13 のように，桁の中央で小さく端部にいくほど大きくなっており，この傾向は曲げモーメントと逆である．桁の断面決定のうえで決定的要因となるのは，曲げモーメントである．せん断力のほうは，腹板(ウェブ)の強度に直接関係する．とくに，せん断力は，後で述べるように腹板のせん断座屈防止のために必要な垂直補助材の設計に大きな影響を与える．

ここで求めたせん断力は，曲げモーメントのときと同様に最大せん断力であるので，固定荷重である死荷重は動かないが，活荷重はそこの位置のせん断力が最大となるように移動させて考える．したがって，桁の中央におけるせん断力も，ゼロとならない．

画面 I-13 の中で"R"とあるのは，桁の反力(reaction)のことであり，せん断力の中でも最大のものである．すなわち，桁の最大せん断力は端部支点に生じ，そ

の大きさは反力に等しい．

3.7 主桁の断面決定

画面 I-14 では，主桁の断面，すなわち腹板および上下フランジの寸法が決定される．この主桁断面の決定にあたっては，各種の作用応力度がそれぞれの許容応力度以内に入っていることが条件となる．画面 I-14 は，そのすべての応力照査の結果を簡略にまとめている．もし作用応力度が許容応力度を超えていれば，コンピュータ画面では赤色で警告を示すので，設計者は，許容応力度の超えている部分の寸法を修正すればよい．

主桁断画の決定は，外桁断面-①(端部の断面) から始まり，中央断面へと順次並べられている．このとき，断面変化点の数がもっとも大きい断面(本例題では③)として，中央断面を例示する．外桁断面が終了すると，次に中桁断面も同様にして断面決定を行うことができる．断面決定が終了すると，進む キーで，次の鋼桁断面定数の画面(画面 I-20)へと移っていく．ただし，この主桁断面決定の画面

画面 I-14 主桁の断面決定（外桁断面-①）（本画面は修正入力が可能）

変更した時は必ず再計算ボタンをクリックして下さい．

外桁断面変化点① ／ （表示する断面を選んで下さい．）
断面を選択することによって計算を行います．

項 目	数値 (mm)	許容範囲
使用部材	SM400	$\sigma a=140 N/mm^2$
Hw	1600	$1500.0 < hw < 1666.7$
tw	9	$8 <= tw$
tu	10	$10 <= tu$
bu	240	$166.7 < bu < 224.0$
tl	16	$10 <= tl$
bl	420	$bl < 512.0$

プレートガーターの最小腹版厚

水平補剛材	SS41 SM41	SM50	SM50Y SM53	SM58
無し (mm)	11	12	13	15
1本 (mm)	6	7	8	9
2本 (mm)	5	5	5	6

鋼桁及び合成断面に作用する応力
$(\sigma' su) p = 111$ N/mm^2 $<$ $\sigma ca = 140$ $(\sigma' su) s = 107$ N/mm^2 $<$ $(\sigma' ba) ER = 112$
$(\sigma' sl) p = 133$ N/mm^2 $<$ $\sigma ta = 140$

主荷重による応力
$\sigma su = 146$ N/mm^2 $<$ $1.15 \sigma ca = 161$ $\sigma cu = 1.7$ N/mm^2 $<$ $\sigma ca = 9.0$
$\sigma sl = 142$ N/mm^2 $<$ $\sigma ta = 140$ $\sigma cl = 0.4$ $\sigma ca = 9.0$

主荷重＋コンクリートと鋼桁との温度差による応力
$\sigma su = 166$ N/mm^2 $<$ $1.3 \sigma ca = 182$ $\sigma cu = 1.8$ N/mm^2 $<$ $1.15 \sigma ca = 10.4$
$\sigma sl = 147$ N/mm^2 $<$ $1.15 \sigma ta = 161$ $\sigma cl = 1.1$ N/mm^2 $<$ $1.15 \sigma ca = 10.4$

降伏に対する安全度の照査
$(\sigma' su) y = 201$ N/mm^2 $<$ $\sigma sy = 235$ $(\sigma' cu) y = 3.9$ N/mm^2 $<$ $0.60 \sigma ck = 18.0$
$(\sigma' sl) y = 216$ N/mm^2 $<$ $\sigma sy = 235$ $(\sigma' cl) y = 2.2$ N/mm^2 $<$ $0.60 \sigma ck = 18.0$

3章 主桁の設計

画面 I-15　主桁の断面決定（外桁断面-②）（本画面は修正入力が可能）

変更した時は必ず再計算ボタンをクリックして下さい。

外桁断面変化点②　（表示する断面を選んで下さい）
断面を選択することによって計算を行います。

項目	数値 (mm)	許容範囲
使用部材	SM490Y	σa=210N/mm2
Hw	1600	1500.0 <hw< 1666.7
tw	9	8 <= tw
tu	13	10 <= tu
bu	270	166.7 <bu< 291.2
tl	19	10 <= tl
bl	460	bl < 533.3

プレートガーダーの最小腹版厚

水平補鋼材	SS41 SM41	SM50	SM50Y SM53	SM58
無し (mm)	11	12	13	15
1本 (mm)	6	7	8	9
2本 (mm)	5	5	5	6

鋼桁及び合成断面に作用する応力
(σsu) p = 169　N/mm2　<　σca = 210　　(σsu) s = 161　N/mm2　<　(σba)ER = 163
(σsl) p = 200　N/mm2　<　σta = 210

主荷重による応力
σsu = 206　N/mm2　<　1.15σca = 242　　σcu = 2.9　N/mm2　<　σca = 9.0
σsl = 208　N/mm2　<　σta = 210　　σcl = 1.1　N/mm2　<　σca = 9.0

主荷重＋コンクリートと鋼桁との温度差による応力
σsu = 226　N/mm2　<　1.3σca = 273　　σcu = 3.1　N/mm2　<　1.15σca = 10.4
σsl = 213　N/mm2　<　1.15σta = 242　　σcl = 1.8　N/mm2　<　1.15σca = 10.4

降伏に対する安全度の照査
(σsu)y = 280　N/mm2　<　σsy = 355　　(σcu)y = 6.5　N/mm2　<　0.60σck = 18.0
(σsl)y = 317　N/mm2　<　σsy = 355　　(σcl)y = 3.5　N/mm2　<　0.60σck = 18.0

画面 I-16　主桁の断面決定（外桁中央断面）（本画面は修正入力が可能）

変更した時は必ず再計算ボタンをクリックして下さい。

外桁断面変化点③　（表示する断面を選んで下さい）
断面を選択することによって計算を行います。

項目	数値 (mm)	許容範囲
使用部材	SM490Y	σa=210N/mm2
Hw	1600	1500.0 <hw< 1666.7
tw	9	8 <= tw
tu	16	10 <= tu
bu	310	166.7 <bu< 358.4
tl	28	10 <= tl
bl	490	bl < 533.3

プレートガーダーの最小腹版厚

水平補鋼材	SS41 SM41	SM50	SM50Y SM53	SM58
無し (mm)	11	12	13	15
1本 (mm)	6	7	8	9
2本 (mm)	5	5	5	6

鋼桁及び合成断面に作用する応力
(σsu) p = 194　N/mm2　<　σca = 210　　(σsu) s = 181　N/mm2　<　(σba)ER = 185
(σsl) p = 202　N/mm2　<　σta = 210

主荷重による応力
σsu = 233　N/mm2　<　1.15σca = 242　　σcu = 3.7　N/mm2　<　σca = 9.0
σsl = 209　N/mm2　<　σta = 210　　σcl = 1.8　N/mm2　<　σca = 9.0

主荷重＋コンクリートと鋼桁との温度差による応力
σsu = 253　N/mm2　<　1.3σca = 273　　σcu = 3.9　N/mm2　<　1.15σca = 10.4
σsl = 212　N/mm2　<　1.15σta = 242　　σcl = 2.5　N/mm2　<　1.15σca = 10.4

降伏に対する安全度の照査
(σsu)y = 318　N/mm2　<　σsy = 355　　(σcu)y = 8.2　N/mm2　<　0.60σck = 18.0
(σsl)y = 319　N/mm2　<　σsy = 355　　(σcl)y = 4.8　N/mm2　<　0.60σck = 18.0

I編　合成桁橋の設計

画面 I-17　主桁の断面決定（中桁断面-①）（本画面は修正入力が可能）

変更した時は必ず再計算ボタンをクリックして下さい。

中桁断面変化点①　（表示する断面を選んで下さい。）
断面を選択することによって計算を行います。

項目	数値（mm）	許容範囲
使用部材	SM400	$\sigma a=140 N/mm^2$
Hw	1600	$1500.0 < hw < 1666.7$
tw	9	$8 <= tw$
tu	10	$10 <= tu$
bu	240	$166.7 < bu < 224.0$
tl	16	$10 <= tl$
bl	440	$bl < 512.0$

プレートガーターの最小腹版厚

水平補強材	SS41 SM41	SM50	SM50Y SM53	SM58
無し（mm）	11	12	13	15
1本（mm）	6	7	8	9
2本（mm）	5	5	5	6

鋼桁及び合成断面に作用する応力
$(\sigma su)p = 113$ N/mm^2 $<$ $\sigma ca = 140$　　$(\sigma su)s = 111$ N/mm^2 $<$ $(\sigma ba)ER = 112$
$(\sigma sl)p = 140$ N/mm^2 $>$ $\sigma ta = 140$

主荷重による応力
$\sigma su = 144$ N/mm^2 $<$ $1.15 \sigma ca = 161$　　$\sigma cu = 1.9$ N/mm^2 $<$ $\sigma ca = 9.0$
$\sigma sl = 149$ N/mm^2 $>$ $\sigma ta = 140$　　$\sigma cl = 0.4$ N/mm^2 $<$ $\sigma ca = 9.0$

主荷重＋コンクリートと鋼桁との温度差による応力
$\sigma su = 163$ N/mm^2 $<$ $1.3 \sigma ca = 182$　　$\sigma cu = 2.0$ N/mm^2 $<$ $1.15 \sigma ca = 10.4$
$\sigma sl = 154$ N/mm^2 $<$ $1.15 \sigma ta = 161$　　$\sigma cl = 0.4$ N/mm^2 $<$ $1.15 \sigma ca = 10.4$

降伏に対する安全度の照査
$(\sigma su)y = 198$ N/mm^2 $<$ $\sigma sy = 235$　　$(\sigma cu)y = 4.2$ N/mm^2 $<$ $0.60 \sigma ck = 18.0$
$(\sigma sl)y = 237$ N/mm^2 $>$ $\sigma sy = 235$　　$(\sigma cl)y = 2.1$ N/mm^2 $<$ $0.60 \sigma ck = 18.0$

画面 I-18　主桁の断面決定（中桁断面-②）（本画面は修正入力が可能）

変更した時は必ず再計算ボタンをクリックして下さい。

中桁断面変化点②　（表示する断面を選んで下さい。）
断面を選択することによって計算を行います。

項目	数値（mm）	許容範囲
使用部材	SM490Y	$\sigma a=210 N/mm^2$
Hw	1600	$1500.0 < hw < 1666.7$
tw	9	$8 <= tw$
tu	13	$10 <= tu$
bu	280	$166.7 < bu < 291.2$
tl	22	$10 <= tl$
bl	460	$bl < 533.3$

プレートガーターの最小腹版厚

水平補強材	SS41 SM41	SM50	SM50Y SM53	SM58
無し（mm）	11	12	13	15
1本（mm）	6	7	8	9
2本（mm）	5	5	5	6

鋼桁及び合成断面に作用する応力
$(\sigma su)p = 166$ N/mm^2 $<$ $\sigma ca = 210$　　$(\sigma su)s = 161$ N/mm^2 $<$ $(\sigma ba)ER = 168$
$(\sigma sl)p = 197$ N/mm^2 $<$ $\sigma ta = 210$

主荷重による応力
$\sigma su = 198$ N/mm^2 $<$ $1.15 \sigma ca = 242$　　$\sigma cu = 3.2$ N/mm^2 $<$ $\sigma ca = 9.0$
$\sigma sl = 204$ N/mm^2 $<$ $\sigma ta = 210$　　$\sigma cl = 1.1$ N/mm^2 $<$ $\sigma ca = 9.0$

主荷重＋コンクリートと鋼桁との温度差による応力
$\sigma su = 217$ N/mm^2 $<$ $1.3 \sigma ca = 273$　　$\sigma cu = 3.4$ N/mm^2 $<$ $1.15 \sigma ca = 10.4$
$\sigma sl = 208$ N/mm^2 $<$ $1.15 \sigma ta = 242$　　$\sigma cl = 1.7$ N/mm^2 $<$ $1.15 \sigma ca = 10.4$

降伏に対する安全度の照査
$(\sigma su)y = 270$ N/mm^2 $<$ $\sigma sy = 355$　　$(\sigma cu)y = 7.0$ N/mm^2 $<$ $0.60 \sigma ck = 18.0$
$(\sigma sl)y = 327$ N/mm^2 $<$ $\sigma sy = 355$　　$(\sigma cl)y = 3.5$ N/mm^2 $<$ $0.60 \sigma ck = 18.0$

3章　主桁の設計

画面 I-19　主桁の断面決定（中桁中央断面）（本画面は修正入力が可能）

変更した時は必ず再計算ボタンをクリックして下さい。

中桁断面変化点③ ▼	（表示する断面を選んで下さい）

断面を選択することによって計算を行います。

項目	数値 (mm)	許容範囲
使用部材	SM490Y	σa=210N/mm2
Hw	1600	1500.0 < hw < 1666.7
tw	9	8 <= tw
tu	16	10 <= tu
bu	320	166.7 < bu < 358.4
tl	30	10 <= tl
bl	520	bl < 533.3

プレートガーターの最小腹版厚

水平補強材	SS41 SM41	SM50	SM50Y SM53	SM58
無し (mm)	11	12	13	15
1本 (mm)	6	7	8	9
2本 (mm)	5	5	5	6

鋼桁及び合成断面に作用する応力
- $(\sigma_{su})p = 193$ N/mm2 < $\sigma_{ca} = 210$　　$(\sigma_{su})s = 183$ N/mm2 < $(\sigma_{ba})ER = 188$
- $(\sigma_{sl})p = 200$ N/mm2 < $\sigma_{ta} = 210$

主荷重による応力
- $\sigma_{su} = 224$ N/mm2 < $1.15\sigma_{ca} = 242$　　$\sigma_{cu} = 4.1$ N/mm2 < $\sigma_{ca} = 9.0$
- $\sigma_{sl} = 205$ N/mm2 < $\sigma_{ta} = 210$　　$\sigma_{cl} = 1.8$ N/mm2 < $\sigma_{ca} = 9.0$

主荷重＋コンクリートと鋼桁との温度差による応力
- $\sigma_{su} = 243$ N/mm2 < $1.3\sigma_{ca} = 273$　　$\sigma_{cu} = 4.3$ N/mm2 < $1.15\sigma_{ca} = 10.4$
- $\sigma_{sl} = 209$ N/mm2 < $1.15\sigma_{ta} = 242$　　$\sigma_{cl} = 2.5$ N/mm2 < $1.15\sigma_{ca} = 10.4$

降伏に対する安全度の照査
- $(\sigma_{su})y = 308$ N/mm2 < $\sigma_{sy} = 355$　　$(\sigma_{cu})y = 8.9$ N/mm2 < $0.60\sigma_{ck} = 18.0$
- $(\sigma_{sl})y = 331$ N/mm2 < $\sigma_{sy} = 355$　　$(\sigma_{cl})y = 5.0$ N/mm2 < $0.60\sigma_{ck} = 18.0$

から1つ前の画面 I-13 に戻すことはできない．

　ここに，H_w：ウェブ高さ，t_w：ウェブ厚さ，t_u：上フランジの厚さ，b_u：上フランジの幅，t_l：下フランジの厚さ，b_l：下フランジの幅

　画面 I-14 は，外主桁の断面-①，すなわちもっとも桁端部に近い断面についての応力算定結果を示したものである．断面決定がどのようにして行われているかについては，後で説明することにする．

　画面 I-15 は，外主桁の断面-②，すなわち桁端部から2番目の断面についての応力算定結果を示している．

　画面 I-16 は，外主桁の断面-③，すなわち本設計例では中央断面に相当している断面についての応力算定結果を示している．

　画面 I-17 は，中主桁の断面-①，すなわちもっとも桁端部に近い断面についての応力算定結果を示したものである．

　画面 I-18 は，中主桁の断面-②，すなわち桁端部から2番目の断面について応力算定結果を示している．

　画面 I-19 は，中主桁の断面-③，すなわち中主桁の中央断面に相当する断面の応

力算定結果を示したものである．

なお，画面 I-14～19 に示した断面決定の計算結果は，コンピュータが自動的に決定したものではなく，適当な断面に修正した後のものである＊．

A. 主桁断面決定の方法

主桁に働く断面力をもとに主桁の断面を決定することは，合成桁橋の設計の中でもっとも重要な部分である．

画面 I-14～I-19 には，非常に凝縮された断面決定にかかわる計算結果が示されている．これ以降にも，各種応力度の算定に関する詳細なコンピュータ画面がいくつも続くことになるが，それらの計算結果の要点はすべて画面 I-14～I-19 に表示されており，この画面だけで各断面が適切かどうか判断できるようになっている．

合成桁に働く数々の応力度の安全性の検討は，いくつかの応力度の組合せを考えなければならない．すなわち
① 橋を架設している状態(架設時応力度)
② 橋上を自動車が通過している日常の状態(主荷重応力度)
③ 日常の状態に床版と鋼桁の温度差による応力度を加えた状態(主荷重応力度＋温度差応力度)
④ 例外的に大きな自動車荷重が通過したときの状態(降伏応力度)

の4種類について，それぞれ許容応力度との比較を，行うことになる．もちろん，各種類で，許容応力度が異なるのは，当然である．もっとも基本となるのは日常の状態に対する主荷重応力度であるが，そのほかのケースは一時的な荷重状態ばかりであるので，許容応力度は主荷重の場合に比べて割増しされる(許容応力度の割り増し)．それらの応力度の組合せと，それに対応する許容応力度を鋼桁の部分について示すと，次のとおりとなる(「道示II 3.1」)．

① 架設時応力度

$$\sigma_{su}=(\sigma_{su})_s<(\sigma_{ba})_{ER}=1.25\sigma_{ba} \qquad (\text{I}.21)$$

$$\sigma_{sl}=(\sigma_{sl})_s<(\sigma_{ta})_{ER}=1.25\sigma_{ta} \qquad (\text{I}.22)$$

② 主荷重応力度

$$\sigma_{su}=(\sigma_{su})_s+(\sigma_{su})_v+(\sigma_{su})_{SH}+(\sigma_{su})_{CR}<1.15\sigma_{ba} \qquad (\text{I}.23)$$

$$\sigma_{sl}=(\sigma_{sl})_s+(\sigma_{sl})_v+(\sigma_{sl})_{SH}+(\sigma_{sl})_{CR}<\sigma_{ta} \qquad (\text{I}.24)$$

＊ 本書で示した断面寸法は，次の著書の計算例を参考にして同じ値とした．
「新編 橋梁工学」中井 博・北田俊行著，共立出版．

③ 主荷重応力度＋温度差応力度

$$\sigma_{su} = (\sigma_{su})_s + (\sigma_{su})_v + (\sigma_{su})_{SH} + (\sigma_{su})_{CR} + (\sigma_{su})_{TD} < 1.15\sigma_{ba} \quad (\text{I}.25)$$

$$\sigma_{sl} = (\sigma_{sl})_s + (\sigma_{sl})_v + (\sigma_{sl})_{SH} + (\sigma_{sl})_{CR} + (\sigma_{sl})_{TD} < 1.15\sigma_{ta} \quad (\text{I}.26)$$

④ 降伏応力度

$$\sigma_{su} = 1.3(\sigma_{su})_d + 2.0(\sigma_{su})_{l+i} + (\sigma_{su})_{SH} + (\sigma_{su})_{CR} + (\sigma_{su})_{TD} < \sigma_y \quad (\text{I}.27)$$

$$\sigma_{sl} = 1.3(\sigma_{sl})_d + 2.0(\sigma_{sl})_{l+i} + (\sigma_{sl})_{SH} + (\sigma_{sl})_{CR} + (\sigma_{sl})_{TD} < \sigma_y \quad (\text{I}.28)$$

ここに，σ_{su}：上フランジの圧縮応力度

σ_{sl}：下フランジの引張応力度

$(\sigma_{su})_s$：合成前死荷重による上フランジの圧縮応力度

$(\sigma_{sl})_s$：合成前死荷重による下フランジの引張応力度

$(\sigma_{ba})_{ER}$：架設時の上フランジに対する曲げ圧縮許容応力度（割増しを含む）

$(\sigma_{ta})_{ER}$：架設時の下フランジに対する曲げ引張許容応力度（割増しを含む）

σ_{ba}：曲げ圧縮許容応力度

σ_{ta}：引張許容応力度

$(\sigma_{su})_v$：合成後死荷重と活荷重による上フランジの圧縮応力度

$(\sigma_{sl})_v$：合成後死荷重と活荷重による下フランジの引張応力度

$(\sigma_{su})_{SH}$：コンクリートの乾燥収縮による上フランジの増加圧縮応力度

$(\sigma_{sl})_{SH}$：コンクリートの乾燥収縮による下フランジの増加引張応力度

$(\sigma_{su})_{CR}$：コンクリートのクリープによる上フランジの増加圧縮応力度

$(\sigma_{sl})_{CR}$：コンクリートのクリープによる下フランジの増加引張応力度

$(\sigma_{su})_{TD}$：床版と鋼桁の温度差による上フランジの増加圧縮応力度

$(\sigma_{sl})_{TD}$：床版と鋼桁の温度差による下フランジの増加引張応力度

$(\sigma_{su})_d$：死荷重（合成前と合成後）による上フランジの圧縮応力度

$(\sigma_{sl})_d$：死荷重（合成前と合成後）による下フランジの引張応力度

$(\sigma_{su})_{l+i}$：活荷重（衝撃荷重を含む）による上フランジの圧縮応力度

$(\sigma_{sl})_{l+i}$：活荷重（衝撃荷重を含む）による下フランジの引張応力度

σ_y：鋼材の降伏応力度

画面 I-14～I-19 には，床版のコンクリート部の応力度もそれぞれの許容応力度とともに示されている．一般的にいって，コンクリート応力度は，ここであまり問題とならない．鋼桁（主桁）断面の決定にあたっては，鋼桁部の応力度が許容応力度内に入るようにすればよい．

なお，曲げ圧縮許容応力度 σ_{ba} の値は表 I.11 に示されているが，曲げ引張許容応力度 σ_{ta} はこの表で座屈が起こらないとき（$l/b=0$）の値に等しい．

画面 I-14〜I-19 のコンピュータ画面で，設計者は，対話形式に断面決定を行うことができる．コンピュータは，まず最適断面推定のための繰返し計算を行うにあたって，次の 2 つの基本的な事項を決定する．

　1) コンクリート床版の有効幅の決定，2) 腹板の高さと厚さ

これらが決まると，必要なフランジ断面積を求めるために，式(I.21)〜(I.28)の安全性の照査を行う．フランジの必要断面積から，自由突出幅としての制限を満足するフランジの板幅と厚さを決定する．

このようにしてコンピュータが一応推定した断面は，場合によって，かなり最適なものとなっていることもあるが，必ずしも最適ではない場合，あるいは許容応力度を超えている場合もある．そのようなとき，設計者は，画面 I-14〜I-19 の各画面を見ながらどの程度の変更が適当かを判断し，入力することができる．断面を修正した結果の各種応力度は 再計算 により同じ画面に表示されるので，これを繰り返すことにより，設計者は，最適断面をつくり出すことができる．

画面 I-14〜I-19 に示された応力度はすべて曲げ応力度であり，プレートガーダーに働くもう 1 つの応力度であるせん断応力度については示されていない．これは，通常，合成桁橋の主桁の断面決定にあたって，せん断力よりも曲げモーメントが支配的となるためである．つぎに，主桁断面決定の計算内容について，具体的にみていくことにする．

B. 床版の有効幅の決定

合成桁とは，上部の鉄筋コンクリート床版と下部の鋼桁とが合成されて一体の断面として働くようになった構造物である．もちろん，合成桁の主体は，どちらかというと鋼桁である．これにいかに床版部が有効に働いて鋼桁の負担を少なくするかということが，合成桁の有効性に結び付く．鉄筋コンクリートの床版は，幅の広い平たい版（スラブ）構造物であり，これを何 m かの間隔で鋼桁により下から支えられている．鋼桁に直接接している部分の鉄筋コンクリート床版は鋼桁とよく協力して有効に働いているものの，鋼桁から離れた部分の鉄筋コンクリート床版は鋼桁との合成の効果にあまり寄与していない．

床版の有効幅は，図 I.17〜I.19 に示すように，支間 L が長いほど支間の中央部で鋼桁と合成する効果が大きくなる．いっぽう，鋼桁間隔 $2b$ が大きくなるほど，

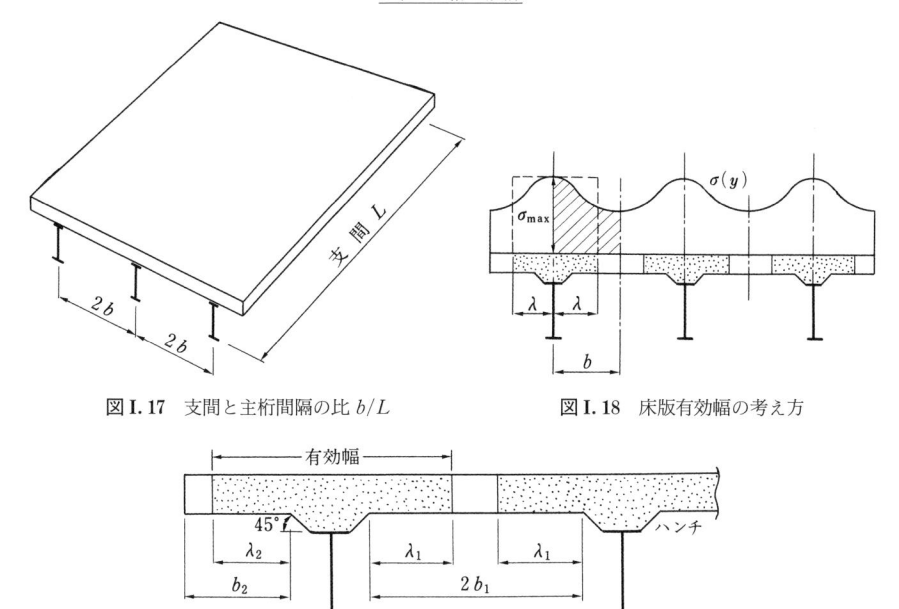

図 I.17　支間と主桁間隔の比 b/L　　　　図 I.18　床版有効幅の考え方

図 I.19　床版有効幅の算定（「道示II 9.2.4」）

鋼桁と有効に働かない部分が大きくなる．つまり，b/L の比によって床版の有効幅 λ が，左右される．

　設計計算を簡単にするために，床版の有効幅を，図 I.18 に示すようにして求める．すなわち，床版部の実際の応力度分布は，鋼桁上で最大となり，そこから離れるに従って"**せん断遅れ**(shear lag)"により応力度が減少していく．この最大応力度 σ_{max} を一定であるとして，実際の応力度分布の斜線部分と点線で示した長方形の面積が等しくなるように有効幅 λ を決定する．この考え方を式で表すと，次のようになる．

$$\lambda = \frac{\int_0^b \sigma(y)\,dy}{\sigma_{max}} \tag{I.29}$$

ここに，$\sigma(y)$ は，床版部の実際の応力度分布を表している．

　このような問題は，合成桁における鋼桁と鉄筋コンクリート床版の場合だけではなく，鋼床版におけるデッキプレートの有効幅においても同様に起こる．鋼床版では，デッキプレートが上フランジも兼ねており，上フランジとしての有効幅を求め

ることになる．合成桁の場合，鋼桁と鉄筋コンクリート床版との面にハンチの部分があり，この影響を考えて，実際には，図 I. 19 に示すように有効幅をハンチの端からの距離 λ にとり，つぎの式により算定する（「道示II 10.3.5」）．

$$\lambda = \begin{cases} b & b/L \leq 0.05 \\ \{1.1-2(b/L)\}b & 0.05 < b/L \leq 0.30 \\ 0.15L & 0.30 < b/L \end{cases} \quad (\text{I. 30})$$

なお，式(I.30)は単純桁の場合に適用する式であり，連続桁に対しては別の式を用いる（「道示II 10.3.5」）．

ハンチの傾斜は 1：3 より緩くするのが望ましいが（「道示II 8.2.10」），床版の有効幅の算定に限り 45°の角度をとって求める．床版の有効幅は，図 I. 19 に示すように各主桁の左右両側について式(I.30) により求めた λ_1 と λ_2 を加えて得られる．

C. 腹板の高さと厚さ

腹板の高さは，プレートガーダーの設計をするうえでもっとも基準となる寸法である．腹板の高さが高すぎても低すぎても，断面の経済性は，損なわれる．さらに，腹板の高さは，桁の剛性と密接な関係にあり，剛性が低すぎるとたわみやすい，あるいは振動しやすい等の問題が生じてくる．合成桁の場合，腹板の経済高さ h_w は，経験上，次の範囲にあるといわれている．

$$h_w = \frac{L}{18} \sim \frac{L}{20} \quad (\text{I. 31})$$

ここに，L：支間．

本書における設計では，画面 I-14～19 において式(I.31) の値を腹板高さの許容範囲として示している．

このようにして腹板の高さが決まると，次に腹板の厚さを決定する．腹板は，断面決定に支配的となる曲げモーメントに対してあまり抵抗力がないので，できるだ

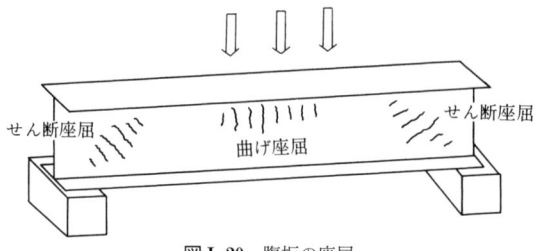

図 I. 20 腹板の座屈

3章 主桁の設計

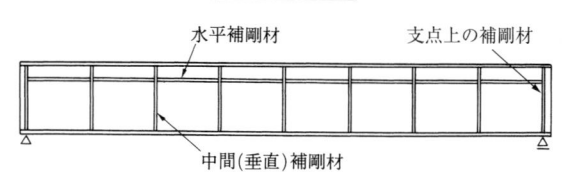

図 I.21 プレートガーダーの補剛材

け薄いほうが経済的となる．したがって，基本的には，腹板の厚さはできるだけ薄くなるように設計する．この場合，当然問題となるのは，腹板の座屈である．腹板の座屈には，曲げ座屈とせん断座屈の2種類があり，これを図 I.20 に示す．曲げモーメントによって腹板の上部に圧縮応力度が働き，その部分の座屈を避けるために，**水平補剛材**(horizontal stiffener)を設ける．いっぽう，せん断力によっては，斜め方向に圧縮力が働きこの方向に座屈が起こる．この座屈を防ぐためには，中間に**垂直補剛材**(vertical stiffener)を設ける．この垂直補剛材の間隔が狭いほど腹板のパネルが小さくなり，せん断座屈は，起こりにくくなる．

これらの水平補剛材や垂直補剛材が必要かどうかは，腹板の高さと厚さから決まってくる．曲げモーメントが支間の中央部で大きいため，これによる座屈は，とくに支間中央部で問題となる．いっぽう，せん断力は支点付近で大きくなるために，これによる座屈は桁の端部で問題となる．これらの腹板座屈を防止するために，プレートガーダーには，水平補剛材と中間垂直補剛材を取り付ける．この状態を，図 I.21 に示す．

腹板の厚さは，まず水平補剛材を用いるかどうかによって決まってくる．腹板の所要厚さとして，「道路橋示方書」では，表 I.7 のように定めている（「道示 II 10.4.2」）．

表 I.7 プレートガーダーの最小腹板厚（「道示 II 10.4.2」）

水平補剛材の本数 \ 鋼種	SS 400 SM 400 SMA 400 W	SM 490	SM 490 Y SM 520 SMA 490 W	SM 570 SMA 570 W
0 本	$\dfrac{h_w}{152}$	$\dfrac{h_w}{130}$	$\dfrac{h_w}{123}$	$\dfrac{h_w}{110}$
1 本	$\dfrac{h_w}{256}$	$\dfrac{h_w}{220}$	$\dfrac{h_w}{209}$	$\dfrac{h_w}{188}$
2 本	$\dfrac{h_w}{310}$	$\dfrac{h_w}{310}$	$\dfrac{h_w}{294}$	$\dfrac{h_w}{262}$

h_w：腹板の高さ（上下フランジの純間隔）

「道路橋示方書」によれば，表 I.7 の値は，作用している曲げ圧縮応力度が許容曲げ圧縮応力度に比べて小さい場合，表 I.7 の分母を

$$\sqrt{許容曲げ圧縮応力度(上限値)/作用曲げ圧縮応力度} \leq 1.2$$

倍して緩和することができるとしている．しかし，なるべく思わぬ事故（たとえば疲労損傷や溶接変形の影響による座屈等）を避けるためにも，表 I.7 の値どおりとするほうが望ましい．

　表 I.7 では，材料の強度が上がるに伴って所要腹板厚が大きくなることが示されている．これは，材料の強度が上がるに従って作用する応力度も大きくなり，その結果，座屈を起こしやすくなっているためである．

　表 I.7 を見ながら腹板の厚さを決定するわけであるが，当然，このときに腹板の厚さを決定すると同時に水平補剛材も必要か否か，必要とすれば何本必要かということが決まることになる．画面 I-14～I-19 のコンピュータ画面で断面決定をするときに，表 I.7 の所要腹板厚に関する情報を画面に示しているので，設計者は，これを参考にして腹板厚を決定することができる．このときに，材質と腹板高さおよび腹板厚さを決定すれば，コンピュータは，自動的に水平補剛材の必要性を判断する．

　いっぽう，中間垂直補剛材の必要性については，表 I.8 により判断する（「道示 II 10.4.3」）．

　作用せん断応力度が許容せん断応力度に比べて小さい場合，表 I.8 の分母を

$$\sqrt{許容せん断応力度/作用せん断応力度} < 1.2$$

倍して緩和することができる．

　表 I.7 と表 I.8 を比較すると，表 I.8 の最小必要厚さは，かなり大きいことがわかる．すなわち，中間垂直補剛材を省略するためには，腹板の厚さをかなり大きく

表 I.8　中間垂直補剛材を省略できる腹板最小厚

（「道示 II 10.4.3」）

鋼種	SS 400 SM 400 SMA 400 W	SM 490	SM 490 Y SM 520 SMA 490 W	SM 570 SMA 570 W
最小腹板厚	$\dfrac{h_w}{70}$	$\dfrac{h_w}{60}$	$\dfrac{h_w}{57}$	$\dfrac{h_w}{50}$

h_w：腹板の高さ（上下フランジの純間隔）

しなければならないということである．前にも述べたように，腹板は，断面決定に支配的となる曲げモーメントへの抵抗に大して寄与しないので，できるだけ薄くしたほうが経済性からは望ましいといえる．したがって，通常は，中間垂直補剛材を用いて腹板厚を薄くする場合が多い．

中間垂直補剛材を用いるということは，当然，その取付けのために製作コストが上がるということであるから，これと腹板の材料費節約との兼合いが出てくる．もし，もう1mm腹板厚を上げれば，表I.8により中間垂直補剛材を用いなくてもよくなるというような場合には，腹板の厚さをその分だけ厚くしたほうが経済的になるかもしれない．

水平補剛材と中間垂直補剛材の寸法決定の方法については，画面I-31～I-32(後出)で詳しく述べることにする．

D. フランジ必要断面積の推定

腹板の寸法が決定されると，次に上下フランジの必要断面積を，作用曲げモーメントから算出することができる．ただし，この計算は，必要断面積の第1近似をまず推定して次の近似値を計算するという繰返しの計算になる．その繰返し計算過程は，以下のとおりである．

合成桁の断面決定における安全性のチェックは，先の主桁断面決定の方法で示したようにいろいろな荷重状態で，それぞれの許容応力度以内に入るようにしなければならない．そのうち断面決定に支配的となるのは，死荷重と活荷重が作用する場合である．とくに，上フランジに対しては，架設状態(合成前死荷重)が合成後の活荷重が作用した状態よりも危険になることがあるので，注意を要する．これは，架設状態において，上フランジが対傾構位置でしか固定されていないため，この間で横方向に座屈(横ねじれ座屈)するおそれがあって，その分だけ上フランジの許容応力度が小さくなるためである．

いっぽう，合成後の応力度は，死活荷重による直接の応力度のほかに主荷重としてコンクリートの乾燥収縮とクリープの影響による応力度がある．これらの影響は，死活荷重応力度に比べて2次的なものである．したがって，合成後の安全照査は，死活荷重による応力度のみである程度推定可能である．

結局，上下フランジの所要断面積は，架設時応力度と主荷重応力度(ただし乾燥収縮およびクリープを除く)の2ケースによって，コンピュータが決定している．しかし，この断面決定の部分は，もっとも人間的判断の要求されるところでもある

ので，画面 I-14〜I-19 に示したコンピュータの算定結果は，設計者の判断により，修正できるようになっている．

架設時における応力度の安全照査は，次式による．

$$(\sigma_{su})_s = \frac{M_s}{I_s} z_u \leq 1.25 \sigma_{ba} \tag{I.32}$$

$$(\sigma_{sl})_s = \frac{M_s}{I_s} z_l \leq 1.25 \sigma_{ta} \tag{I.33}$$

ここに，$(\sigma_{su})_s$：架設時の上フランジ圧縮応力度
$(\sigma_{sl})_s$：架設時の下フランジ引張応力度
M_s：架設時の作用曲げモーメント
I_s：鋼桁の断面2次モーメント
σ_{ba}：上フランジの座屈を考慮した曲げ圧縮許容応力度（表 I.11 参照）
σ_{ta}：引張許容応力度（表 I.11 参照）

上式中，許容応力度にかかる係数 1.25 は，架設時の一時的な荷重に対する許容応力度の割増係数である（「道示 II 3.1」）．

つぎに，合成後の死活荷重による応力度も含めたときの安全性照査は，次式による．

$$(\sigma_{su})_p = (\sigma_{su})_s + (\sigma_{su})_v < \sigma_{ba} (= \sigma_{ta}) \tag{I.34}$$

$$(\sigma_{sl})_p = (\sigma_{sl})_s + (\sigma_{sl})_v < \sigma_{ta} - \alpha \tag{I.35}$$

ここに，$(\sigma_{su})_p$, $(\sigma_{sl})_p$：乾燥収縮とクリープを除いた主荷重による上下フランジの応力度
$(\sigma_{su})_v$, $(\sigma_{sl})_v$：合成後死荷重と活荷重による上下フランジの応力度
α：乾燥収縮とクリープの影響による応力度の推定値

上式中，この段階における圧縮フランジの許容応力度については，圧縮フランジが鉄筋コンクリート床版によって固定されているために座屈が生じず，結果的に $\sigma_{ba} = \sigma_{ta}$ となる．また，引張フランジ応力度については，上式に乾燥収縮やクリープの影響が加わっていくらか大きくなることがわかっているので，この段階で α だけ許容応力度を少なく考えておく必要がある．しかし，圧縮フランジの応力度は，上式に乾燥収縮やクリープの影響による応力度を加えた場合，15% の許容応力度の割増しをとることができる（式(I.23) 参照）．そこで，ここでは，引張フランジのように許容応力度を少なく考える必要がない．α の値としては，だいたい $0.05 \sim 0.1 \sigma_{ta}$ 程度に推定することができる．

式(I.34)および式(I.35)を変形して，次のように書くことができる．

$$(\sigma_{su})_s' = \sigma_{ba}\frac{(\sigma_{su})_s}{(\sigma_{su})_s+(\sigma_{su})_v} \tag{I.36}$$

$$(\sigma_{sl})_s' = (\sigma_{ta}-\alpha)\frac{(\sigma_{sl})_s}{(\sigma_{sl})_s+(\sigma_{sl})_v} \tag{I.37}$$

ここに，右辺の$(\sigma_{su})_s$および$(\sigma_{sl})_s$を第1次近似とすれば，左辺の$(\sigma_{su})_s'$および$(\sigma_{sl})_s'$は，上式によって修正された第2次近似であり，この繰返し計算が収束すれば，目的とするフランジの必要断面積が求められたことになる．ここに，右辺の各応力度の初期値(第1次近似)は，すべて仮定値である．$(\sigma_{su})_s'$と$(\sigma_{sl})_s'$は合成前の鋼桁の応力度であるから，上式によって合成断面に作用する応力度は$(\sigma_{su})_s'$と$(\sigma_{sl})_s'$に換算され，見かけ上，合成前の鋼桁断面を考えるだけで断面決定(フランジの必要断面積の算定)ができる．すなわち，鋼桁断面に働いている応力度が図I.22のように既知であれば，作用モーメントM_s(外力)と応力度(内力)のつり合いから，そのときのフランジの断面積は，次のように計算できる．

$$A_u = \frac{M_s}{(\sigma_{su})_s' h_w} - \frac{h_w t_w}{6}\frac{2(\sigma_{su})_s'-(\sigma_{sl})_s'}{(\sigma_{su})_s'} \tag{I.38}$$

$$A_l = \frac{M_s}{(\sigma_{sl})_s' h_w} - \frac{h_w t_w}{6}\frac{2(\sigma_{sl})_s'-(\sigma_{su})_s'}{(\sigma_{sl})_s'} \tag{I.39}$$

上式中に示す各記号の意味は，図I.22に示すとおりである．

フランジの断面積が上式によって求められると，後述の画面I-22および画面I-23において説明するように，合成前と合成後の鋼桁応力度$(\sigma_{su})_s$, $(\sigma_{sl})_s$, $(\sigma_{su})_v$, および$(\sigma_{sl})_v$が計算できるので，これらを再び式(I.36)および式(I.37)に代入して，鋼桁応力度の近似値$(\sigma_{su})_s'$と$(\sigma_{sl})_s'$が求められる．さらに，これらを式(I.38)および式(I.39)に代入すると，再びフランジの必要断面積が得られ，そして式(I.36)および式(I.37)に戻っていくことになる．このようにして，繰返し

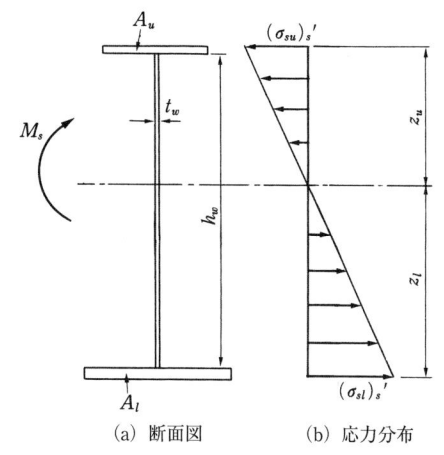

(a) 断面図　　(b) 応力分布

図I.22　曲げモーメント（外力）と応力度（内力）のつり合い（鋼桁断面）

計算は，収束していく．

この繰返し計算過程において，鋼桁応力度$(\sigma_{su})_s$，$(\sigma_{sl})_s$，$(\sigma_{su})_v$ および$(\sigma_{sl})_v$ の初期値をいくらにとるかということが問題となるが，このような繰返し計算は，コンピュータの得意とするところである．そのため，この初期値をかなり大胆に仮定しても，その後の計算には，それほど支障がないようである．

E. フランジ自由突出幅の制限

上下フランジの必要断面積が求められると，次にフランジの板幅と厚さを決定しなければならない．必要断面積を満足するフランジの幅と厚さの組合せは，無数に考えられる．その中で1つだけ守らなければならない条件は，自由突出幅の制限である．**自由突出幅**とは，図 I.23 に示すようにフランジと腹板の取付部からの張出し長さのことをいう．これは，板の厚さに比較して，張出し長さをあまり大きくすることができない．その理由は，圧縮フランジの場合自由突出幅が板厚に比べて大きすぎると(b/t が大)，**局部座屈**(local buckling) が生じるからである．これは，フランジ板厚 t が紙のように著しく薄い，あるいは板幅 b が非常に大きい極端な場合を思い浮かべると理解しやすい．このような場合には，必要断面積を確保しているとはいえ，圧縮力を受けると容易に座屈し，フランジが十分効果的に働いているとはいえない(図 I.24 参照)．そこで，「道路橋示方書」では，表 I.9 に示すような制限値を設け，フランジの自由突出幅と板厚の比 b/t が制限値を超える場合，許容応力度を低減している(「道示 II 4.2.3」)．また，b/t の比が 16 を超える場合は，使用してはならないとしている．望ましいのは，できるだけ許容応力度の低減がない範囲の自由突出幅を選択して使用することである．同じ量の材料を用いて構造物をつくる場合，その材料ができるだけ有効に働くように用いるのが当然のことであり，本書のプログラムでは，フランジの幅を許容応力度の低減がない範囲に留

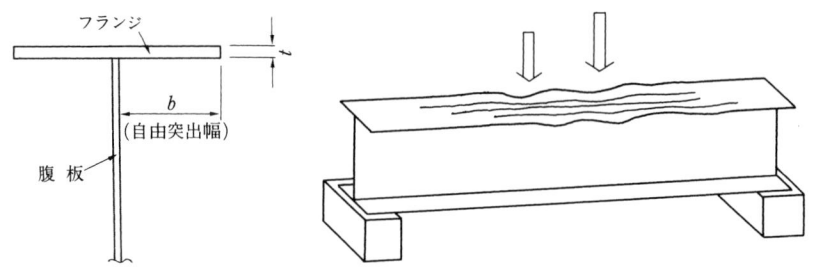

図 I.23　フランジの自由突出幅　　　図 I.24　圧縮フランジの局部座屈

表 I.9 自由突出板の局部座屈に対する許容応力度（「道示 4.2.3」）

鋼　種	鋼材の板厚 (mm)	局部座屈に対する許容応力度 (N/mm²)		
SS 400 SM 400 SMA 400 W	40 以下	140	:	$\dfrac{b}{12.8} \leqq t$
		$23{,}000\left(\dfrac{t}{b}\right)^2$	:	$\dfrac{b}{16} \leqq t < \dfrac{b}{12.8}$
	40 をこえ 100 以下	125	:	$\dfrac{b}{13.6} \leqq t$
		$23{,}000\left(\dfrac{t}{b}\right)^2$	:	$\dfrac{b}{16} \leqq t < \dfrac{b}{13.6}$
SM 490	40 以下	185	:	$\dfrac{b}{11.2} \leqq t$
		$23{,}000\left(\dfrac{t}{b}\right)^2$	:	$\dfrac{b}{16} \leqq t < \dfrac{b}{11.2}$
	40 をこえ 100 以下	175	:	$\dfrac{b}{11.5} \leqq t$
		$23{,}000\left(\dfrac{t}{b}\right)^2$	:	$\dfrac{b}{16} \leqq t < \dfrac{b}{11.5}$
SM 490 Y SM 520 SMA 490 W	40 以下	210	:	$\dfrac{b}{10.5} \leqq t$
		$23{,}000\left(\dfrac{t}{b}\right)^2$	:	$\dfrac{b}{16} \leqq t < \dfrac{b}{10.5}$
	40 をこえ 75 以下	195	:	$\dfrac{b}{10.9} \leqq t$
		$23{,}000\left(\dfrac{t}{b}\right)^2$	:	$\dfrac{b}{16} \leqq t < \dfrac{b}{10.9}$
	75 をこえ 100 以下	190	:	$\dfrac{b}{11.0} \leqq t$
		$23{,}000\left(\dfrac{t}{b}\right)^2$	:	$\dfrac{b}{16} \leqq t < \dfrac{b}{11.0}$
SM 570 SMA 570 W	40 以下	255	:	$\dfrac{b}{9.5} \leqq t$
		$23{,}000\left(\dfrac{t}{b}\right)^2$	:	$\dfrac{b}{16} \leqq t < \dfrac{b}{9.5}$
	40 をこえ 75 以下	245	:	$\dfrac{b}{9.7} \leqq t$
		$23{,}000\left(\dfrac{t}{b}\right)^2$	:	$\dfrac{b}{16} \leqq t < \dfrac{b}{9.7}$
	75 をこえ 100 以下	240	:	$\dfrac{b}{9.8} \leqq t$
		$23{,}000\left(\dfrac{t}{b}\right)^2$	:	$\dfrac{b}{16} \leqq t < \dfrac{b}{9.8}$

まるように設定されている．

　いっぽう，引張フランジは，圧縮力を受けるわけではないので，局部圧縮の問題が生じない．しかし，やはりフランジ幅が板厚に比べて広すぎる場合には，いろいろと問題が生じる．たとえば，運搬中に平坦でないところに設置したり，またどこ

かにぶつけたりすると，すぐに変形を起こす．また，床版の有効幅のところで見たように，せん断遅れによって，フランジの全幅が，必ずしも有効に働いているといいにくい．さらに，溶接による変形も，起こりやすくなる．そこで，「道路橋示方書」では，引張フランジの自由突出幅は，鋼種にかかわらず，フランジ厚さの16倍を超えてはならないとしている（「道示Ⅱ 10.3.2」）．すなわち，下フランジ幅は，次の式を満足しなければならない．

$$b_l < 16 t_l \qquad (\text{I}.40)$$

ここに，b_l：引張フランジの幅，t_l：引張フランジの厚さ．

以上で断面決定の作業を終了し，これ以降のコンピュータ画面では，この断面決定のさいに求めた応力度の算定方法について述べることになる．その前に，断面決定における重要なポイントの1つである鋼種の選定について説明する．

F. 鋼種の選定

ここでは，鋼材の種類を選定するのはどのような考え方にもとづくのかについて述べることにする．

鋼橋に用いられる構造用鋼材の種類は，日本工業規格（JIS）に示される次の3種である．

① 一般構造用圧延鋼材（SS材）
② 溶接構造用圧延鋼材（SM材）
③ 溶接構造用耐候性熱間圧延鋼材（SMA材）

これらの鋼材は，すべて圧延によって鋼板や形鋼に製造され，それをさらに溶接等により橋梁に組み立てていく．**一般構造用圧延鋼材**はあまり溶接を用いない構造物に用いられ，**溶接構造用圧延鋼材**は溶接によって組み立てられる構造物に用いられる．**溶接構造用耐候性熱間圧延鋼材**は，とくに耐腐食性が要求される構造物，たとえば海岸に近くてさびやすいような場所に用いられる．

鋼材の分類は，このように材質によるもののほかに強度によっても分けられる．鋼材を強度によって大別すると，**軟鋼**（mild steel）と**高張力鋼**（high tensile steel）に分けられ，さらに高張力鋼にはいろいろな強度のものがある．強度レベル別に鋼材を分類し，それに属する鋼材のJISの記号を書くと，次のようになる．

① 軟　鋼　　　SS 400, SM 400, SMA 400 W
② HT-500　　SM 490, SM 490 Y, SM 520, SMA 490 W

③ HT-600　　SM 570,　SMA 570 W
④ HT-700
⑤ HT-800
　　　　⋮

ここに，"HT" とは，High Tensile を意味し，高張力鋼のことを示す．それに続く数字は強度レベル（最大耐力）を表しており，単位は N/mm² である．JIS によれば，HT-600 までの鋼材が規定されているが，本州四国連絡橋のように大型の橋梁になってくると，それ以上の高強度の鋼材もしばしば用いられている．

現在の橋梁の設計体系である許容応力度設計法では，引張力に対しては鋼材の**降伏応力度**(yield stress) を基準として許容応力度を決定しており，軟鋼の場合，降伏応力度の最小値は板厚に応じて $\sigma_y=215〜245$ N/mm²，いっぽう HT-600 級の場合，$\sigma_y=420〜460$ N/mm² の範囲にある．この2つを比較すると，約2倍の差があり，したがって HT-600 の鋼材を用いると引張力に対しては（たとえばプレートガーダーの引張フランジ等），軟鋼の約半分の鋼材ですむことになる．また，最近では，板厚が大きくなっても降伏応力度が低下しない降伏点一定鋼も開発されている．

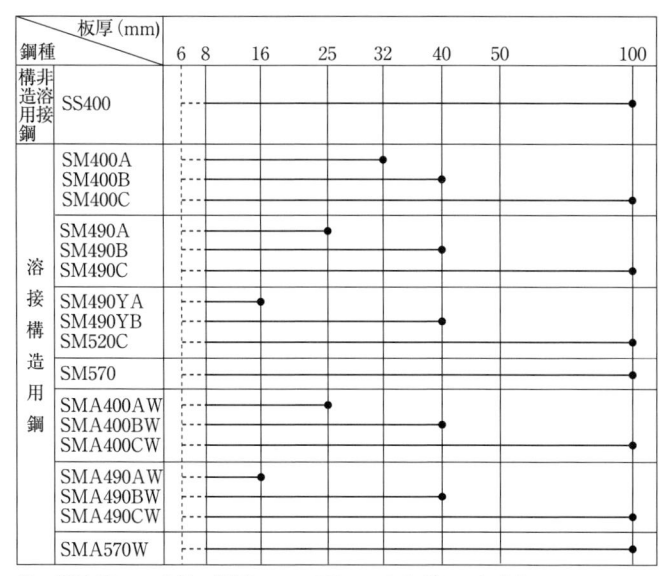

注：板厚が 8 mm 未満の鋼材については 4.1.4 および 8.4.6 による．

図 I.25　板厚による鋼種選定標準（「道示 II 1.6」）

しかし，鋼材の選択はこのように用いる鋼材の量の比較だけではなしに，部材のもつ剛性や製作時の溶接性等も十分考慮に入れて行わなければならない．用いる鋼材の量が少なければ部材の剛性はそれだけ低下し，構造物はたわみやすくなって振動問題や疲労問題の生じるおそれが出てくる．また，軟鋼よりは高張力鋼のほうが溶接性に劣るので，高張力鋼の溶接施工にあたっては細心の注意を要する．

同じ種類の鋼材でも，板厚によって溶接性は異なる．板厚が厚くなると，溶接によって加えられる熱量が大きくなり，溶接部の劣化がそれだけ大きくなる．したがって，その分だけ板厚が厚くなると高級な材質を選択する必要がある．「道路橋示方書」では，このような点を考慮して図I.25に示すような板厚による使用鋼材の区分をしている（「道示II 1.6」）．

図中のA，BおよびCの記号は，同じ強度レベルにおける材質の程度を示しており，AよりもB，BよりもCのほうが材質が良く，質の良い材料ほど板厚の大きい範囲にまで適用できるようになっている．

G. 鋼材の許容応力度

橋梁の製作に用いられる鋼材は，熱間圧延鋼材と呼ばれる種類のものである．これは，鋼材を製造するときに鋼塊を赤熱させて軟らかくし，これをローラにかけて圧延することにより製造される．この圧延時に構造用鋼材を必要な形に成形し，また鋼に**靱性**（じんせい，toughness）を与えるものである．熱間圧延鋼材の代表的な形状は，鋼板と形鋼である．鋼板は，長方形の板として製造され，これから必要な大きさのものを切り出して溶接により，さまざまな構造物の形状に組み立てられる．橋梁に用いられるおもな鋼材は，この鋼板であり，所定の板厚の鋼板を用いてプレートガーダー（I桁）を製作したり，トラス橋の棒部材を製作したりする．

いっぽう，形鋼としては，いろいろな形のものがあり，図I.26にそれらを例示する．合成桁橋では，**山形鋼**（angle）を横構や対傾構に用いる．また，**溝形鋼**（channel）を，端対傾構の上支材に用いたりする．形鋼は，一定の寸法をもった

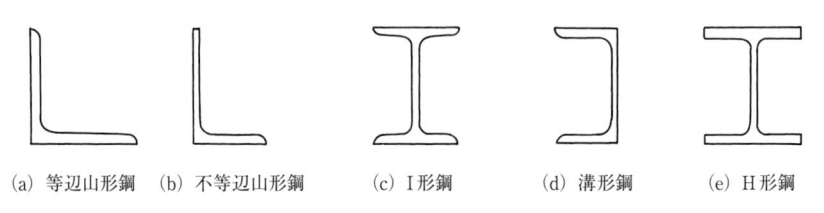

(a) 等辺山形鋼　(b) 不等辺山形鋼　(c) I形鋼　(d) 溝形鋼　(e) H形鋼

図I.26 形鋼の種類

型枠の中で圧延されるため，任意の寸法のものを製造することはできず，製品のサイズが型枠の寸法で決まってくる．図 I.26 に示す各種の形鋼に対して製造可能な寸法は決まっており，それらは橋梁や鋼構造に関する参考書に表として与えられている．

鋼板で組み立てられた部材や形鋼を使用した部材が荷重を受けたときに，部材に働く断面力の種類として代表的なものに**軸方向力**(normal force)，**曲げモーメント**(bending moment) および**せん断力**(shear force) の3つがある．軸方向力には，軸方向引張力と軸方向圧縮力があり，軸方向圧縮力を受ける部材をとくに"柱"(column) という．曲げモーメントを受ける部材は"梁"(はり, beam) といい，梁は曲げモーメントによって中立軸を境にして引張力(tensile force) を受ける部分と圧縮力(compressive force) を受ける部分に分かれる．そして，圧縮力を受ける場合は，いずれも"座屈"(buckling) が問題となる．せん断力によっても，座屈は生じるが，これについては腹板の設計のところで詳しく述べている．

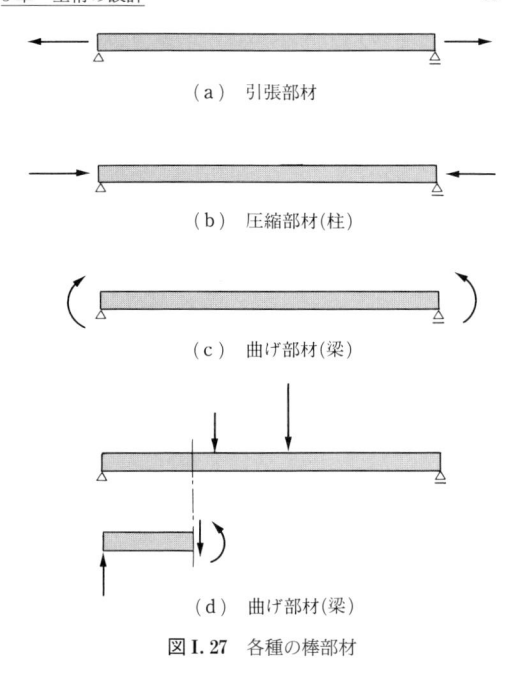

図 I.27   (a) 引張部材
                 (b) 圧縮部材(柱)
                 (c) 曲げ部材(梁)
                 (d) 曲げ部材(梁)

図 I.27　各種の棒部材

図 I.27 には，単純支持の部材が各種の荷重を受けている状態を示す．この図に示すように，同じような部材でも荷重の受け方によって，部材の名称が，変わってくる．当然，荷重の作用の仕方によって，部材の断面は，その荷重に抵抗するために有利な形状となるように設計されなければならない．

表 I.10〜I.11 には，各種鋼材がいろいろな種類の応力度を受けたときの**許容応力度**(allowable stress) を示す（「道示 3.2.1」）．引張許容応力度 σ_{ta} は，軸方向引張りの場合でも曲げ引張りの場合でも同じ値をとる．それは，次の式によって定められている．

表 I.10 局部座屈を考慮しない許容軸方向圧縮応力度（N/mm²）（「道示　II 3.2.1」）

板厚(mm) \ 鋼種	SS 400 SM 400 SMA 400 W	SM 490	SM 490 Y SM 520 SMA 490 W	SM 570 SMA 570 W
40以下	$140 : l/r \leq 18$ $140 - 0.82\left(\dfrac{l}{r} - 18\right) :$ $\qquad 18 < l/r \leq 92$ $\dfrac{1{,}200{,}000}{6{,}700 + \left(\dfrac{l}{r}\right)^2} :$ $\qquad 92 < l/r$	$185 : l/r \leq 16$ $185 - 1.2\left(\dfrac{l}{r} - 16\right) :$ $\qquad 16 < l/r \leq 79$ $\dfrac{1{,}200{,}000}{5{,}000 + \left(\dfrac{l}{r}\right)^2} :$ $\qquad 79 < l/r$	$210 : l/r \leq 15$ $210 - 1.5\left(\dfrac{l}{r} - 15\right) :$ $\qquad 15 < l/r \leq 75$ $\dfrac{1{,}200{,}000}{4{,}400 + \left(\dfrac{l}{r}\right)^2} :$ $\qquad 75 < l/r$	$255 : l/r \leq 18$ $255 - 2.1\left(\dfrac{l}{r} - 18\right) :$ $\qquad 18 < l/r \leq 67$ $\dfrac{1{,}200{,}000}{3{,}500 + \left(\dfrac{l}{r}\right)^2} :$ $\qquad 67 < l/r$
40をこえ75以下	$125 : l/r \leq 19$ $125 - 0.68\left(\dfrac{l}{r} - 19\right) :$ $\qquad 19 < l/r \leq 96$ $\dfrac{1{,}200{,}000}{7{,}300 + \left(\dfrac{l}{r}\right)^2} :$ $\qquad 96 < l/r$	$175 : l/r \leq 16$ $175 - 1.1\left(\dfrac{l}{r} - 16\right) :$ $\qquad 16 < l/r \leq 82$ $\dfrac{1{,}200{,}000}{5{,}300 + \left(\dfrac{l}{r}\right)^2} :$ $\qquad 82 < l/r$	$195 : l/r \leq 15$ $195 - 1.3\left(\dfrac{l}{r} - 15\right) :$ $\qquad 15 < l/r \leq 77$ $\dfrac{1{,}200{,}000}{4{,}700 + \left(\dfrac{l}{r}\right)^2} :$ $\qquad 77 < l/r$	$245 : l/r \leq 17$ $245 - 2.0\left(\dfrac{l}{r} - 17\right) :$ $\qquad 17 < l/r \leq 69$ $\dfrac{1{,}200{,}000}{3{,}600 + \left(\dfrac{l}{r}\right)^2} :$ $\qquad 69 < l/r$
75をこえ100以下			$190 : l/r \leq 16$ $190 - 1.3\left(\dfrac{l}{r} - 16\right) :$ $\qquad 16 < l/r \leq 78$ $\dfrac{1{,}200{,}000}{4{,}800 + \left(\dfrac{l}{r}\right)^2} :$ $\qquad 78 < l/r$	$240 : l/r \leq 17$ $240 - 1.9\left(\dfrac{l}{r} - 17\right) :$ $\qquad 17 < l/r \leq 69$ $\dfrac{1{,}200{,}000}{3{,}700 + \left(\dfrac{l}{r}\right)^2} :$ $\qquad 69 < l/r$

備考：l：部材の有効座屈長（mm），r：部材の総断面の断面二次半径（mm）
　　　許容引張応力度は上記において，$l/r = 0$ のときの値をとる．

$$\sigma_{ta} = \frac{\sigma_y}{\nu} \tag{I.41}$$

ここに，σ_y：材料の降伏応力度，ν：安全率（$\cong 1.7$）．

　引張許容応力度は，座屈を考慮しないので，表 I.10～I.11 に示す値の最大値をとる．

　圧縮応力度を受ける場合には，それが軸方向圧縮か曲げ圧縮かによって座屈の仕方も変わってくるため，許容応力度のとり方も異なってくる．軸方向圧縮の場合には，表 I.10 に示すように細長比 l/r の値によって部材が座屈しやすいかどうかが

3章　主桁の設計

表 I.11　許容曲げ圧縮応力度（N/mm²）（「道示II 3.2.1」）

板厚(mm) 鋼種		SS 400 SM 400 SMA 400 W	SM 490	SM 490 Y SM 520 SMA 490 W	SM 570 SMA 570 W
$\dfrac{A_w}{A_c} \leqq 2$	40以下	$140 : \dfrac{l}{b} \leqq 4.5$ $140 - 2.4\left(\dfrac{l}{b} - 4.5\right):$ $4.5 < \dfrac{l}{b} \leqq 30$	$185 : \dfrac{l}{b} \leqq 4.0$ $185 - 3.8\left(\dfrac{l}{b} - 4.0\right):$ $4.0 < \dfrac{l}{b} \leqq 30$	$210 : \dfrac{l}{b} \leqq 3.5$ $210 - 4.6\left(\dfrac{l}{b} - 3.5\right):$ $3.5 < \dfrac{l}{b} \leqq 27$	$255 : \dfrac{l}{b} \leqq 5.0$ $255 - 6.6\left(\dfrac{l}{b} - 5.0\right):$ $5.0 < \dfrac{l}{b} \leqq 25$
	40をこえ75以下	$125 : \dfrac{l}{b} \leqq 5.0$ $125 - 2.2\left(\dfrac{l}{b} - 5.0\right):$ $5.0 < \dfrac{l}{b} \leqq 30$	$175 : \dfrac{l}{b} \leqq 4.0$ $175 - 3.6\left(\dfrac{l}{b} - 4.0\right):$ $4.0 < \dfrac{l}{b} \leqq 30$	$195 : \dfrac{l}{b} \leqq 4.0$ $195 - 4.2\left(\dfrac{l}{b} - 4.0\right):$ $4.0 < \dfrac{l}{b} \leqq 27$	$245 : \dfrac{l}{b} \leqq 4.5$ $245 - 6.2\left(\dfrac{l}{b} - 4.5\right):$ $4.5 < \dfrac{l}{b} \leqq 25$
	75をこえ100以下			$190 : \dfrac{l}{b} \leqq 4.0$ $190 - 4.0\left(\dfrac{l}{b} - 4.0\right):$ $4.0 < \dfrac{l}{b} \leqq 27$	$240 : \dfrac{l}{b} \leqq 4.5$ $240 - 6.0\left(\dfrac{l}{b} - 4.5\right):$ $4.5 < \dfrac{l}{b} \leqq 25$
$\dfrac{A_w}{A_c} > 2$	40以下	$140 : \dfrac{l}{b} \leqq \dfrac{9}{K}$ $140 - 1.2\left(K\dfrac{l}{b} - 9\right):$ $\dfrac{9}{K} < \dfrac{l}{b} \leqq 30$	$185 : \dfrac{l}{b} \leqq \dfrac{8}{K}$ $185 - 1.9\left(K\dfrac{l}{b} - 8\right):$ $\dfrac{8}{K} < \dfrac{l}{b} \leqq 30$	$210 : \dfrac{l}{b} \leqq \dfrac{7}{K}$ $210 - 2.3\left(K\dfrac{l}{b} - 7\right):$ $\dfrac{7}{K} < \dfrac{l}{b} \leqq 27$	$255 : \dfrac{l}{b} \leqq \dfrac{10}{K}$ $255 - 3.3\left(K\dfrac{l}{b} - 10\right):$ $\dfrac{10}{K} < \dfrac{l}{b} \leqq 25$
	40をこえ75以下	$125 : \dfrac{l}{b} \leqq \dfrac{10}{K}$ $125 - 1.1\left(K\dfrac{l}{b} - 10\right):$ $\dfrac{10}{K} < \dfrac{l}{b} \leqq 30$	$175 : \dfrac{l}{b} \leqq \dfrac{8}{K}$ $175 - 1.8\left(K\dfrac{l}{b} - 8\right):$ $\dfrac{8}{K} < \dfrac{l}{b} \leqq 30$	$195 : \dfrac{l}{b} \leqq \dfrac{8}{K}$ $195 - 2.1\left(K\dfrac{l}{b} - 8\right):$ $\dfrac{8}{K} < \dfrac{l}{b} \leqq 27$	$245 : \dfrac{l}{b} \leqq \dfrac{9}{K}$ $245 - 3.1\left(K\dfrac{l}{b} - 9\right):$ $\dfrac{9}{K} < \dfrac{l}{b} \leqq 25$
	75をこえ100以下			$190 : \dfrac{l}{b} \leqq \dfrac{8}{K}$ $190 - 2.0\left(K\dfrac{l}{b} - 8\right):$ $\dfrac{8}{K} < \dfrac{l}{b} \leqq 27$	$240 : \dfrac{l}{b} \leqq \dfrac{9}{K}$ $240 - 3.0\left(K\dfrac{l}{b} - 9\right):$ $\dfrac{9}{K} < \dfrac{l}{b} \leqq 25$

備考　A_w：腹板の総断面積（mm²）
　　　A_c：圧縮フランジの総断面積（mm²）　　　　$K = \sqrt{3 + \dfrac{A_w}{2A_c}}$
　　　l：圧縮フランジの固定点間距離（mm）
　　　b：圧縮フランジの幅（mm）
　　　許容引張応力度は上記において，$l/b = 0$ のときの値をとる．

決まるため，軸方向許容圧縮応力度は，細長比の関数となる．いっぽう，曲げ圧縮応力度を受ける場合には，表I.11に示すように，圧縮フランジの固定間距離 l と圧縮フランジ b の幅との比(l/b)によって座屈の程度が決まるため，曲げ許容圧縮応力度は，この l/b の関数となる．

3.8 鋼桁の断面定数

活荷重合成桁においては，合成前死荷重は鋼桁断面に作用する．したがって，鋼桁の断面定数は，合成前死荷重による応力度を求めるときに用いられる．画面I-20のそれぞれの記号の示す意味は，図I.28に示す．合成桁を形成する鋼桁において，上フランジが鉄筋コンクリート床版と共同して曲げ圧縮力に抵抗するため，上フランジは，下フランジに比べて小さくなる．したがって，このような鋼桁断面の中立軸(重心)は，腹板高さの中央から下にある．

画面I-20は，外桁と中桁について，それぞれ断面1，2および3(中央断面)の断面諸定数を示している．鋼桁の断面二次モーメント I_s と中立軸からの最縁距離 z_u，z_l が，曲げ応力度の算定に用いられる．これらの算定内容を外桁中央断面(断面3)について示すと，次のようになる．

画面I-20 鋼桁の断面定数

	項目	外桁				中桁			
		1	2	3	4	1	2	3	4
鋼桁断面	tu (mm)	10	13	16		10	13	16	
	bu (mm)	240	270	310		240	280	320	
	tl (mm)	16	19	28		16	22	30	
	bl (mm)	420	460	490		440	460	520	
	Ac(E+3mm2)	2.400	3.510	4.960		2.400	3.640	5.120	
	Aw(E+3mm2)	14.400	14.400	14.400		14.400	14.400	14.400	
	At (E+3mm2)	6.720	8.740	13.720		7.040	10.120	15.600	
	As(E+4mm2)	2.352	2.665	3.308		2.384	2.816	3.512	
	es (mm)	148.7	159.3	216.5		157.6	187.2	244.2	
	Is(E+9mm4)	8.494	10.406	13.851		8.632	11.109	14.682	
	Zu (mm)	958.7	972.3	1032.5		967.6	1000.2	1060.2	
	Zl (mm)	667.3	659.7	611.5		658.4	634.8	585.8	

3章　主桁の設計

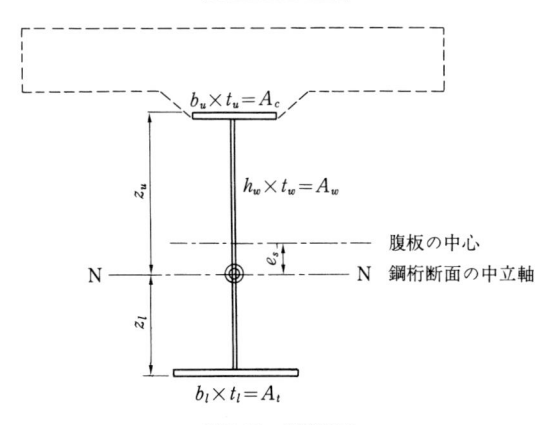

図I.28　鋼桁断面

断面		A(cm²)	y(cm)	Ay(cm³)	Ay^2(cm⁴)
1-上フランジ	$310\times16=$	49.6	-80.8	$-4,008$	323,824
1-ウェブ	$1,600\times9=$	144.0	—	—	307,200
1-下フランジ	$490\times28=$	137.2	81.4	11,168	909,082
		330.8		7,160	1,540,106

$$e_s = \frac{7,160}{330.8} = 21.64 \text{ cm}$$

$I_s = 1,540,106 - 330.8(21.64^2) = 1,385,131 \text{ cm}^4$

$z_u = 80 + 1.6 + 21.6 = 103.2 \text{ cm}, \quad z_l = 80 + 2.8 - 21.6 = 61.2 \text{ cm}$

他の断面位置についても断面諸定数を得るための同様な計算を行い，画面I-20には，それらの結果が示されている．

3.9　合成桁の断面定数

　活荷重合成桁においては，合成後死荷重のほかに主として活荷重が合成断面に作用する．画面I-21は，合成断面の応力度計算に必要な断面二次モーメントと中立軸からの最縁距離の算定結果を各断面について示す．ここに用いた各記号の意味は，図I.29に示すとおりである．

　合成断面は，鋼と鉄筋コンクリートという異なる材料が合成されたもので，これを1つの断面として評価するために，どちらかの材料に統一して換算する必要がある．このとき，換算係数として用いられるのが，鋼とコンクリートのヤング係数比

画面 I-21　合成桁の断面定数

項目		外桁 B = 2250				中桁 B = 2600			
		1	2	3	4	1	2	3	4
合成桁断面	Av(E+4mm2)	10.066	10.379	11.022		11.298	11.730	12.426	
	ec （mm）	965	965	965		1020.0	1020.0	1020.0	
	dc （mm）	260.2	288.7	354.6		248.5	289.8	357.3	
	ev （mm）	704.8	676.3	610.4		771.5	730.2	662.7	
	Iv(E+10mm4)	3.122	3.581	4.654		3.514	4.272	5.538	
	Zcu （mm）	380.2	408.7	474.6		368.5	409.8	477.3	
	Zcl （mm）	140.2	168.7	234.6		128.5	169.8	237.3	
	Zsu （mm）	105.2	136.7	205.6		38.5	82.8	153.3	
	Zsl （mm）	1520.8	1495.3	1438.4		1587.5	1552.2	1492.7	

（ n = 7 , tw = 9 mm , hw = 1600 mm , hc = 240 mm 一定 ）

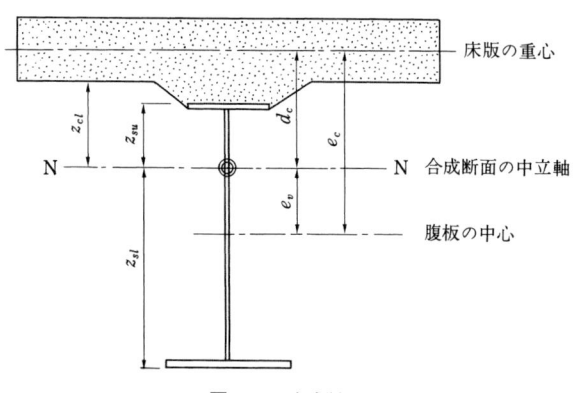

図 I. 29　合成断面

n である.

$$n = \frac{E_s}{E_c} \tag{I.42}$$

ここに，E_s：鋼のヤング係数（$=2.0\times 10^5$ N/mm²），E_c：コンクリートのヤング係数（「道示 I　3.3」参照）

　合成桁の死活荷重による応力度を求めるときのヤング係数比は，$n=7$ を標準とすることが「道路橋示方書」で定められている（「道示 II 11.2.2」）．これは，コンクリートが鋼に比べて1/7 だけ"軟らかい"ことを意味している．

　合成断面を1つの材料に換算するときに，鋼かコンクリートかいずれのほうにも換算することができる．しかし，合成桁橋の設計では，鋼桁の応力度を求めること

3章 主桁の設計

が重要なために，鋼に換算して設計を行う．

図 I.30 には，鋼とコンクリートの**応力度-ひずみ曲線**(stress-strain curve) を示す．それぞれの**ヤング係数**(Young's modulus) は，この曲線の弾性範囲での傾きとして定義される．この図から，ヤング係数比が n であることは，ある一定のひずみ ε に対して鋼の応力度はコンクリートの応力度の n 倍であることがわかる．すなわち，この関係は，次のように表される．

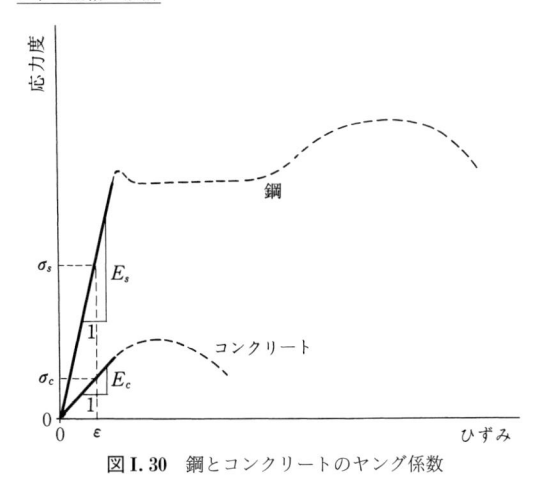

$$\sigma_s = E_s \varepsilon = n E_c \varepsilon = n \sigma_c \tag{I.43}$$

図 I.30 鋼とコンクリートのヤング係数

画面 I-21 の断面諸定数の算定は，たとえば外桁中央断面(断面 3)について行えば，次のようになる．

断面		A(cm^2)	y(cm)	Ay(cm^3)	Ay^2(cm^4)	I(cm^4)
1-床版	$2{,}250 \times 240/n(=7)=$	771.4	-96.5	$-74{,}440$	$7{,}183{,}470$	$37{,}029$
1-上フランジ	$310 \times 16=$	49.6	-80.8	$-4{,}008$	$323{,}824$	—
1-ウェブ	$1{,}600 \times 9=$	144.0	—	—	—	$307{,}200$
1-下フランジ	$490 \times 28=$	137.2	81.4	$11{,}168$	$909{,}082$	—
	A_v	$1{,}102.2$		$-67{,}280$	$8{,}416{,}376$	$344{,}229$

$$e_v = \frac{-67{,}280}{1{,}102.2} = -61.04 \text{ cm}$$

$$I_v = 8{,}416{,}376 + 344{,}229 - 1{,}102.2(61.04^2) = 4{,}653{,}730 \text{ cm}^4$$

$$z_{cu} = 96.5 + \frac{24.0}{2} - 61.04 = 47.46 \text{ cm}, \quad z_{cl} = 47.46 - 24.0 = 23.46 \text{ cm}$$

$$z_{su} = 80 + 1.6 - 61.04 = 20.56 \text{ cm}, \quad z_{sl} = 80 + 2.8 + 61.04 = 143.84 \text{ cm}$$

画面 I-21 には，上の計算の結果が示されている．その他の断面位置についても同様な計算を行い，その結果が示されている．なお，床版の有効幅(3.7 B「床版の有効幅の決定」を参照) は，本設計例の場合，全幅が有効となっている．床版の有効幅は，外主桁と中主桁で異なる．

3.10 合成前死荷重による鋼桁の応力度

架設状態における安全度の照査は，合成前死荷重による鋼桁の応力度が許容応力度内にあるか否かを確かめることによって行われる．画面 I-22 は，その算定結果を示したものであり，このとき用いた式は，次のとおりである．

画面 I-22 合成前死荷重による鋼桁の応力度

Msによる応力度(σ_{su})s, (σ_{sl})s

項　目	外　桁				中　桁			
	1	2	3	4	1	2	3	4
Ms　(E+8N・mm)	9.503	17.190	24.266		9.907	17.922	25.299	
Is　(E+9mm4)	8.494	10.406	13.851		8.632	11.109	14.682	
Zu　(mm)	958.7	972.3	1032.5		967.6	1000.2	1060.2	
Zl　(mm)	667.3	659.7	611.5		658.4	634.8	585.8	
(σ_{su})s　(N/mm2)	107	161	181		111	161	183	
(σ_{ba})ER (N/mm2)	112	163	185		112	168	188	
(σ_{sl})s　(N/mm2)	75	109	107		76	102	101	

$$\text{上フランジの圧縮応力度：}(\sigma_{su})_s = \frac{M_s}{I_s} z_u < (\sigma_{ba})_{ER} = 1.25\sigma_{ba} \quad (\text{I}.44)$$

$$\text{下フランジの引張応力度：}(\sigma_{sl})_s = \frac{M_s}{I_s} z_l \quad (\text{I}.45)$$

ここに，合成前の曲げモーメント M_s は画面 I-11 で求められており，鋼桁の断面諸定数 I_s, z_u および z_l は画面 I-20 で求められている．

上式で下フランジの引張応力度に対して許容応力度を設定しないのは，この段階で，まだかなり余裕をもっていなければならないからである．いっぽう，圧縮フランジに対しては，座屈が生じるおそれがあるので，上式により安全性の照査をしておく必要がある．次の画面で述べるように，合成後の死活荷重による応力度を含めたほうが作用応力度は大きくなる．このとき，上フランジが床版で固定されており，許容応力度は，座屈を考慮しないために大きくとることができる．

図 I.31 には，支点上で横方向にも支持されているプレートガーダーが，**横ねじれ座屈**(lateral torsional buckling，横倒れ座屈ともいう）を起こしている状態を示す．通常の橋梁では，このような横ねじれ座屈の防止のために対傾構が設けられており（図 I.32），もし横ねじれ座屈が起こるとすれば，対傾構の間隔で起こるこ

3章　主桁の設計

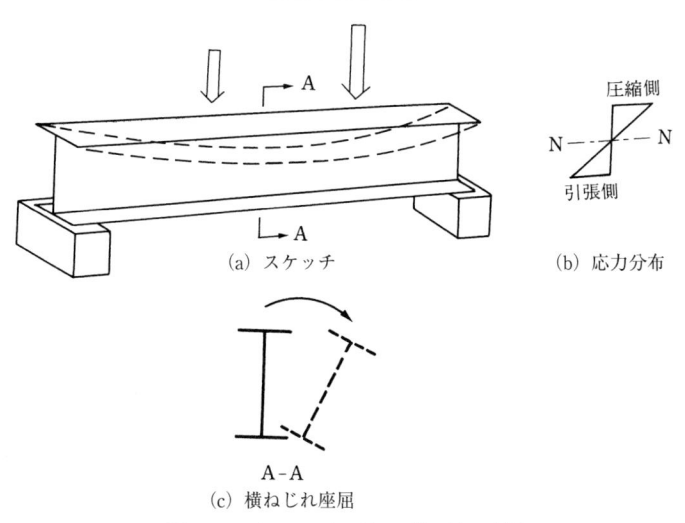

(a) スケッチ
(b) 応力分布
(c) 横ねじれ座屈

図 I.31　プレートガーダーの横ねじれ座屈

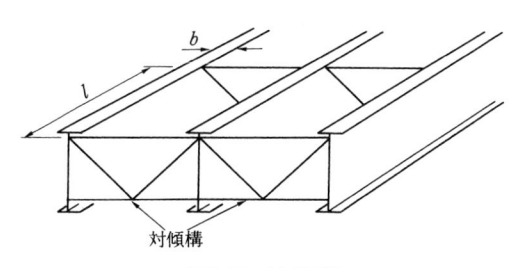

図 I.32　対 傾 構

とになる．曲げ圧縮に対する許容応力度は，図 I.32 に示す圧縮フランジの固定間距離(対傾構間隔) l と圧縮フランジの幅 b の比によって決まってくる．その値は，「道路橋示方書」に表 I.11 のように定められている(「道示 II 3.2.1」参照)．架設時の許容応力度は 25% の割増しすることができるので(「道示 II 3.1」)，画面 I-22 の $(\sigma_{ba})_{ER}$ は，表 I.11 から求めた値を 1.25 倍している．

3.11　合成後死荷重と活荷重による合成桁の応力度

　合成後死荷重と活荷重による応力度は，合成前死荷重による応力度とともに主桁断面の決定においてもっとも重要な影響をもつ．画面 I-23 は，合成後に作用する

画面 I-23　合成後死荷重と活荷重による合成桁の応力度

Mvによる応力度〈σcu〉v、〈σcl〉v、〈σsu〉v、〈σsl〉v

項目	外桁				中桁			
	1	2	3	4	1	2	3	4
Mv (E+9N·mm)	1,200	2,171	3,064		1,432	2,591	3,657	
Iv (E+10mm4)	3,122	3,581	4,654		3,514	4,272	5,538	
Zcu (mm)	380.2	408.7	474.6		368.5	409.8	477.3	
Zcl (mm)	140.2	168.7	234.6		128.5	169.8	237.3	
Zsu (mm)	105.2	136.7	205.6		38.5	82.8	153.3	
Zsl (mm)	1520.8	1495.3	1438.4		1587.5	1552.2	1492.7	
$(\sigma_{cu})_v$ (N/mm2)	2.1	3.5	4.5		2.1	3.6	4.5	
	(0.6)	(1.1)	(1.4)		(0.2)	(0.3)	(0.4)	
$(\sigma_{cl})_v$ (N/mm2)	0.8	1.5	2.2		0.7	1.5	2.2	
	(0.2)	(0.4)	(0.7)		(0.1)	(0.1)	(0.2)	
$(\sigma_{su})_v$ (N/mm2)	4.0	8.3	13.5		1.6	5.0	10.1	
	(1.2)	(2.5)	(4.1)		(0.1)	(0.5)	(1.0)	
$(\sigma_{sl})_v$ (N/mm2)	58.4	90.6	94.7		64.7	94.1	98.6	
	(17.8)	(27.6)	(28.8)		(6.1)	(8.9)	(9.3)	

（　）内の値は、後死荷重 Mvdl によるものです。

鉛直荷重，すなわち合成後死荷重と活荷重によって生じる応力度の算定結果を示している。画面 I-11 で求めた曲げモーメント M_v と画面 I-21 で求めた合成断面の諸定数（I_v, z_{cu}, z_{cl}, z_{su}, z_{sl}）から，次の式によりコンクリート床版部と鋼桁部の応力度が，計算される．

　　コンクリート応力度：

$$(\sigma_{cu})_v = \frac{M_v}{nI_v} z_{cu} \quad :床版上面の応力度 \tag{I.46}$$

$$(\sigma_{cl})_v = \frac{M_v}{nI_v} z_{cl} \quad :床版下面の応力度 \tag{I.47}$$

　　鋼桁応力度：

$$(\sigma_{su})_v = \frac{M_v}{I_v} z_{su} : 上フランジ応力度 \tag{I.48}$$

$$(\sigma_{sl})_v = \frac{M_v}{I_v} z_{cl} : 下フランジ応力度 \tag{I.49}$$

コンクリート部の応力度は，鋼桁に換算した断面定数を用いて計算しているために，$1/n$ 倍されている．ここに，コンクリートと鋼のヤング係数比 $n=7$ を，用いている．図 I.33 には，これらの合成後の死活荷重による応力度分布を示す．

図 I.33 合成断面に働く応力度

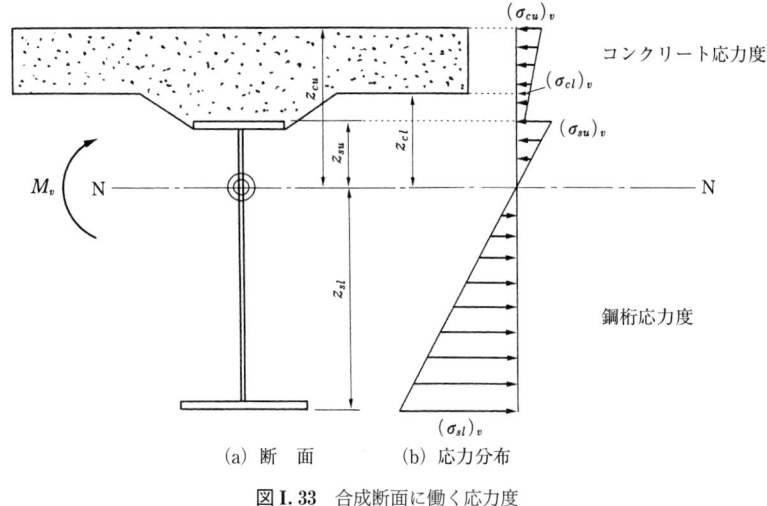

画面 I-23 には，（　）内に合成後死荷重のみによる応力度だけを分離して示している．これは，合成後死荷重が持続荷重として作用するので，後でクリープの影響による応力度を求めるときに必要となるからである．

3.12 死荷重と活荷重による鋼桁の応力度

合成前死荷重による曲げモーメント M_s および合成後死活荷重による曲げモーメント M_v の両方によって生じる鋼桁の合計応力度が，画面 I-24 に示されている．すなわち，画面 I-24 の応力度は，画面 I-22 と画面 I-23 の応力度を加えたものである．

鋼桁応力度：

$$\left. \begin{array}{l} 上フランジ：(\sigma_{su})_p = (\sigma_{su})_s + (\sigma_{su})_v \\ 下フランジ：(\sigma_{sl})_p = (\sigma_{sl})_s + (\sigma_{sl})_v \end{array} \right\} \quad (\text{I.50})$$

この合計応力度に対して，とくに許容応力度が設定されているわけではないが，この応力度は，主桁の断面決定においてこれまでも述べてきたように決定的な意味をもつ．すなわち，合成断面に生じる主な応力度は画面 I-24 に示された応力度であって，これ以外の応力度は主荷重に属していても影響が小さかったり，また従荷重であったりする．もちろん，影響が小さいとはいえ，無視できるほどでないため

画面 I-24 死荷重と活荷重による鋼桁の応力度

Ms+Mlによる鋼桁の応力度 $(\sigma_{su})_p, (\sigma_{sl})_p$

項目	外桁				中桁			
	1	2	3	4	1	2	3	4
$(\sigma_{su})_p$ (N/mm²)	111	169	194		113	166	193	
$(\sigma_{sl})_p$ (N/mm²)	133	200	202		140	197	200	

に，この段階である程度考慮に入れることになるが，その余裕度としては，式(I.35)に示したように引張フランジで $\alpha \cong 1\,\mathrm{kN/cm^2}(0.05\sim 0.1\sigma_{ta})$ 程度とっておけばよいと思われる．

3.13 コンクリートの乾燥収縮による変動応力度

床版のコンクリートは，最初に打設された段階から乾燥を始め，それが完全に乾燥し終わるまで，長い期間を要する．コンクリートは，ある程度乾燥が進んだ状態で強度が出始め，そしてその後乾燥がさらに進むと強度が増すとともに，コンクリート自身が収縮する．この**乾燥収縮**がひどい場合には，**ひび割れ**(crack) が生じる場合もある．

図 I.34 は，コンクリートの乾燥収縮によってどのような応力度が生じるか，ということを説明したものである．すなわち，合成桁は死荷重等によって曲げ応力度を受け，コンクリート床版部はそれによって圧縮力を受けてその分だけ縮んでいる．その部分は，さらに"乾燥"によって収縮が増すことになる．このことは，合成桁においてコンクリート床版部の負担が軽減され，鋼桁の負担が増大することを意味する．図 I.34(b) i) は，鉄筋コンクリート床版と鋼桁が分離されていると考え，乾燥収縮によるひずみ ε_s だけコンクリート部をもとに戻す力 P'' を示しているが，この力を求めると，次のようになる．

$$P'' = A_c E_c \varepsilon_s \tag{I.51}$$

この力が，床版部に結果的に圧縮力として作用することになる．図 I.34(b) i) のように P'' で床版部を引張った状態から図 I.34(b) ii) のように床版部と鋼桁部を結合して合成すると，床版部には，P'' なる圧縮力が働く．この力が合成桁全体に影響を及ぼすので，合成桁の中立軸に働く等価な断面力に置き換えると，図 I.34(b) ii)′ のような力が，作用する．床版のコンクリートの乾燥収縮による変動応力度を求めるためには，これらの図 I.34(b) i) と (b) ii) または ii)′ のように働い

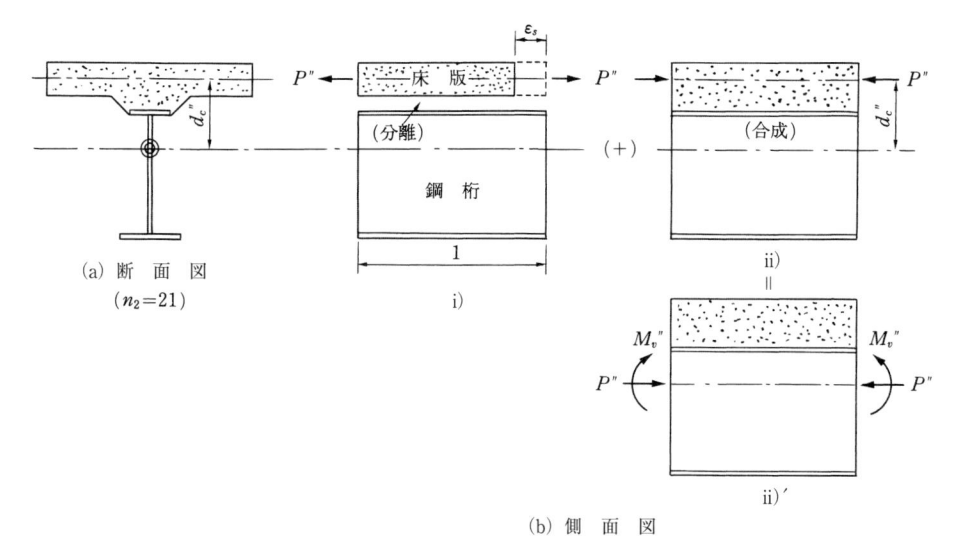

図 I.34 コンクリートの乾燥収縮による断面力

ている力による応力度を算定し，それらを加えればよい．

図 I.34(b) ii)′ の中立軸に働く曲げモーメント M_v'' は，次式により求められる．

$$M_v''=P''d_c'' \qquad (I.52)$$

ここに，d_c'' は，見かけのヤング係数比 $n_2=21$ として求めた中立軸からコンクリート重心までの距離である．

単に床版のコンクリートが収縮し，それによる応力度を求めるのであれば図 I.34(b) ii) の力だけでよいが，いま床版部では圧縮力が作用している状態に収縮が起こるのであるから，図 I.34(b) i) の力(引張力) を床版部では，考慮することになる．もちろん，図 I.34(b) i) では床版部と鋼桁部が切り離されているので，このときの力は，鋼桁に影響を及ぼさない．いっぽう，鋼桁に作用する応力度は図 I.34(b) ii) または ii)′ の力のみを考えればよい．

コンクリートの乾燥収縮による変動応力度の算定結果は画面 I-25 に示されているが，この算定式は，次のとおりである．

画面 I-25　コンクリートの乾燥収縮による変動応力度

コンクリートの乾燥収縮による応力度とn2=21の場合の断面定数(σ)SH

項目	外桁				中桁			
	1	2	3	4	1	2	3	4
Ac (E+5mm2)	5.400	5.400	5.400		6.240	6.240	6.240	
Av″ (E+4mm2)	4.923	5.236	5.879		5.355	5.787	6.483	
clc″ (mm)	532.0	572.2	664.7		524.2	587.4	684.8	
Iv″ (E+10mm4)	2.385	2.707	3.417		2.712	3.232	4.055	
Zcu″ (mm)	652.0	692.2	784.7		644.2	707.4	804.8	
Zcl″ (mm)	412.0	452.2	544.7		404.2	467.4	564.8	
Zsu″ (mm)	377.0	420.2	515.7		314.2	380.4	480.8	
Zsl″ (mm)	1249.0	1211.8	1128.3		1311.8	1254.6	1165.2	
P″ (E+6N)	1.029	1.029	1.029		1.189	1.189	1.189	
Mv″ (E+8N·mm)	5.472	5.885	6.837		6.230	6.982	8.140	
(σcu)SH (N/mm2)	-0.2	-0.3	-0.3		-0.1	-0.2	-0.3	
(σcl)SH (N/mm2)	-0.5	-0.5	-0.6		-0.4	-0.4	-0.5	
(σsu)SH (N/mm2)	29.5	28.8	27.8		29.4	28.8	28.0	
(σsl)SH (N/mm2)	7.8	6.7	5.1		7.9	6.6	5.1	

コンクリート床版部：

$$\left.\begin{aligned}(\sigma_{cu})_{SH} &= \frac{1}{n_2}\left(\frac{P''}{A_v''} + \frac{M_v''}{I_v''} z_{cu}''\right) - \frac{\varepsilon_s E_s}{n_2} \quad (\text{圧縮を正}) \\ (\sigma_{cl})_{SH} &= \frac{1}{n_2}\left(\frac{P''}{A_v''} + \frac{M_v''}{I_v''} z_{cl}''\right) - \frac{\varepsilon_s E_s}{n_2} \quad (\text{圧縮を正})\end{aligned}\right\} \quad (\text{I.53})$$

鋼桁部：

$$\left.\begin{aligned}(\sigma_{su})_{SH} &= \frac{P''}{A_v''} + \frac{M_v''}{I_v''} z_{su}'' \quad (\text{圧縮を正}) \\ (\sigma_{sl})_{SH} &= -\frac{P''}{A_v''} + \frac{M_v''}{I_v''} z_{cl}'' \quad (\text{引張りを正})\end{aligned}\right\} \quad (\text{I.54})$$

ここに，A_v''，I_v''，z'' は，鋼とコンクリートの見かけのヤング係数比 $n_2=21$ として求めたときの断面定数である．これは，「道路橋示方書」によって，乾燥収縮の最終ひずみ量 ε_s とともにクリープ係数 φ_2 が次のように定められていることによる（「道示 II 11.2.8」）．

$$\varepsilon_s = 20 \times 10^{-5}$$

$$n_2 = n\left(1 + \frac{\varphi_2}{2}\right) = 7\left(1 + \frac{4.0}{2}\right) = 21 \quad (\text{I.55})$$

$n_2=21$ としたときの断面定数は，先の合成桁の断面定数算定（画面 I-21）において $n=7$ としてコンクリート断面を鋼断面に換算した代わりに $n_2=21$ を用いて換算するだけの相違であり，そのほかの計算は先の方法とまったく同様にして行うことができる．その計算結果は，画面 I-25 に示されている．

上の応力算定式を見ると，最初の 2 項（床版部および鋼桁ともに）は図 I.34(b) ii)（または(b) ii)′）の力による応力度であり，床版部の第 3 項目は図 I.34(b) i) の引張力による応力度であることがわかる．

画面 I-25 の算定結果によれば，コンクリートの応力度は，負号が付いている．これは，死活荷重によるコンクリートの圧縮応力度（画面 I-23 参照）が乾燥収縮により減じられることを示しており，また鋼桁部の正の応力度は死活荷重による鋼桁の応力度（画面 I-24 参照）が増加することを示している．

3.14　コンクリートのクリープによる変動応力度

コンクリートは，長期間圧縮力を受け続けるとひずみが進行するという性質がある．これを**クリープ**(creep) というが，図 I.35 にクリープの性質を説明したクリープ曲線を示す．

図 I.35(a)は，荷重が一定にもかかわらず圧縮力による収縮ひずみが時間とともに進行している状態（クリープ）を示す．また，図 I.35(b)は，縦軸のひずみ量を荷重による元ひずみ ε で無次元化したものである．このとき，クリープひずみの無次元量 $\varphi_1=f_n/\varepsilon$ を**クリープ係数**といい，これがクリープの大きさを表すのに用

(a)　クリープひずみ　　　　　　(b)　クリープ係数

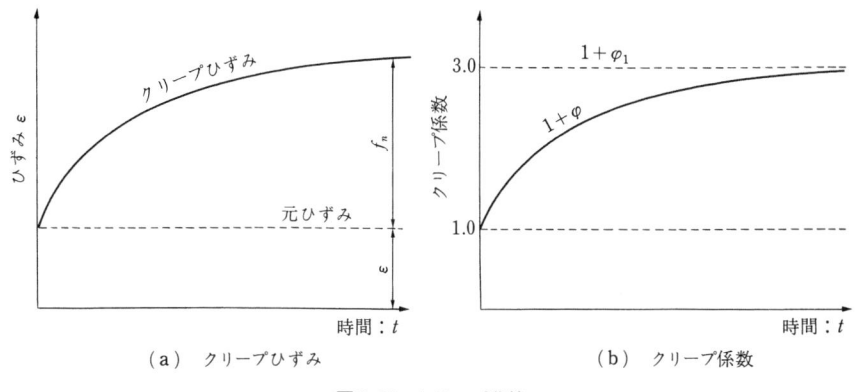

図 I.35　クリープ曲線

いられる．合成桁橋の設計では，クリープ係数を $\varphi_1=2$ を標準として用いる（「道示 II 11.2.6」）．このことは，クリープひずみは，元ひずみの2倍生じることを表している．

コンクリートのクリープによる合成桁の変動応力度は，先に述べた乾燥収縮による変動応力度と同様にして求められる．すなわち，乾燥収縮もクリープもコンクリートの収縮が時間とともに進行するという点で，現象として両方とも同じであるからである．ただし，相違点として，乾燥収縮のときのクリープ係数（乾燥収縮も一種のクリープである）は $\varphi_2=4.0$ であるのに対し，ここでは $\varphi_1=2.0$ を用いている．したがって，鋼とコンクリートの見かけのヤング係数比は，次のようにとる．

$$n_1 = n\left(1+\frac{\varphi_1}{2}\right) = 7\left(1+\frac{2.0}{2}\right) = 14 \tag{I.56}$$

コンクリートのクリープによる変動応力度は，次の式により算定される．

コンクリート床版部：

$$\left.\begin{aligned}(\sigma_{cu})_{CR} &= \frac{1}{n_1}\left(\frac{P'}{A_v'}+\frac{M_v'}{I_v'}z_{cu}'\right)-(\sigma_{cu})_{vd}\frac{2\varphi_1}{2+\varphi_1} \quad \text{（圧縮を正）}\\ (\sigma_{cl})_{CR} &= \frac{1}{n_1}\left(\frac{P'}{A_v'}+\frac{M_v'}{I_v'}z_{cl}'\right)-(\sigma_{cl})_{vd}\frac{2\varphi_1}{2+\varphi_1} \quad \text{（圧縮を正）}\end{aligned}\right\} \tag{I.57}$$

鋼桁部：

$$\left.\begin{aligned}(\sigma_{su})_{CR} &= \frac{P'}{A_v'}+\frac{M_v'}{I_v'}z_{su}' \quad \text{（圧縮を正）}\\ (\sigma_{sl})_{CR} &= -\frac{P'}{A_v'}+\frac{M_v'}{I_v'}z_{sl}' \quad \text{（引張りを正）}\end{aligned}\right\} \tag{I.58}$$

ここに，$P' = \dfrac{M_{vd}}{nI_v}d_c A_c$ \hfill (I.59)

$M_v' = P' d_c'$ \hfill (I.60)

$(\sigma_{cu})_{vd}$, $(\sigma_{cl})_{vd}$：後死荷重による応力度（画面 I-23 参照）

また，A_v', I_v', z', d_c' 等は，見かけのヤング係数比 $n_1=14$ としたときの合成桁の断面定数である（図 I.36 参照）．画面 I-26 には，その算定結果が示されている（注：A_c, I_v, d_c 等は $n=7$ としたときの断面定数である）．

P' および M_v' は合成断面の中立軸に働く断面力であり，これを求めるときに用いる M_{vd} は合成後の死荷重による曲げモーメントとして，画面 I-11 に与えられている．クリープに影響を与えるのは，持続荷重であるから，合成桁橋の場合，この

3章 主桁の設計

画面 I-26　コンクリートのクリープによる変動応力度

クリープによる応力度と$n_1=14$の場合の断面定数(σ')CR

項　目	外 桁				中 桁			
	1	2	3	4	1	2	3	4
Ac　(E+5mm2)	5.400	5.400	5.400		6.240	6.240	6.240	
Av'　(E+4mm2)	6.209	6.522	7.165		6.841	7.273	7.969	
dc'　(mm)	421.9	459.4	545.5		410.4	467.4	557.1	
Iv'　(E+10mm4)	2.680	3.051	3.889		3.038	3.647	4.629	
Zcu'　(mm)	541.9	579.4	665.5		530.4	587.4	677.1	
Zcl'　(mm)	301.9	339.4	425.5		290.4	347.4	437.1	
Zsu'　(mm)	266.9	307.4	396.5		200.4	260.4	353.1	
Zsl'　(mm)	1359.1	1324.6	1247.5		1425.6	1374.6	1292.9	
Mvd　(E+8N·mm)	3.652	6.606	9.325		1.357	2.455	3.465	
Nc=P'(E+5N)	2.348	4.108	5.481		0.855	1.484	1.993	
Mv'(E+8N·mm)	0.991	1.887	2.990		0.351	0.694	1.110	
σcu　(N/mm2)	0.635	1.077	1.358		0.203	0.336	0.427	
σcl　(N/mm2)	0.234	0.444	0.671		0.071	0.139	0.212	
(σcu)CR　N/mm2)	-0.22	-0.37	-0.45		-0.07	-0.11	-0.13	
(σcl)CR　N/mm2)	0.12	0.16	0.11		0.04	0.05	0.04	
(σsu)CR　N/mm2)	4.8	8.2	10.7		1.5	2.5	3.3	
(σsl)CR　N/mm2)	1.2	1.9	1.9		0.4	0.6	0.6	

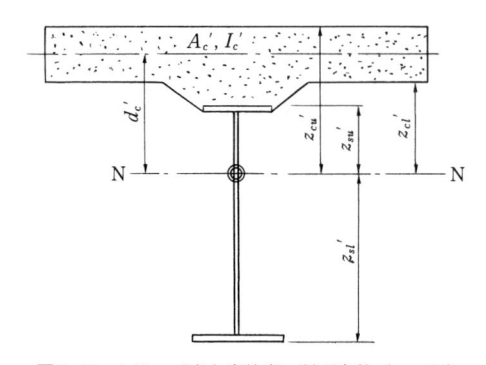

図 I.36　クリープ応力度算定の断面定数（$n_1=14$）

合成後死荷重による曲げモーメントがこれに相当する．

　画面 I-26 は，クリープ応力度に関する算定結果の一覧表を示している．表中の正の符号はもとの各応力度が増大することを示し，負の符号は減少することを示している．式(I.57)と式(I.58)に示したクリープ応力算定式は，乾燥収縮による応力算定式(I.53)と(I.54)と同様な形となっている．そして，算定式中のそれぞれ

の力は，図 I.34 に示した力と同様に説明される．

3.15 主荷重による応力度の安全照査

画面 I-27 上は，主荷重による応力度，すなわち画面 I-24，I-25 および I-26 に示された応力度を合計したものである．

主荷重とは，構造物に作用する荷重のうち常時作用するものをいう．合成桁橋に作用する主荷重には，死荷重，活荷重，コンクリートのクリープおよび乾燥収縮による影響の4つの荷重があげられる．これら4つの荷重による合計応力度を，画面 I-27 上に示す．これらの応力度と許容応力度との関係は鋼桁部については前述したが(3.7「主桁断面の決定」を参照)，コンクリート部も含めてここに再記すると，次のとおりである（「道示 II 11.3.1」）．

画面 I-27 上　主荷重による応力度

主荷重による応力度(σ)P+SH+CR

項目	外桁				中桁			
	1	2	3	4	1	2	3	4
σcu (N/mm2)	1.7	2.9	3.7		1.9	3.2	4.1	
σcl (N/mm2)	0.4	1.1	1.8		0.4	1.1	1.8	
σsu (N/mm2)	146	206	233		144	198	224	
σsl (N/mm2)	142	208	209		149	204	205	

コンクリート床版部：

$$\left.\begin{aligned}\sigma_{cu} &= (\sigma_{cu})_v + (\sigma_{cu})_{SH} + (\sigma_{cu})_{CR} < \sigma_{ca} = \frac{\sigma_{ck}}{3.5} \text{ かつ } 10 \text{ kN/mm}^2 \text{ 以下} \\ \sigma_{cl} &= (\sigma_{cl})_v + (\sigma_{cl})_{SH} + (\sigma_{cl})_{CR} < \sigma_{ca} = \frac{\sigma_{ck}}{3.5} \text{ かつ } 10 \text{ kN/mm}^2 \text{ 以下}\end{aligned}\right\} \quad (\text{I. 61})$$

鋼桁部：

$$\sigma_{su} = \underbrace{(\sigma_{su})_s + (\sigma_{su})_v}_{\parallel \atop (\sigma_{su})_p} + (\sigma_{su})_{SH} + (\sigma_{su})_{CR} < 1.15\sigma_{ba} \quad (\text{I. 23})$$

$$\sigma_{sl} = \underbrace{(\sigma_{sl})_s + (\sigma_{sl})_v}_{\parallel \atop (\sigma_{sl})_p} + (\sigma_{sl})_{SH} + (\sigma_{sl})_{CR} < \sigma_{ta} \quad (\text{I. 24})$$

3章　主桁の設計

鋼桁の圧縮フランジに対する許容応力度は，ここで15％の割増しをとることができる（「道示II 11.3.1」）．そこで，クリープや乾燥収縮の影響を考慮に入れることにより，許容応力度を超えることがあまりない．いっぽう，引張フランジのほうは，画面 I-24 の段階で余裕度が少なすぎると，ここで許容応力度をオーバーする可能性がある．このことは，当然すでに主桁の断面決定の画面（画面 I-14～I-19）において考慮されている．ここで示した画面 I-27 上は，それらの算定結果が詳しく表示されているにすぎない．

上載荷重（死荷重＋活荷重）に乾燥収縮やクリープの影響を加えるとき，コンクリートの応力度に対するこれらの影響は，応力度を減じるように働くため，安全側に考えるとすれば，これらの影響を考慮しないほうがよい．したがって，コンクリートの応力度については上載荷重のみを考えることとし，鋼桁については乾燥収縮やクリープの影響も加えて主荷重による応力度を求める場合もある（ただし，画面 I-27 上には，すべて加えた値が示されている）．

3.16　床版と鋼桁の温度差による応力度

コンクリートの床版部とその下側にある鋼桁との間で温度差が生じると，合成断面の荷重の分担には，変化が生じる．一般的には，太陽熱により床版部のほうが鋼桁よりも温度が高くなるのがふつうであるが，何らかの要因によりその逆の可能性もまったくないとはいえないので，温度差の高低を両方のケースについて考慮する．

図 I.37 に示すように，床版部の温度が高くなった場合，床版部が鋼桁に対して相対的に伸びる傾向にあるから，コンクリートの乾燥収縮やクリープの影響とは，逆の効果が生じていることになる．また，先に述べたように，この逆の場合も，考えなければならない．

合成桁橋で考慮すべき温度差は，「道路橋示方書」によって $\Delta t = \pm 10°C$ と定められ（「道示II 11.2.7」），また同時に線膨張係数はコンクリート，鋼ともに $\alpha = 12 \times 10^{-6}$ と定められている（「道示II 2.2.10」）．したがって，温

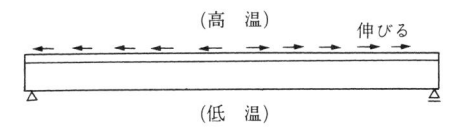

図 I.37　温度差による応力度

度差によって生じるひずみ ε_t は，次のように計算される．

$$\varepsilon_t = \pm \alpha \Delta t = \pm 12 \times 10^{-5}$$

このひずみに相当する応力度が，コンクリートと鋼桁に生じる．その算定方法は，基本的にクリープや乾燥収縮の場合と同じであって，次のようになる．

コンクリート床版部：

$$\left.\begin{array}{l}(\sigma_{cu})_{TD} = \dfrac{1}{n}\left(\dfrac{P}{A_v} + \dfrac{M_v}{I_v} z_{cu}\right) - E_c \varepsilon_t \quad (圧縮を正) \\ (\sigma_{cl})_{TD} = \dfrac{1}{n}\left(\dfrac{P}{A_v} + \dfrac{M_v}{I_v} z_{cl}\right) - E_c \varepsilon_t \quad (圧縮を正)\end{array}\right\} \quad (\text{I.62})$$

鋼桁部：

$$\left.\begin{array}{l}(\sigma_{su})_{TD} = \dfrac{P}{A_v} + \dfrac{M_v}{I_v} z_{su} \quad (圧縮を正) \\ (\sigma_{sl})_{TD} = -\dfrac{P}{A_v} + \dfrac{M_v}{I_v} z_{sl} \quad (引張りを正)\end{array}\right\} \quad (\text{I.63})$$

ただし，上式によって応力度を計算するときには，クリープを考えないので，鋼とコンクリートのヤング係数比を $n=7$ として，断面諸定数（A_v, I_v, z 等）を算定する．また，上式に示す合成断面の中立軸に働く軸方向力 P と曲げモーメント M_v は，次の式で求められる．

$$P = E_c \varepsilon_t A_c = \dfrac{1}{n} E_s \varepsilon_t A_c \quad (\text{I.64})$$

$$M_v = P d_c \quad (\text{I.65})$$

ここに，距離 d_c は，図 I.29 に示されているとおりである．

画面 I-27 下　床版と鋼桁の温度差による応力度

温度差による応力度 (σ)TD

項目		外桁				中桁			
		1	2	3	4	1	2	3	4
P	(E+6N)	1.851	1.851	1.851		2.139	2.139	2.139	
Mv	(E+8N·mm)	4.818	5.344	6.565		5.316	6.200	7.644	
(σ_{cu})TD	(N/mm2)	−0.1	−0.2	−0.2		−0.1	−0.1	−0.2	
(σ_{cl})TD	(N/mm2)	−0.7	−0.7	−0.7		−0.6	−0.6	−0.7	
(σ_{su})TD	(N/mm2)	20.0	19.9	19.7		19.5	19.4	19.3	
(σ_{sl})TD	(N/mm2)	5.1	4.5	3.5		5.1	4.3	3.4	

画面 I-27 下に温度差による変動応力度の値が示されているが，ここに示されるコンクリートの応力度は前にも述べたように±の両方を考えなければならないので，主荷重と合計するときには応力度が増大する方向に考える．

温度差による応力度は，あくまで一時的な荷重として考える従荷重に属するものなので，その点では常時作用する主荷重とはまったく性格の異なる荷重である．したがって，次に述べるように温度差による応力度を考慮する場合は，許容応力度を割増しすることができる．

3.17 主荷重と温度差の合計応力度に対する安全照査

画面 I-28 は，次の荷重による応力度をすべて加えたものが示されている．

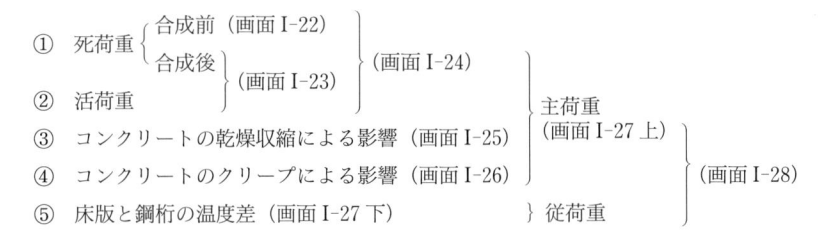

① 死荷重 ｛合成前（画面 I-22）, 合成後（画面 I-23）｝ （画面 I-24）
② 活荷重
③ コンクリートの乾燥収縮による影響（画面 I-25）
④ コンクリートのクリープによる影響（画面 I-26）
⑤ 床版と鋼桁の温度差（画面 I-27 下）

主荷重（画面 I-27 上）
従荷重
（画面 I-28）

画面 I-28　主荷重と温度差による応力度の合計

主荷重による応力度 + 温度差による応力度

項目	外桁				中桁			
	1	2	3	4	1	2	3	4
(σ_{cu}) (N/mm²)	1.8	3.1	3.9		2.0	3.4	4.3	
(σ_{cl}) (N/mm²)	1.1	1.8	2.5		1.0	1.7	2.5	
(σ_{su}) (N/mm²)	166	226	253		163	217	243	
(σ_{sl}) (N/mm²)	147	213	212		154	208	209	

これらの応力度の加算式と，それに対する許容応力度の関係を示せば，次のようになる．

コンクリート床版部：

$$\left.\begin{array}{l}\sigma_{cu}=(\sigma_{cu})_v+(\sigma_{cu})_{SH}+(\sigma_{cu})_{CR}+(\sigma_{cu})_{TD}<1.15\sigma_{ca}=1.15\dfrac{\sigma_{ck}}{3.5}\\[6pt]\sigma_{cl}=(\sigma_{cl})_v+(\sigma_{cl})_{SH}+(\sigma_{cl})_{CR}+(\sigma_{cl})_{TD}<1.15\sigma_{ca}=1.15\dfrac{\sigma_{ck}}{3.5}\end{array}\right\} \quad \text{(I.66)}$$

鋼桁部：

$$\left.\begin{array}{l}\sigma_{su}=\underbrace{(\sigma_{su})_s+(\sigma_{su})_v}_{(\sigma_{su})_p}+(\sigma_{su})_{SH}+(\sigma_{su})_{CR}+(\sigma_{su})_{TD}<1.3\sigma_{ba}\\ \sigma_{sl}=\underbrace{(\sigma_{sl})_s+(\sigma_{sl})_v}_{(\sigma_{sl})_p}+(\sigma_{sl})_{SH}+(\sigma_{sl})_{CR}+(\sigma_{sl})_{TD}<1.15\sigma_{ta}\end{array}\right\} \quad (\text{I.67})$$

ここで示した各応力度の添字の意味は，次のとおりである．

v：合成桁断面に働く応力度 　　ba：曲げ圧縮許容応力度
s：鋼桁断面に働く応力度 　　　ck：コンクリートの基準強度
SH：乾燥収縮による応力度 　　cu：コンクリート床版の上面に働く応力度
CR：クリープによる応力度 　　cl：コンクリート床版の下面に働く応力度
TD：温度差による応力度 　　　su：鋼桁の上面に働く応力度
ta：引張許容応力度 　　　　　sl：鋼桁の下面に働く応力度

　画面 I-28 の計算例を見るとわかるように，温度差による応力度は，それほど大きな値とならない．通常，従荷重としての温度差応力度を加えた場合には，許容応力度の割増しが認められ（「道示 II 11.3.1」），温度差応力度がその割増しの範囲内に入ることが多い．したがって，温度差応力度を考慮に入れることによって断面を大きくしたりする必要は，あまりない．

3.18　コンクリートの降伏に対する安全照査

　橋梁について設計の指針を与えている「道路橋示方書」は，基本的に**許容応力度設計法**(allowable stress design) によっている．すなわち，いろいろな荷重の組合せによる作用応力度が，それに対応する許容応力度以下であれば構造物は安全であるとする考え方である．

　許容応力度は，一般的に構造物の終局強度に対してある程度の余裕を有しており，この余裕が設計における諸々の不確定要素に対する安全率となっている．ここで，不確定要素の中に荷重のばらつきがある．いっぽうでは，この荷重のばらつきを最大限の幅で考慮し，その代わりに構造物の終局強度に対してぎりぎりもてばよいとする考え方に基づく設計法がある．このような設計の考え方を，**限界状態設計法**(あるいは**終局強度設計法**, limit state design) という．

3章 主桁の設計

構造物の終局強度を最大作用応力度が降伏応力度に到達したときとみなせば，各荷重のばらつきを考慮して，降伏応力度に対する安全性の照査を行えばよいことになる．画面 I-29 は，そのような応力度算定を行った結果をコンクリート床版部に対して示している．このときの応力度の組合せは，次のとおりである(「道示 II 11.3.2」)．

コンクリート床版部：

$$\left.\begin{array}{l}(\sigma_{cu})_y = 1.3(\sigma_{cu})_{vd} + 2(\sigma_{cu})_{l+i} + (\sigma_{cu})_{SH} + (\sigma_{cu})_{CR} + (\sigma_{cu})_{TD} < 0.6\sigma_{ck} \\ (\sigma_{cl})_y = 1.3(\sigma_{cl})_{vd} + 2(\sigma_{cl})_{l+i} + (\sigma_{cl})_{SH} + (\sigma_{cl})_{CR} + (\sigma_{cl})_{TD} < 0.6\sigma_{ck}\end{array}\right\} \quad (\text{I.68})$$

ここに，$(\sigma)_{vd}$ は合成後死荷重による応力度であり，これにはばらつきによる**荷重係数**(load factor) 1.3 が乗じられている．また，$(\sigma)_{l+i}$ は活荷重(衝撃を含む)による応力度であり，これには荷重係数 2.0 が乗じられている．これは，荷重のばらつきの程度が死荷重よりも，活荷重のほうがはるかに大きいことを考慮したものである．

画面 I-29　コンクリートの降伏に対する安全照査

項目	外桁				中桁			
	1	2	3	4	1	2	3	4
$1.3(\sigma_{cu})Vd$	0.8	1.4	1.8		0.3	0.4	0.6	
$2.0(\sigma_{cu})L+i$	2.9	4.9	6.2		3.9	6.4	8.2	
$(\sigma_{cu})SH$	-0.2	-0.3	-0.3		-0.1	-0.2	-0.3	
$(\sigma_{cu})CR$	-0.2	-0.4	-0.4		-0.1	-0.1	-0.1	
$(\sigma_{cu})TD$	0.1	0.2	0.2		0.1	0.1	0.2	
$1.3(\sigma_{cl})Vd$	0.3	0.6	0.9		0.1	0.2	0.3	
$2.0(\sigma_{cl})L+i$	1.1	2.0	3.1		1.4	2.7	4.1	
$(\sigma_{cl})SH$	-0.5	-0.5	-0.6		-0.4	-0.4	-0.5	
$(\sigma_{cl})CR$	0.1	0.2	0.1		0.0	0.1	0.0	
$(\sigma_{cl})TD$	0.7	0.7	0.7		0.6	0.6	0.7	
$(\sigma_{cu})y$	3.6	6.1	7.7		4.0	6.7	8.5	
$(\sigma_{cl})y$	0.8	2.1	3.3		0.9	2.3	3.7	

画面 I-29 の合計応力度は，各応力度を加算するときにマイナスのほうに働く応力度を無視して加算されている．構造物の設計では，このように安全側に考えることがよくある．

コンクリートの終局強度をいくらにするか難しい問題を含んでいるが，合成桁橋の設計では，圧縮降伏点に近い値として上式に示したように設計基準強度 σ_{ck} の 3/5 をとるように定められている(「道示 II 11.3.2」)．

3.19 鋼桁の降伏に対する安全照査

鋼桁部分についてもコンクリートと同様に,限界状態設計法の考え方にならって終局強度に対する安全性の照査を行う.その際,鋼桁に対しては,終局強度を最大応力度が降伏応力度に到達したときと定義する.そのときの応力度の組合せは,次式による.

鋼桁部:

$$\left.\begin{array}{l}(\sigma_{su})_y=1.3\{(\sigma_{su})_s+(\sigma_{su})_{vd}\}+2(\sigma_{su})_{l+i}+(\sigma_{su})_{SH}+(\sigma_{su})_{CR}+(\sigma_{su})_{TD}<\sigma_y \\ (\sigma_{sl})_y=1.3\{(\sigma_{sl})_s+(\sigma_{sl})_{vd}\}+2(\sigma_{sl})_{l+i}+(\sigma_{sl})_{SH}+(\sigma_{sl})_{CR}+(\sigma_{sl})_{TD}<\sigma_y\end{array}\right\} \quad (\text{I.69})$$

上式において,$\{(\sigma)_s+(\sigma)_{vd}\}$は,合成前と合成後の死荷重による応力度を示している.ここで,活荷重による応力度(衝撃を含む)$(\sigma)_{l+i}$はこれまでとくに計算されていたわけではなかったが,これは次の関係から容易に求めることができる(画面I-23参照).

$$(\sigma)_{l+i}=(\sigma)_v-(\sigma)_{vd} \quad (\text{I.70})$$

各種鋼材の降伏強度 σ_y については,表I.12に示す.

表I.12 降伏に対する安全度の照査に用いる鋼材の降伏点(N/mm²) (「道示II 11.3.2」)

鋼材の板厚 (mm)	鋼種 SS 400 SM 400 SMA 400 W	SM 490	SM 490 Y SM 520 SMA 490 W	SM 570 SMA 570 W	SD 295 A SD 295 B
40 以下	235	315	355	450	
40 をこえ 75 以下	215	295	335	430	295
75 をこえ 100 以下			325	420	

画面I-30は,これらの安全性の照査結果を示したものである.

3章 主桁の設計

画面 I-30 鋼桁の降伏に対する安全照査

鋼桁の降伏に対する安全度の照査

項目	外桁				中桁			
	1	2	3	4	1	2	3	4
$1.3(\sigma su)Vd$	141	212	240		145	210	239	
$2.0(\sigma su)L+i$	5.6	11.5	18.8		2.8	9.1	18.3	
$(\sigma su)SH$	29.5	28.8	27.8		29.4	28.8	28.0	
$(\sigma su)CR$	4.8	8.2	10.7		1.5	2.5	3.3	
$(\sigma su)TD$	20.0	19.9	19.7		19.5	19.4	19.3	
$1.3(\sigma sl)Vd$	120	178	177		106	145	143	
$2.0(\sigma sl)L+i$	81	126	132		117	170	178	
$(\sigma sl)SH$	7.8	6.7	5.1		7.9	6.6	5.1	
$(\sigma sl)CR$	1.2	1.9	1.9		0.4	0.6	0.6	
$(\sigma sl)TD$	5.1	4.5	3.5		5.1	4.3	3.4	
$(\sigma su)y$	201	280	318		198	270	308	
$(\sigma sl)y$	216	317	319		237	327	331	

4章　補剛材の設計

プレートガーダーに用いられる補剛材は，次の3種類に分かれる．
　①　支点上の補剛材，②　中間垂直補剛材，③　水平補剛材

これらの補剛材の役割は，腹板の座屈防止という点では一致している．しかし，防止しようとする座屈のタイプは，それぞれ異なっている．そして，これらの補剛材が必要かどうかについては，すでにこれまでの設計の段階で決まっている．とくに，補剛材は，その目的からいって腹板の厚さとの関係が深く，腹板の寸法を決定する段階でほとんどその必要性は決まっているのである．これについては，3.7C「腹板の高さと厚さ」のところで詳しく述べられているので，そこを参照されたい．ここでは，これらの補剛材の寸法の決定とその取付け箇所について説明する．

4.1　支点上の補剛材の設計

プレートガーダーの支点部では，支点からの大きな反力を直接その部分の腹板が受けるため，腹板を補強する必要がある．そのために，補剛材が支点部の腹板の両側に取り付けられ，支点反力に対して耐えられるようにする．したがって，支点上の補剛材は，この部分の腹板と協力して支点反力という圧縮力に抵抗できるように設計される．図 I.38(a)に示すように，下からは圧縮力 R を受け，上からはせん断力が分布して作用するので，この部分を設計するためには，これを簡略化して図 I.38(b)のように長さ $h_w/2$ の柱と考える．このとき，柱の有効断面としては，図 I.39 に示すように，支点上の補剛材と腹板厚 t_w の24倍（片側12倍ずつ）の範囲を考える（「道示 II 10.5.2」）．ただし，この有効断面積は，補剛材の断面積の1.7倍を超えてはならないとされている．

この部分は，柱として設計するのであるから，次の作用応力度と許容応力度の関係式を満足していなければならない．

(a) 側面図　　(b) 作用力　(c) 置換柱

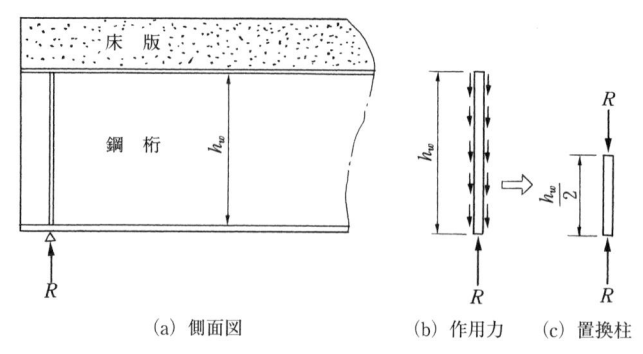

図 I.38　支点上の補剛材

$$\sigma_c = \frac{R}{A_e} < \sigma_{ca} \tag{I.71}$$

ここに，R：支点反力

　　　　A_e：支点反力に対する有効断面積(図 I.39 参照)

　　　　σ_{ca}：許容軸方向圧縮応力度(表 I.10 参照)

許容軸方向圧縮応力度 σ_{ca} は，柱部材の細長比 l/r で決まってくる．部材長は，先に述べたように，腹板高さの半分 $l=h_w/2$ となる．いっぽう，回転半径(断面二次半径) r としては，腹板の中心線について求めた $r=r_y$(図 I.39 参照)を用いる．これは，腹板が連続しているので，この部材が y 軸に関して曲げられる方向にしか座屈しないためである(部材が変形する方向は，z 軸方向である)．

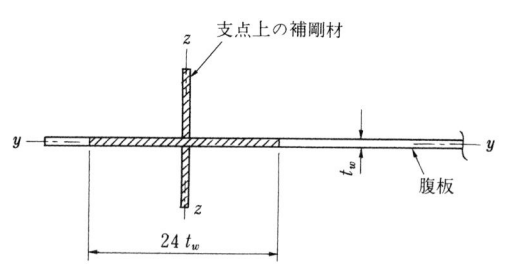

図 I.39　支点上の反力柱の有効断面積

画面 I-31 の左側には，上に説明した作用応力度と許容応力度の算定結果が示されている．ここで，補剛材の板幅と厚さの寸法を決めるとき，この部材が圧縮力を受けているので局部座屈を起こさないように，前に 3.7 E「フランジの自由突出幅の制限」で述べた事項を守らなければならないのは，当然のことである．

画面 I-31 のせん断応力度 τ は，次式で算定される腹板内の平均せん断応力度である．

4章 補剛材の設計

画面 I-31 支点上の補剛材と中間補剛材の間隔

中間補剛材の間隔 a

断面	Ss+v(N)	Aw(mm2)	τ(N/mm2)	τa(N/mm2)	σ(N/mm2)	a (mm)	a/b	b/a	照査式の結果
1	716,398	14,400	49.7	80	112.6	1250.0	0.781	1.280	0.686
2	543,564	14,400	37.7	120	166.4	1250.0	0.781	1.280	0.646
3	172,656	14,400	12.0	120	192.8	1250.0	0.781	1.280	0.489
4									

支点上の垂直補剛材の設計

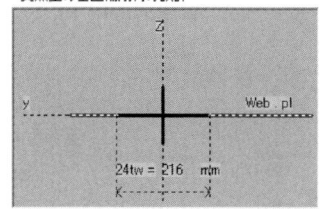

```
2-Stiff =    2 * 90 * 18 = 3240
1-Web =       216 * 9 = 1944
              AG = 5184      mm2
   σc = 138     N/mm2  <  σca = 140  N/mm2
   Iy = 10,126,904 mm4
   I/y = 18.1
```

24tw = 216 mm
Web.pl

表 I.13 許容せん断応力度(「道示II 3.2.1」) (N/mm²)

応力の種類	鋼材の板厚(mm)	鋼種 SS 400 SM 400 SMA 400 W	SM 490	SM 490 Y SM 520 SMA 490 W	SM 570 SMA 570 W
せん断応力度	40 以下	80	105	120	145
	40 をこえ 75 以下	75	100	115	140
	75 をこえ 100 以下			110	135

$$\tau = \frac{S}{A_w} \tag{I.72}$$

ここに，S：せん断力，A_w：腹板の断面積．

また，このときのせん断許容応力度 τ_a を，表 I.13 に示す(「道示II 3.2.1」)．
曲げ応力度 σ は，それぞれの断面変化点位置における値である．

4.2 中間垂直補剛材の間隔と水平補剛材の必要性

画面 I-31 には，右側に中間垂直補剛材の間隔に関する算定結果も示されている．中間垂直補剛材は，腹板の高さと厚さの決定のところで述べたように，腹板のせん断座屈を防止するために設けられるものである（図 I.20～I.21 参照）．中間（垂直）補剛材の間隔が狭いほど，せん断座屈は，起こりにくくなる．

いま，図 I.40(a) に示す上下フランジと中間補剛材によって囲まれたパネルを取り出して考えると，設計する部材は，図 I.40(b) に示すような $a \times b$ の四辺単純支持の板と見なすことができる．そして，このような板がせん断応力度 τ と曲げ応力度 σ を受けるとき，座屈するかしないかは，次の式によって判定することができる（この式には，安全率を含んでいる）（「道示 II 10.4.3」）．

水平補剛材を用いない場合：

$$\left.\begin{array}{l}\left(\dfrac{b}{100t}\right)^4\left[\left(\dfrac{\sigma}{345}\right)^2+\left\{\dfrac{\tau}{77+58(b/a)^2}\right\}^2\right]\leq 1:\left(\dfrac{a}{b}>1\right)\\[2mm]\left(\dfrac{b}{100t}\right)^4\left[\left(\dfrac{\sigma}{345}\right)^2+\left\{\dfrac{\tau}{58+77(b/a)^2}\right\}^2\right]\leq 1:\left(\dfrac{a}{b}\leq 1\right)\end{array}\right\} \quad (\text{I}.73)$$

水平補剛材を 1 段用いる場合：

(a) 側面図

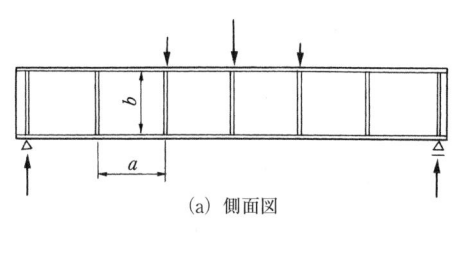

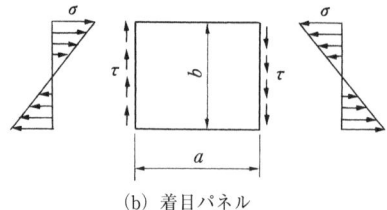

(b) 着目パネル

図 I.40 中間垂直補剛材

4章 補剛材の設計

$$\left(\frac{b}{100t}\right)^4\left[\left(\frac{\sigma}{900}\right)^2+\left\{\frac{\tau}{120+58(b/a)^2}\right\}^2\right]\leq 1 : \left(\frac{a}{b}>0.80\right)$$
$$\left(\frac{b}{100t}\right)^4\left[\left(\frac{\sigma}{900}\right)^2+\left\{\frac{\tau}{90+77(b/a)^2}\right\}^2\right]\leq 1 : \left(\frac{a}{b}\leq 0.80\right) \quad (\text{I.74})$$

上式からわかるように，水平補剛材を用いるか用いないかによって判定式は，異なってくる．「道路橋示方書」には，水平補剛材を2段用いる場合についても同様な式が示されている（「道示II 10.4.3」）．

本書の設計例では，後述の画面I-32で見られるように，水平補剛材を1段用いているので，それに相当する式(I.74)を用い画面I-31に照査式の結果として示している．

中間補剛材の間隔 a を決定するとき，上に示した判定式を満足しなければならないことはもちろんであるが，そのほかにこれに関連する要素としては，対傾構と横構との取合いがある．合成桁橋には，通常，対傾構や横構が欠かせない．これらを取り付ける位置には，荷重の集中が起こるので，垂直補剛材を取り付けなければならない（「道示II 10.5.2」）．したがって，図I.41に示すように，対傾構間隔とその中間位置には，少なくとも上の判定式と関係なく，中間補剛材が設けられる．そうすると，次に検討すべきことは，さらに細かく中間補剛材を配置する必要があるかどうかということであり，上の判定式を満足するかどうかによってそ

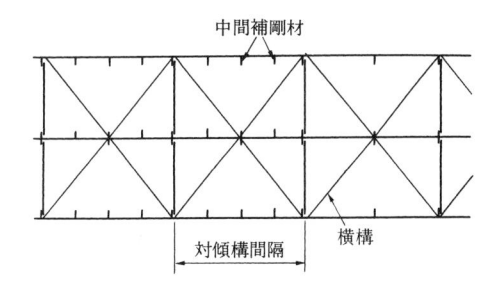

図I.41 中間補剛材の間隔

れが判断される．もし，さらに細かく中間補剛材を配置するということになれば，その配置位置は，図I.41に示すように対傾構間隔を4等分したところになる．

また，中間補剛材の間隔は，上式に示したように，腹板の高さの1.5倍を超えてならないとされている（「道示II 10.4.3」）．

通常，上の判定式を見るとわかるように，せん断応力度 τ の影響が大きいので，桁端部では中間補剛材を細かく配置し，桁の中間部ではその間隔を広くすることができる．

4.3　中間垂直補剛材の寸法

　前の画面で中間（垂直）補剛材の取付け位置が決められたが，次に中間補剛材の断面寸法を，決定しなければならない．中間補剛材の板幅 b_s は，次の値以上としなければならない（「道示Ⅱ 10.4.4」）．

$$b_s > b_{\text{req}} = \frac{h_w}{30} + 50 \text{ mm} \tag{I.75}$$

ここに，h_w：腹板高さ．

　そして，中間補剛材の板厚は，$t_s > b_s/13$ としなければならない（「道示Ⅱ 10.4.4」）．

　以上の中間補剛材の寸法に関する2つの条件を満たすように板幅と板厚を仮定してから，次の必要剛度を，満足しているか否かチェックする．

$$I_v \geq I_{\text{req}} = \frac{h_w t_w^3}{11} \gamma_{v,\text{req}} \tag{I.76}$$

画面 I-32　中間の垂直補剛材と水平補剛材の断面決定

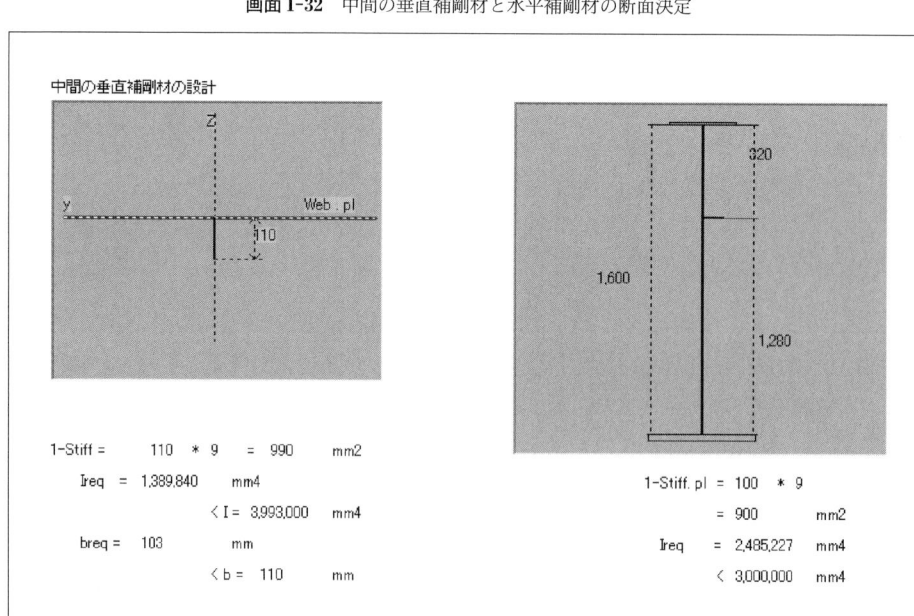

```
中間の垂直補剛材の設計

1-Stiff =    110 * 9 =  990    mm2
   Ireq = 1,389,840         mm4
          <I = 3,993,000    mm4
   breq =    103    mm
          <b =  110    mm

1-Stiff.pl = 100 * 9
           =  900    mm2
   Ireq  = 2,485,227    mm4
          < 3,000,000    mm4
```

ここに，I_v：腹板の表面に関する補剛材の断面二次モーメント（$=t_s h_s^3/3$）

$$\gamma_{v,\text{req}} = 8.0 \left(\frac{h_w}{a}\right)^2$$

a：中間補剛材の間隔

t_w：腹板厚さ

画面 I-32 の左側には，上に示した算定式の結果が示されている．これを見ると，たいていの場合，補剛材の板幅と厚さの制限を満足するように断面を決定すれば，必要剛度の条件式は，十分余裕があることがわかる．

なお，中間補剛材の目的が腹板の剛性を高めるためだけのものであり，とくに大きな応力度が作用するわけでもないので，材質については，腹板の鋼種にかかわらず軟鋼（SM 400）を用いてもよい（「道示 II 10.4.4」）．

4.4 水平補剛材の寸法

画面 I-32 の右側には，水平補剛材の寸法も示されている．水平補剛材は，腹板の厚さを決定するときにその必要性が決まっている（表 I.7 参照）．そこで，ここでは，水平補剛材の寸法と取付け位置について述べる．

水平補剛材の役割は腹板の曲げ座屈を防止することであるから（図 I.20～I.21 参照），その取付け位置は曲げ圧縮応力度の大きく，しかももっとも座屈しやすい箇所とする．図 I.42 に示すように，曲げ圧縮応力度は上フランジに近いほうが大きいのであるが，上フランジに近いところでは，これによって腹板が固定されているため，曲げ座屈を起こさない．ある程度上フランジから離れていて，しかも圧縮応力度がまだ十分大きい箇所に水平補剛材を取り付けるのが，効果的である．「道路橋示方書」では，そのような位置として，水平補剛材を1本用いる場合と2本用いる場合について，図 I.42 に示すような箇所をそれぞれ定めている（「道示 II 10.4.6」）．

つぎに，水平補剛材の断面寸

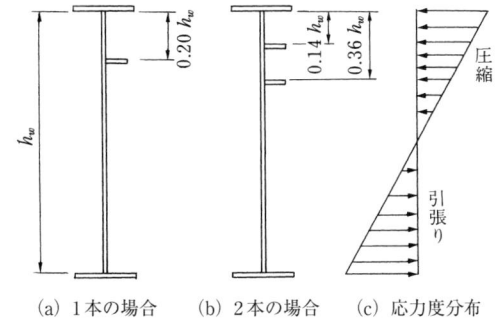

(a) 1本の場合　(b) 2本の場合　(c) 応力度分布

図 I.42 水平補剛材の取付け位置

法については，次の必要剛度条件式を満足するように選定しなければならない（「道示II 10.4.7」）．

$$I_h \geq I_{\mathrm{req}} = \frac{h_w t_w^3}{11} \gamma_{h,\mathrm{req}} \tag{I.77}$$

ここに，$\gamma_{h,\mathrm{req}} = 30\left(\dfrac{a}{h_w}\right)$, a：中間補剛材の間隔（図I.40参照）

なお，水平補剛材にはそこの位置の腹板応力度と同じ応力度が作用することが考えられるので，材質についてはその応力度に抵抗できるだけの強度をもつものにする必要がある．通常は，腹板と同じ材質のものを用いる．

5章　現場継手の設計

5.1　上フランジの現場継手

　現場継手の位置は，画面 I-9 に示したとおりである．この位置の断面に働く断面力と鋼桁の断面寸法を用いて，現場継手の設計をする．
　プレートガーダー(鋼桁部)は上フランジ，腹板および下フランジの3つに分解すると，それぞれの部分の受ける作用力が異なっている．プレートガーダーを全体として見れば，ここには，断面力としての曲げモーメント M とせん断力 S が作用している．これらを個々に見れば，上フランジには圧縮力，腹板には曲げモーメントとせん断力，そして下フランジには引張力が作用する．プレートガーダーの現場継手を設計するさいには，これらそれぞれを別個に考えて，それぞれの部分に働く作用力を伝達できるようにすればよい．そうすると，断面全体としては，そこに働く曲げモーメントやせん断力の断面力を伝達できることになる．
　図 I.43 に示すように，現場継手の位置に断面力 M および S が働いているものとすれば，このうちのせん断力は，すべて腹板によって受け持たれる．いっぽう，

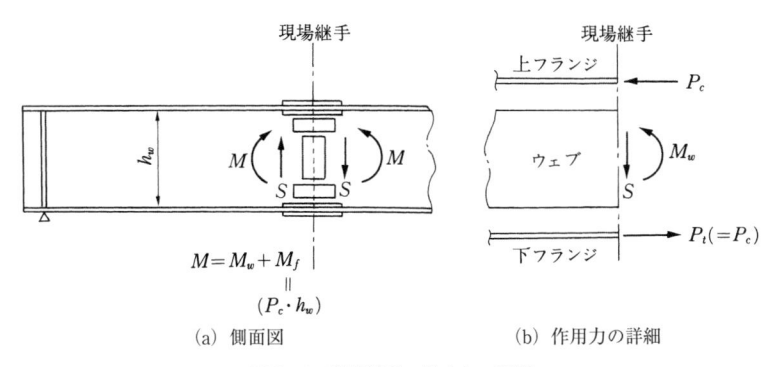

(a) 側面図　　　　　　　　(b) 作用力の詳細

図 I.43　現場継手に働く力の種類

曲げモーメントは主として上下フランジの軸方向力によって受け持たれ（$M_f = P_c h_w$），部分的には腹板に分担（M_w）されることになる．

上フランジが伝達すべき圧縮力 P_c を求めると，次のようになる．

$$P_c = (\sigma_{su})_p A_c \tag{I.78}$$

ここに，$(\sigma_{su})_p$：死荷重と活荷重によって上フランジに作用する圧縮応力度

$$\left(= \frac{M_s}{I_s} z_u + \frac{M_v}{I_v} z_{su} > 0.75 \sigma_{ca} \right) \tag{I.79}$$

A_c：上フランジの総断面積（ボルト孔の控除をしない）

M_s, M_v：鋼断面および合成断面に働く曲げモーメント（画面 I-11 参照）

I_s, I_v：鋼断面および合成断面の断面2次モーメント（画面 I-20, I-21 参照）

z_u, z_{su}：鋼断面および合成断面の中立軸から圧縮フランジまでの縁端距離（図 I.28, I.29 参照）（厳密には，圧縮フランジの中心までの距離）

σ_{ca}：上フランジの許容曲げ圧縮応力度（表 I.11 参照）

継手部は，継手断面の全強の 75% 以上の強度をもたなければならないので（「道示II 6.1.1」），作用応力度が許容応力度 σ_{ca} の 75% よりも小さい場合，$0.75\sigma_{ca}$ を用いて伝達すべき力 P_c を求め，それに必要な数のボルト本数を配置する必要がある．

画面 I-33 に示したボルト配置は，一例を示すのみであって，より好ましいボルト配置に修正することも必要になってくる．そのときには，ここで示したボルト配置を参考にして決めればよい．ただし，表 I.15 に示す高力ボルト配列の制限を，守らなければならない．

伝達すべき力が上式で求められると，必要な高力ボルトの本数 n は，次式により求められる．

$$n > \frac{P_c}{\rho_a} \tag{I.80}$$

ここに，ρ_a：高力ボルト1本の許容伝達力（表 I.14 参照，通常は，2面摩擦とするので1面摩擦の2倍をとる）

高力ボルトによって力を伝達する仕方には，

　① 摩擦接合，② 支圧接合，③ 引張接合

の3種類がある．現在では，ほとんど摩擦接合法が用いられ，橋梁の製作においてもこの方法が一般的である．

5章 現場継手の設計

画面 I-33 上フランジの現場継手

上フランジの添接

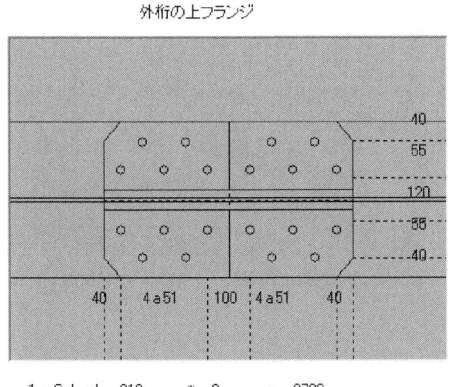

外桁の上フランジ

```
1 - Spl.pl.  310    *  9   = 2790
2 - Spl.pls. 135    *  9   = 2430
Ac = 4960      mm2 ＜ Ag = 5220   mm2
作用応力度(σsu) :
    (σsu)p = 167    ＞ 0.75 σca = 158
ボルト本数 :
    n =   8.6 本  ( 10 本使用する )
```

中桁の上フランジ

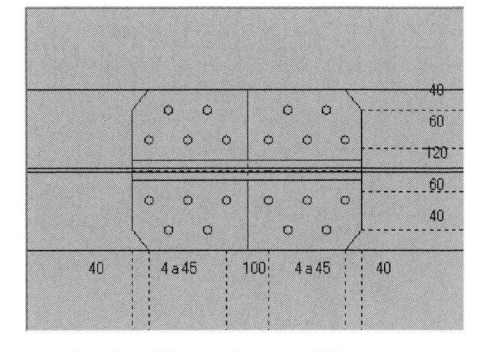

```
1 - Spl.pl.  320    *  9   = 2880
2 - Spl.pls. 140    *  9   = 2520
Ac = 5120      mm2 ＜ Ag = 5400   mm2
作用応力度(σsu) :
    (σsu)p = 166    ＞ 0.75 σca = 158
ボルト本数 :
    n =   8.8 本  ( 10 本使用する )
```

摩擦接合用高力ボルトの原理は，図 I.44 に示すように，高力ボルトを締め付けることによって連結する板を強く押さえることになり，その結果，重ねられた板の間に摩擦抵抗力が生まれてくる．この摩擦抵抗力を大きくするにはボルトの締付け

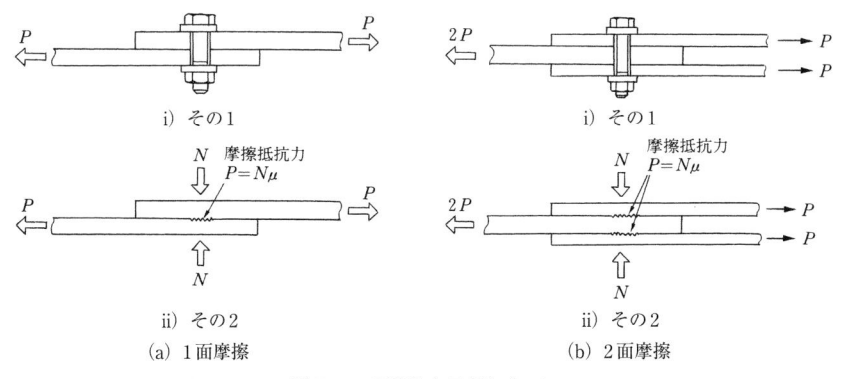

(a) 1面摩擦

i) その1

ii) その2

N 摩擦抵抗力
$P = N\mu$

(b) 2面摩擦

i) その1

ii) その2

N 摩擦抵抗力
$P = N\mu$

図 I.44 摩擦接合用高力ボルト

表 I.14 摩擦接合用高力ボルトの許容伝達力
（1ボルト1摩擦面当り） (kN)

ボルトの等級 ねじの呼び	F 8 T	F 10 T	S 10 T
M 20	31	39	39
M 22	39	48	48
M 24	45	56	56

力 N を大きくすればよいわけであるから，この方式のボルトには高強度の材料を用いて大きな締付け力に耐えるようにしなければならない．これが，摩擦接合用に高張力ボルトを用いる理由である．

同じボルト1本で締め付けたとしても，図 I.44(b) に示すように，2つの摩擦面が得られるように板を重ねると，2倍の伝達力を得ることができる．このようなときには，式(I.80) で示した分母の ρ_a は2摩擦面当りの許容伝達力をとる．この理由は，プレートガーダーの現場継手において，通常，連結板を両側から重ねることで，2面摩擦となるからである．

摩擦接合用高力ボルトの1摩擦面当りの許容伝達力を，表 I.14 に示す（「道示 II 3.2.3」）．表中の"ねじの呼び"とはボルトの直径を表しており，単位は mm である．また，F 8 T や F 10 T は高力ボルトの材質を表し，F 10 T のほうが高強度である．ちなみに，F 10 T の"F"は，Friction(摩擦) を意味している．S 10 T は，トルクシヤー型の高力ボルトであり，ボルトの端部(テイル)部分がボルト締め付け時にねじりせん断力により切断されるようになっている．このことから，ボルトの締め付け力の管理が容易になり，施工性が良いので，最近では，よく用いられている．

5.2 下フランジの現場継手

下フランジの現場継手の設計は基本的には，上フランジと同じような考え方でできる．異なる点は，下フランジの場合，引張力を伝達することである．ボルト継手に圧縮力が働く場合と引張力が働く場合とでもっとも大きく異なる点は，圧縮力の場合，ボルト孔に対してとくに配慮することなく設計できるが，引張力の場合，ボルト孔による断面の欠損を考慮しなければならないことである．具体的には，まず高力ボルトの必要な本数 n を上フランジの場合と同様な次の式で計算する．

5章 現場継手の設計

$$P_t = (\sigma_{sl})_p A_t \tag{I.81}$$

$$n > \frac{P_t}{\rho_a} \tag{I.82}$$

ここに，P_t：下フランジが伝達すべき引張力

$(\sigma_{sl})_p$：死荷重と活荷重によって下フランジに作用する引張応力度

$$\left(= \frac{M_s}{I_s} z_l + \frac{M_v}{I_v} z_{sl} > 0.75 \sigma_{ta} \right) \tag{I.83}$$

A_t：下フランジの断面積

σ_{ta}：引張許容応力度（表 I.10 あるいは I.11 の最大値）

ρ_a：高力ボルト1本の許容伝達力（通常は2面摩擦とするので，1面摩擦の2倍をとる）（表 I.14 参照）

z_l, z_{sl}：鋼断面および合成断面の中位軸から下フランジまでの縁端距離（図 I.28〜I.29 参照）（厳密には下フランジの中心までの距離）

つぎに，ボルト孔を設けることにより断面が小さくなって危険にならないかどうかを，次の式によりチェックする．

$$(\sigma_{sl})_p' = (\sigma_{sl})_p \frac{b_g}{b_n} < \sigma_{ta} \tag{I.84}$$

ここに，b_g：下フランジの総幅，b_n：下フランジの純幅．

下フランジの**純幅**とは，総幅からボルト孔の分を差し引いた幅のことである．ボルト孔が一直線上に並んでいるときは，ボルトの直径をボルトの数だけ差し引いて簡単に純幅を求めることができる．しかし，図 I.45 のようにボルトが千鳥配列されている場合は，少し複雑になる．すなわち，千鳥にボルト締めされたときの純幅

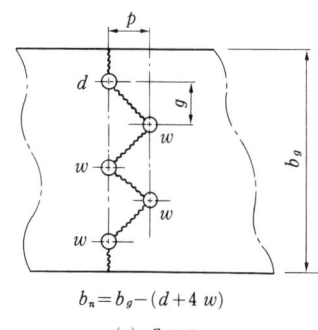

(a) その1　　$b_n = b_g - (d + 4w)$

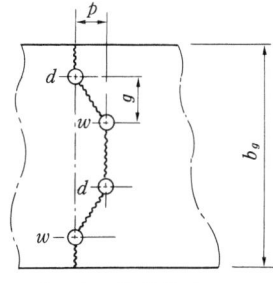

(b) その2　　$b_n = b_g - (2d + 2w)$

図 I.45　千鳥配列の純幅

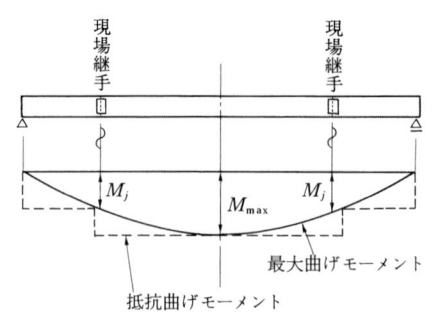

図 I.46 現場継手の位置

は，総幅から考えている断面の最初のボルト孔についてその直径を控除し，以下，順次次式による w を各ボルト孔について控除したものとする（「道示 II 6.3.9」）．

$$w = d - \frac{p^2}{4g} \tag{I.85}$$

ここに，d：ボルト孔の径，p：長さ方向のボルト間隔(ピッチ)，g：幅方向のボルト間隔(ゲージ)．

　このように，引張力を受ける下フランジは，ボルト孔が控除されることによって断面が小さくなる．そこで，現場継手は，なるべく断面に余裕のあるところに設けるのが望ましい．図 I.46 に示すように，中央から離れるに従って作用する曲げモーメントは，小さくなっていくので，断面の抵抗モーメントに対してかなり余裕が出てくる．そのような位置にボルト孔を開けても，とくにそのことによる補強が必要でないことが多い．もし，式(I.84) で示した継手部の応力度が許容応力度を超えるならば，継手部分のみ板厚を増す等の補強が，必要になってくる(この場合，引張フランジのみ増厚すればよい)．

　引張フランジを増厚するときには，次の式を満足するようにする．

$$(\sigma_{sl})_p' = (\sigma_{sl})_p \frac{A_g}{A_n} < \sigma_{ta} \tag{I.86}$$

ここに，$(\sigma_{sl})_p$：死荷重と活荷重によって下フランジに作用する引張応力度
　　　　A_g：(下フランジの増厚前)**総断面積**$(= b_g t_l)$
　　　　A_n：(下フランジの増厚後)**純断面積**$(= b_n t_l')$
　　　　t_l：増厚する前の下フランジの板厚，t_l'：増厚した後の下フランジの板厚

　画面 I-34 では，連結板の設計も行っている．ここで，連結板の厚さは，連結板の合計断面積がもとの下フランジの断面積よりも小さくならないようにということ

画面 I-34　下フランジの現場継手

下フランジの添接

外桁の下フランジ

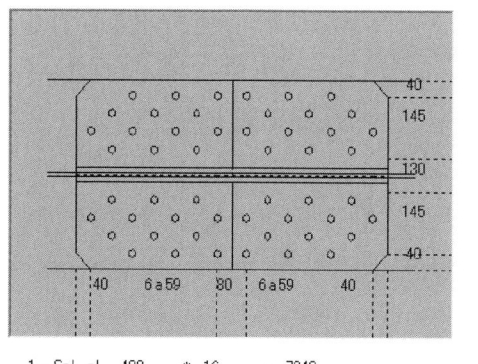

```
1 - Spl.pl.  490  * 16  = 7840
2 - Spl.pls. 213  * 16  = 7200
At     = 13720  mm2 < Ag = 14100 mm2
0.75Ag = 10575  mm2 < An = 10900 mm2
作用応力度(σsu)：
    (σsl)p =  173    >  0.75 σta = 158
ボルト孔欠損による応力度照査(σsl) P'：
    (σsl)P' = 193    <    σta = 210
ボルト本数：
    n = 24.8 本　( 26　本使用する )
```

中桁の下フランジ

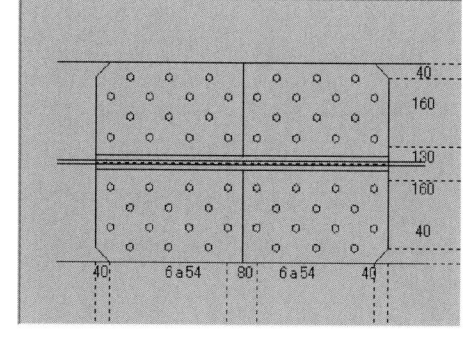

```
1 - Spl.pl.  520  * 16  = 8320
2 - Spl.pls. 228  * 16  = 7680
At     = 15600  mm2 < Ag = 16000 mm2
0.75Ag = 12000  mm2 < An = 12800 mm2
作用応力度(σsu)：
    (σsl)p =  171    >  0.75 σta = 158
ボルト孔欠損による応力度照査(σsl) P'：
    (σsl)P' = 190    <    σta = 210
ボルト本数：
    n = 27.9 本　( 28　本使用する )
```

を条件にして決めることができる．

5.3　腹板(ウェブ)の現場継手

　腹板の現場継手設計は，フランジに比較して少々複雑である．それは，フランジの連結部は軸方向力しか伝達しなかったのに対し，腹板の場合，曲げモーメントとせん断力の両方を伝達しなければならないからである．とくに，曲げモーメントによって圧縮と引張りの両方が生じるために，その計算は，複雑となる．腹板の継手設計では，フランジのときのようにまず必要なボルト本数を求めるのでなく，ボルトの配置を先に定める．そして，そのときの各ボルトへの作用力のうち最大のものを求め，それがボルト1本当りの許容伝達力よりも小さければよしとする．

A. 曲げモーメントによる高力ボルトへの作用力

曲げモーメントによって腹板の高力ボルトに作用する力は，ボルトの各列ごとに求める．いま，図 I.47 に示す下から第 1 列目の高力ボルト 3 本について考えると，この列のボルトが受け持つ腹板の範囲は，腹板の最下端から第 2 列目との中間までの距離 g_1 の部分についてである．したがって，この部分に働く曲げモーメントによる力を第 1 列目のボルト群が，伝達すればよいと考える．そこで，第 1 列目のボルト群が伝達すべき力 P_1 を求めると，次のような式になる．

$$P_1 = \frac{\sigma_0 + \sigma_1}{2} g_1 t_w \tag{I.87}$$

ここに，σ_0：腹板の最下端部の曲げ応力度，σ_1：第 1 列目と第 2 列目との中間位置における曲げ応力度，t_w：腹板の厚さ．

第 1 列目のボルト群は 3 本であるから，1 本当りの作用力は，次のように求められる．

$$\rho_{b1} = \frac{P_1}{3} \tag{I.88}$$

曲げ応力度は，合成前と合成後に分けて求める必要がある．たとえば，σ_0 については，次のようになる．

$$\sigma_0 = \frac{M_s}{I_s}(z_l - t_l) + \frac{M_v}{I_v}(z_{sl} - t_l) \tag{I.89}$$

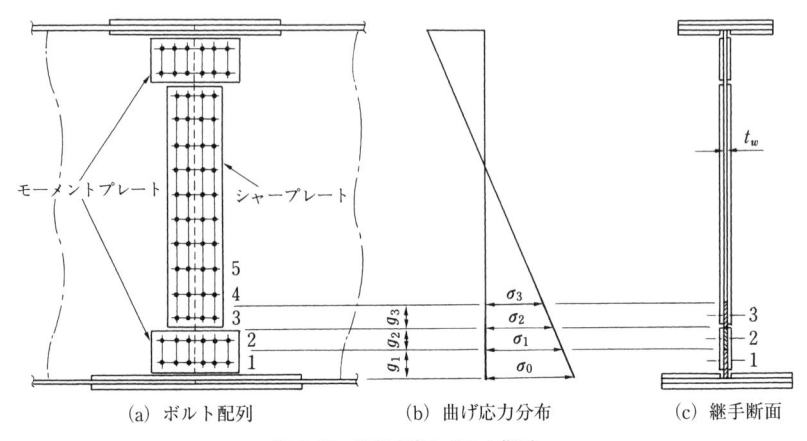

(a) ボルト配列　　(b) 曲げ応力分布　　(c) 継手断面

図 I.47　腹板の高力ボルト継手

ここに，合成前および合成後の作用曲げモーメント M_s および M_v は，現場継手位置の値を用いる．そして，t_l は，下フランジの厚さである．

図I.47に示すように，腹板の継手は，主として曲げモーメントを負担する部分(**モーメントプレートの部分**)と主としてせん断力を負担する部分(**シャープレートの部分**)に分かれる．モーメントプレートの部分には，ボルトの本数を多くしたほうが大きいモーメントに抵抗できるので有利となる．したがって，シャープレートの部分よりも，1列に配置する高力ボルトの本数を多くする．いっぽう，せん断力に対しては，通常，比較的余裕があるのでシャープレート部のボルト本数をそれほど多くする必要はなく，1列に配置するボルト本数は通常2本とする．そうすると，曲げモーメントによる作用力は，1列当りのボルト本数の減るシャープレートの最初のボルト列(図I.47の場合は第3列目)のほうが第1列目の作用力よりも大きくなる可能性がある．したがって，この場合，第3列目の曲げモーメントによる作用力を，第1列目と同様にして求める必要がある．

$$P_3 = \frac{\sigma_2 + \sigma_3}{2} g_3 t_w \tag{I.90}$$

$$\rho_{b3} = \frac{P_3}{2} \tag{I.91}$$

このようにして求めた第1列目のボルトへの作用力 ρ_{b1} と第3列目のボルトへの作用力 ρ_{b3} の大きいほうを，曲げモーメントによる最大作用力 ρ_b として採用すればよい．

B. せん断力による高力ボルトへの作用力

いっぽう，腹板には，曲げモーメントのほかにせん断力も働いているから，これによっても，各ボルトに作用力が生じる．せん断力によって生じる作用力は各ボルトに均等に配分されるとして求められるので，これは簡単に次式で計算できる．

$$\rho_s = \frac{S}{n_T} \tag{I.92}$$

ここに，ρ_s：せん断力による腹板の高力ボルト1本に作用する力，S：継手断面に作用するせん断力，n_T：腹板の高力ボルトの総数(片側部分)．

C. 高力ボルトへの作用合力

以上のようにしてせん断力と曲げモーメントによる作用力が求められると，高力

(a) 側面図

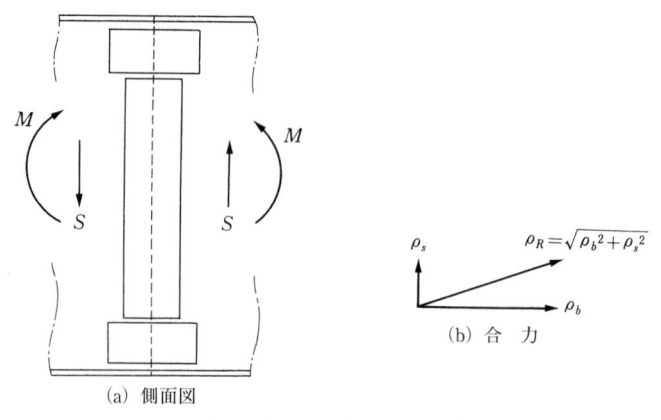

(b) 合　力

図 I.48　高力ボルトへの作用合力

ボルトへは，これらの作用力の合力が作用する．そのため，合成力を，求める必要がある．図 I.48 に示すように，曲げモーメントによる作用力 ρ_b が水平方向に作用し，またせん断力による作用力 ρ_s が垂直方向に作用するので，これらの合力 ρ_R は，次式により求められる．

$$\rho_R = \sqrt{\rho_b{}^2 + \rho_s{}^2} < \rho_a \tag{I.93}$$

　この合力が高力ボルトの許容伝達力 ρ_a よりも小さければ，腹板の継手の安全性が確保されたことになるので，そのボルト配列でよいということになる．このときの許容伝達力 ρ_a は，フランジの継手においても同様であったように，通常，2 面摩擦に対する値をとるので，表 I.14 に示した 1 面摩擦の場合の許容伝達力を 2 倍した値を ρ_a とする．

D.　高力ボルト配列の制限

　高力ボルトを配列するときには，各ボルトの中心間隔に関してさまざまな制限があり，これを守らなければならない．表 I.15 には，最小中心間隔（「道示 II 6.3.10」），最大中心間隔（「道示 II 6.3.11」）および縁端距離（「道示 II 6.3.12」）についての制限値を示す．

　画面 I-35 および I-36 には，それぞれ外主桁および中主桁の設計結果を示す．

5章　現場継手の設計

画面 I-35　腹板の現場継手（外主桁）

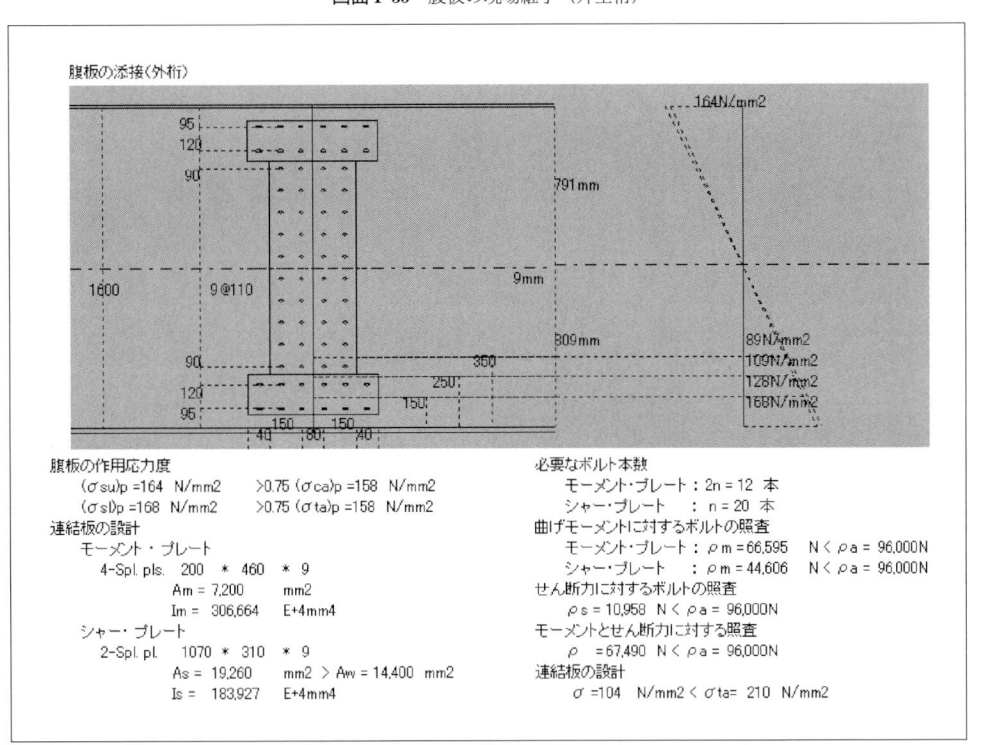

```
腹板の添接（外桁）
                                                      164N/mm2
   95
  120
   90                                       791mm
                              9mm
 1600       9@110
                          350           809mm      89N/mm2
   90                                              109N/mm2
  120              250            150              128N/mm2
   95       150   150                              168N/mm2
         40     40
```

腹板の作用応力度
　$(\sigma su)p = 164$ N/mm2　> 0.75 $(\sigma ca)p = 158$ N/mm2
　$(\sigma sl)p = 168$ N/mm2　> 0.75 $(\sigma ta)p = 158$ N/mm2
連結板の設計
　モーメント・プレート
　　4-Spl. pls.　200 ＊ 460 ＊ 9
　　　　　　Am = 7,200　　mm2
　　　　　　Im = 306,664　E+4mm4
　シャー・プレート
　　2-Spl. pl.　1070 ＊ 310 ＊ 9
　　　　　　As = 19,260　mm2 ＞ Aw = 14,400　mm2
　　　　　　Is = 183,927　E+4mm4

必要なボルト本数
　モーメント・プレート：2n = 12 本
　シャー・プレート　　：n = 20 本
曲げモーメントに対するボルトの照査
　モーメント・プレート：$\rho m = 66,595$　$N < \rho a = 96,000N$
　シャー・プレート　　：$\rho m = 44,606$　$N < \rho a = 96,000N$
せん断力に対するボルトの照査
　$\rho s = 10,958$ $N < \rho a = 96,000N$
モーメントとせん断力に対する照査
　$= 67,490$ $N < \rho a = 96,000N$
連結板の設計
　$\sigma = 104$ N/mm2 $< \sigma ta = 210$ N/mm2

表 I.15　ボルト配列の制限（単位：mm）

ボルトの呼び	最小中心間隔	最大中心間隔		縁端距離	
		ピッチ：p	ゲージ：g	自動ガス切断	手動ガス切断
M 20	65	130	$12\,t$	28	32
M 22	75	150	千鳥の場合：$15\,t - \frac{3}{8}g$	$24\,t$ ただし、300 以下	32	37
M 24	85	170	ただし、$12\,t$ 以下		37	42

t：継手部における薄いほうの板厚

画面 I-36　腹板の現場継手（中主桁）

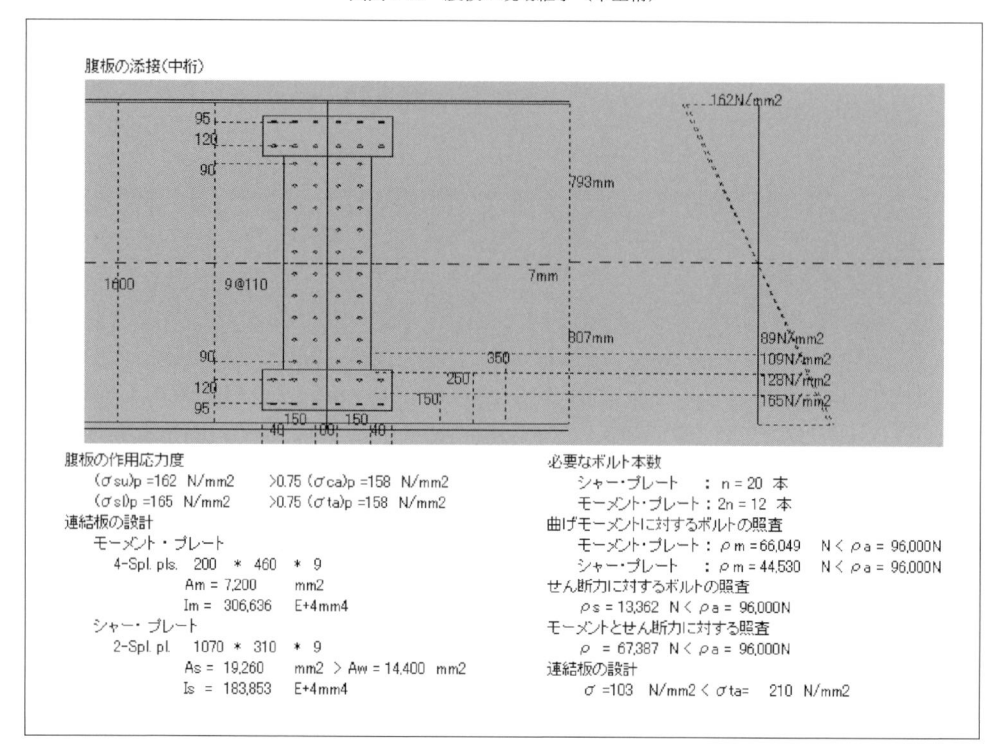

腹板の作用応力度
　$(\sigma_{su})_p = 162$ N/mm2　＞0.75 $(\sigma_{ca})_p = 158$ N/mm2
　$(\sigma_{sl})_p = 165$ N/mm2　＞0.75 $(\sigma_{ta})_p = 158$ N/mm2
連結板の設計
　モーメント・プレート
　　4-Spl. pls.　200 ＊ 460 ＊ 9
　　　　Am = 7,200　　mm2
　　　　Im = 306,636　E+4mm4
　シャー・プレート
　　2-Spl. pl.　1070 ＊ 310 ＊ 9
　　　　As = 19,260　　mm2 ＞ Aw = 14,400　mm2
　　　　Is = 183,853　E+4mm4

必要なボルト本数
　シャー・プレート　　：n = 20 本
　モーメント・プレート：2n = 12 本
曲げモーメントに対するボルトの照査
　モーメント・プレート：ρ_m = 66,049　N＜ρ_a = 96,000N
　シャー・プレート　　：ρ_m = 44,530　N＜ρ_a = 96,000N
せん断力に対するボルトの照査
　ρ_s = 13,362　N＜ρ_a = 96,000N
モーメントとせん断力に対する照査
　ρ = 67,387　N＜ρ_a = 96,000N
連結板の設計
　σ = 103　N/mm2＜σ_{ta} = 210　N/mm2

6章　ずれ止めの設計

6.1　ずれ止めに働く水平せん断力

ずれ止め（shear connector）は鉄筋コンクリート床版と鋼桁との間のずれを防ぐためのもので，これによって，それらの2つが合成されることになり，合成桁と呼ばれる由縁となっている．図 I.49 に示すように，梁は曲げられると梁の上縁側は圧縮されて縮み，下縁側は引張られて伸びる．重ね梁の場合は，梁が上下に2つあって，上の梁の下縁（伸びる側）と下の梁の上縁（縮む側）が同じ面にあって接触しており，ここでずれが生じることになる．このときのずらす力を，水平せん断力という．

重ね梁において，このずれる量は図 I.49(a) をみるとわかるとおり梁の端部で最大であり，中央部にいくに従ってずれる量が小さくなる．このずれをずれ止めによって固定した梁のことを，**合成梁**（図 I.49(b)）という．合成梁では，水平せん断力の大きさに応じてずれ止めを取り付ける．ここで，梁の端部ほど水平せん断力が

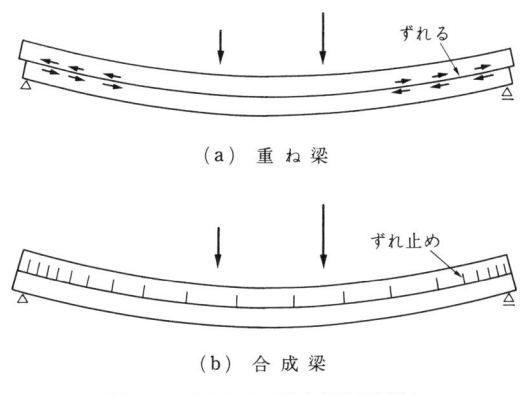

(a)　重ね梁

(b)　合成梁

図 I.49　ずれ止めに働く水平せん断力

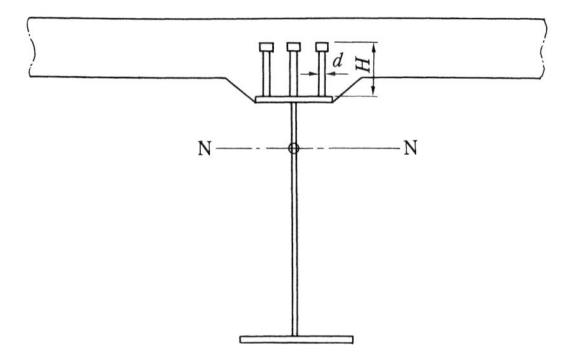

図 I.50　スタッドジベル

大きいので，ずれ止めも，たくさん必要になる．

ずれ止めには，いろいろなタイプがある．このうち製作上容易であることから，**スタッドジベル**(stud dübel) が，もっともよく用いられる．これは，図 I.50 に示すように丸棒から製造されるもので，上フランジの上に溶接により取り付けられる．

ずれ止めに働く水平せん断力には，次の2つがある．
① 鉛直荷重によって生じる曲げモーメントに伴うせん断力：H_p
② 鉄筋コンクリート床版と鋼桁との間の温度差によって生じるせん断力：H_{TD}

曲げモーメントに伴うせん断力 S によってずれ止めに作用する水平せん断力 H_p（橋軸方向の単位長さ当り）は，次の式により求められる．

$$H_p = \frac{QS}{I_v} \tag{I.94}$$

ここに，Q：水平せん断力を求める面より外側面積(床版の断面積)の中立軸に対する断面1次モーメント
I_v：合成桁の断面2次モーメント($n=7$)

断面一次モーメント Q は，図 I.51 に示すように，鉄筋コンクリート床版部の中立軸に対する断面一次モーメントとして計算される．

$$Q = \frac{1}{n} A_c d_c \tag{I.95}$$

このようにして求めたずれ止めに働く水平せん断力が，画面 I-37 に支点上および各断面変化点に対して求められている．そして，次の画面で求められる温度差に

6章 ずれ止めの設計

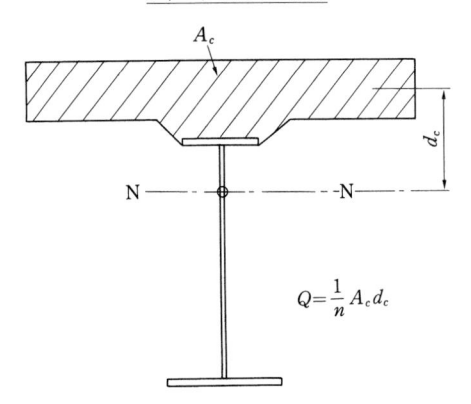

図 I.51 コンクリートの断面一次モーメント

$$Q = \frac{1}{n} A_c d_c$$

画面 I-37 ずれ止めに働く水平せん断力

水平せん断力 Hp

項目		外桁				
		0	1	2	3	4
Ac/n	(mm2)	77,143	77,143	77,143	77,143	
dc	(mm)	260	260	289	355	
Q	(E+3mm3)	20,074	20,074	22,269	27,353	
Sv	(N)	443,441	365,627	283,772	111,164	
Iv	(E+6mm4)	31,222	31,222	35,812	46,538	
Hp	(N/mm)	285	235	176	65	

項目		中桁				
		0	1	2	3	4
Ac/n	(mm2)	89,143	89,143	89,143	89,143	
dc	(mm)	248	248	290	357	
Q	(E+3mm3)	22,150	22,150	25,834	31,851	
Sv	(N)	541,825	453,288	361,412	172,656	
Iv	(E+6mm4)	35,142	35,142	42,724	55,376	
Hp	(N/mm)	342	286	219	99	

よって生じる水平せん断力と合わせて，ずれ止めの間隔を，決定することができる．

6.2　ずれ止めの間隔

鉄筋コンクリート床版と鋼桁との間の温度差については，鉄筋コンクリート床版のほうが温度が高いとき，ずれ止めに作用する水平せん断力が増加する．このときの水平せん断力の増加分は，簡単のために桁端部から主桁間隔または $l/10$（l：支間）の小さいほうの範囲に三角形分布で作用するものとする（「道示II 11.5.2」，図I.52参照）．温度差による鉄筋コンクリート床版断面中央の応力度は，画面I-27下の温度差応力算定と画面I-21の合成桁の断面諸定数を用いて，次の式から計算される．

$$(\sigma_c)_{TD} = \frac{1}{n}\left(\frac{P}{A_v} + \frac{M_v}{I_v}d_c\right) - E_c\varepsilon_t \tag{I.96}$$

そして，これに鉄筋コンクリートの断面積 A_c をかけると，温度差による全水平せん断力 N_{TD} が，得られる．

$$N_{TD} = (\sigma_c)_{TD} A_c \tag{I.97}$$

したがって，桁端部における単位長さ当りの最大の水平せん断力 H_{TD} は，次のようになる．

$$H_{TD} = \frac{2N_{TD}}{a} \tag{I.98}$$

ここに，a：主桁間隔または $l/10$（l：支間）の小さいほう．

このようにして算出された2つの水平せん断力（橋軸方向単位長さ当り）の合計を求め，それに対するずれ止めの必要間隔 p を求めると，次のようになる．

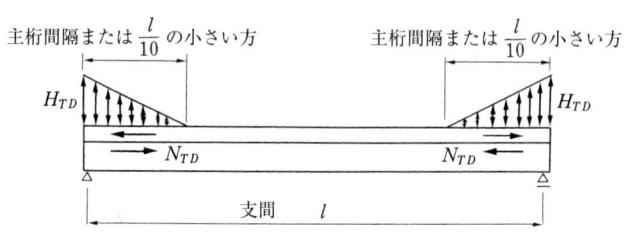

図I.52　温度差による水平せん断力

6章 ずれ止めの設計

$$p < \frac{mQ_a}{H_p + H_{TD}} \tag{I.99}$$

ここに，Q_a：スタッドジベル1本の許容水平せん断力，m：スタッドジベルの横方向1列当りの本数(図 I.53 参照)

スタッドジベル1本当りの許容水平せん断力は，次の式により計算する(「道示 II 11.5.5」).

$$\left. \begin{array}{ll} Q_a = 9.4 d^2 \sqrt{\sigma_{ck}} & H/d \geq 5.5 \\ Q_a = 1.72 dH \sqrt{\sigma_{ck}} & H/d < 5.5 \end{array} \right\} \tag{I.100}$$

ここに，d：スタッドジベルの直径(mm)

H：スタッドジベルの全高，150 mm 程度を標準とする(mm)

σ_{ck}：コンクリートの設計基準強度(N/mm²)

画面 I-38 には，このようにして求めたずれ止めの必要間隔 p_{req} を満足する設計間隔 p を示す．

画面 I-38　ずれ止めの間隔

ジベルの間隔 P

項目		外桁・中桁				
	0	1	2	3	4
Hp (N/mm)	342	286	219	99	
(σc)TD(N/mm)	-0.36	0	0	0	
NTD (N/mm)	223349	0	0	0	
HTD (N/mm)	149	0	0	0	
ΣH (N/mm)	490	286	219	99	
preq (mm)	114	195	255	561	
p (mm)	110	190	250	560	

3＊Qa ＝ 55,759　N

図 I.53 には，スタッドジベルが上フランジに配置されている様子を示す．この配置に関しては，各スタッドジベルの最大間隔や最小間隔が「道路橋示方書」に決められているので，その範囲内にあるようにしなければならない(「道示 II 11.5.3」および「道示 II 11.5.4」).

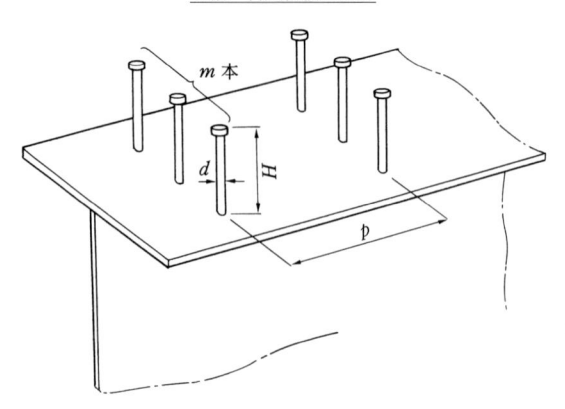

図 I.53　スタッドジベルの配置

7章　主桁のたわみ

　主桁のたわみは，死荷重によるたわみと活荷重によるたわみを区別して考える．死荷重による支間中央のたわみは，等分布荷重に対するたわみの公式より，次のようにして求められる．

$$\delta_d = \frac{5w_{ds}l^4}{384EI_s} + \frac{5w_{dv}l^4}{384EI_v} \qquad (\text{I}.101)$$

ここに，δ_d：全死荷重によるたわみ　　　　E：鋼材のヤング率
　　　　w_{ds}：主桁への合成前死荷重強度　I_s：鋼桁の断面2次モーメント(平均値)
　　　　w_{dv}：主桁への合成後死荷重強度
　　　　l：支間(スパン)　　　　　　　　I_v：合成桁の断面2次モーメント(平均値)

　上式の第1項は合成前死荷重によるたわみであり，第2項は合成後死荷重によるたわみである．橋を製作するときには，死荷重によるたわみに相当する分だけあらかじめ上げ越しの**そり**(**キャンバー**，camber)をつけておく．そうすると，橋を架設した後に橋桁は，所定の高さになるので，外観がよくなる．画面I-39には，死荷重によるたわみの計算結果が示されている．

画面 I-39　主桁のたわみ

たわみ量δ								
項目	Is	Iv	δd (mm)			δl (mm)		
	(E+6mm4)	(E+6mm4)	(Wds)	(Wdv)	(δd)	(P*1)	(P*2)	δl
外桁	11,846	40,594	96.0	10.8	106.8	11.01	7.61	18.62 < 45.0
中桁	12,493	47,888	94.9	3.4	98.3	14.49	10.02	24.51 < 45.0

これで計算は終わりです．

　いっぽう，活荷重によるたわみは，橋の剛性を検討するために用いられる．橋は，自動車が通過したときにたわみやすいもの(剛性が低い)であると，運転者に

振動による不快感を与える．また，振動のしやすい橋は，疲労損傷の問題も起こしかねないので，好ましくない．これをチェックするために，橋の設計では，活荷重によるたわみの制限を設けている．**たわみの制限値**は，橋の形式によって異なる．鉄筋コンクリート床版をもつプレートガーダーでは，次のようになっている(「道示 II 2.3」)．

$$\delta_l < \frac{l}{20,000/l} \quad (10 < l \leq 40 \text{ m}) \tag{I.102}$$

ここに，δ_l：活荷重によるたわみ

主桁に作用する活荷重(L荷重)は，これまで示してきたように部分等分布荷重 p_1 と全体等分布荷重の2種類がある．したがって，これらの活荷重による支間中央の最大たわみは，次式により計算される．

$$\delta_l = p_1 \frac{Dl^3}{48EI_v}\left\{1 - \frac{1}{2}\left(\frac{D}{l}\right)^2 + \frac{1}{8}\left(\frac{D}{l}\right)^3\right\} + \frac{5p_2 l^4}{384EI_v} \tag{I.103}$$

ここに，p_1：部分等分布荷重(画面I-8，衝撃を除く)，D：p_1 荷重の載荷幅(=10 m(B荷重)，表I.6参照)，p_2：全体等分布荷重(画面I-8，衝撃を除く)

画面I-39には，上式による活荷重の計算結果と，それに対するたわみの制限値が示されている．もし，ここでたわみの制限値を満足しなかったならば，桁の剛性(断面二次モーメント)を上げてたわみを押さえる必要がある．当然，そうなると，応力度のほうは，許容応力度に対して余裕が出てくることになる．鋼材に高張力鋼を用いている場合は，強度の少し低い鋼種に選択しなおしたほうがこのようなときに経済的となる．鋼種の選択においては，単に強度の問題だけではなく，このように桁の剛性をもよく考慮する必要がある．

たわみは，外主桁と中主桁について別々に求められる．それぞれの桁は断面の寸法も作用する荷重も異なるのであるから，当然，別々の計算が，必要になる．

8章　合成桁橋設計計算のフォームペーパー

Form-G 1　一般図（3本主桁）
Form-G 2　一般図（4本主桁）
Form-G 3　荷重強度の算定
Form-G 4　影響線
Form-G 5　断面力の算定
Form-G 6　断面性能の計算
Form-G 7　主荷重応力度
Form-G 8　乾燥収縮による応力度
Form-G 9　クリープによる応力度
Form-G 10　主荷重に対する安全度の照査
　　　　　（主荷重＋温度差）に対する安全度の照査
Form-G 11　降伏に対する安全度の照査

(Form-G1)

一　般　図

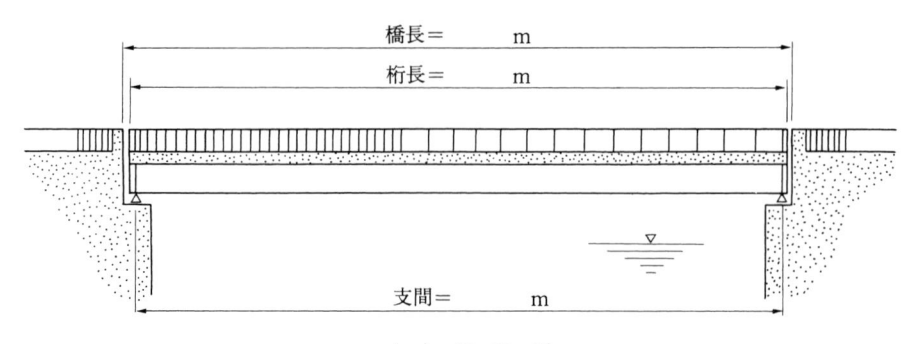

橋長＝　　m
桁長＝　　m
支間＝　　m

（a）側　面　図

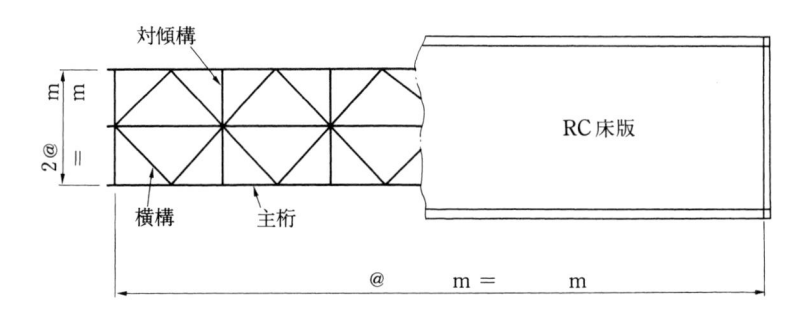

対傾構
2@　m＝　m
横構
主桁
RC床版
@　m　＝　m

（b）平　面　図

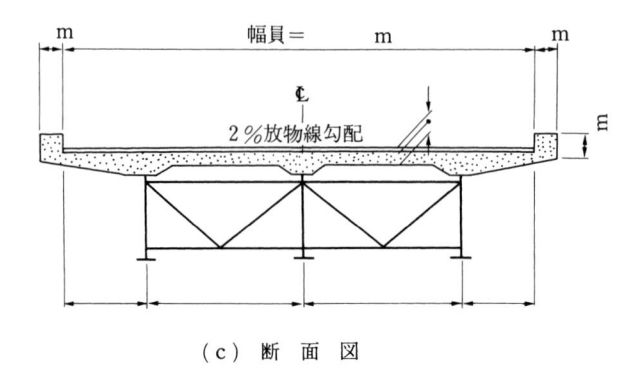

m　幅員＝　m　m
℃
2％放物線勾配
m

（c）断　面　図

(Form-G2)

一　般　図

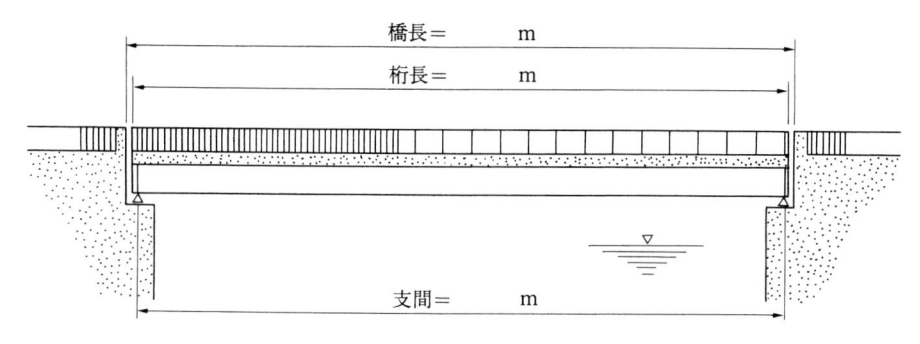

橋長＝　　m
桁長＝　　m
支間＝　　m

（a）側　面　図

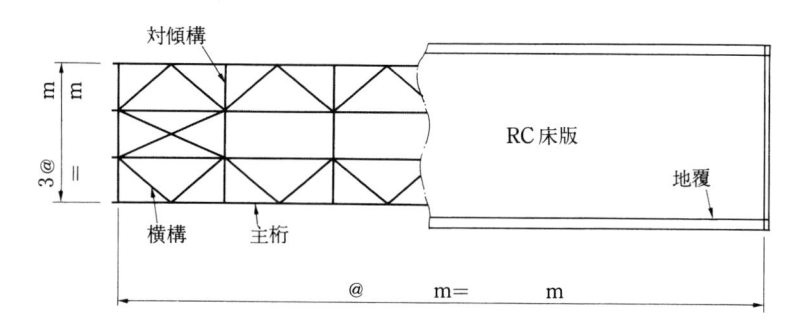

対傾構
m
3＠　m＝
RC床版
地覆
横構
主桁
＠　　m＝　　m

（b）平　面　図

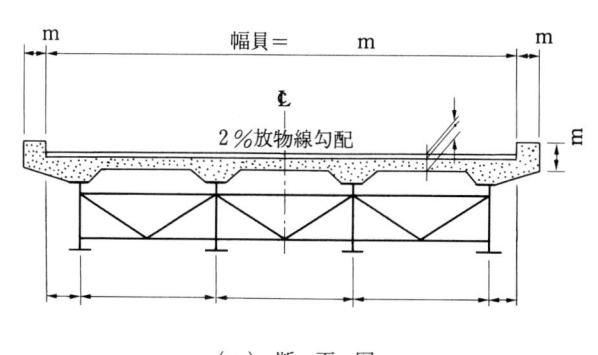

m
幅員＝　　m
m
℄
2％放物線勾配
m

（c）断　面　図

(Form-G3)

荷重強度の算定 (kN/m)

項　目		外主桁への荷重	中主桁への荷重
主桁の反力影響像		$A=$	$A_1=$　　　$A_2=$
(1) 合成前死荷重	床　版		
	鋼　桁		
	ハンチ		
	型枠, 他		
	合　計	$w_{ds}=$	$w_{ds}=$
(2) 合成後死荷重	舗　装		
	地覆(上)		
	高　欄		
	添加物, 他		
	型枠撤去		
	合　計	$w_{dv}=$	$w_{dv}=$
(3) 活荷重	衝撃係数	$i=\dfrac{20}{50+L}=$	$i=$
	p_1荷重 $\begin{cases} M用 \\ S用 \end{cases}$	$\bar{p}_{1G}=$ $\bar{p}_{1G}=$	$\bar{p}_{1G}=$ $\bar{p}_{1G}=$
	p_2等分布荷重	$\bar{p}_{2G}=$	$\bar{p}_{2G}=$

(Form-G4)

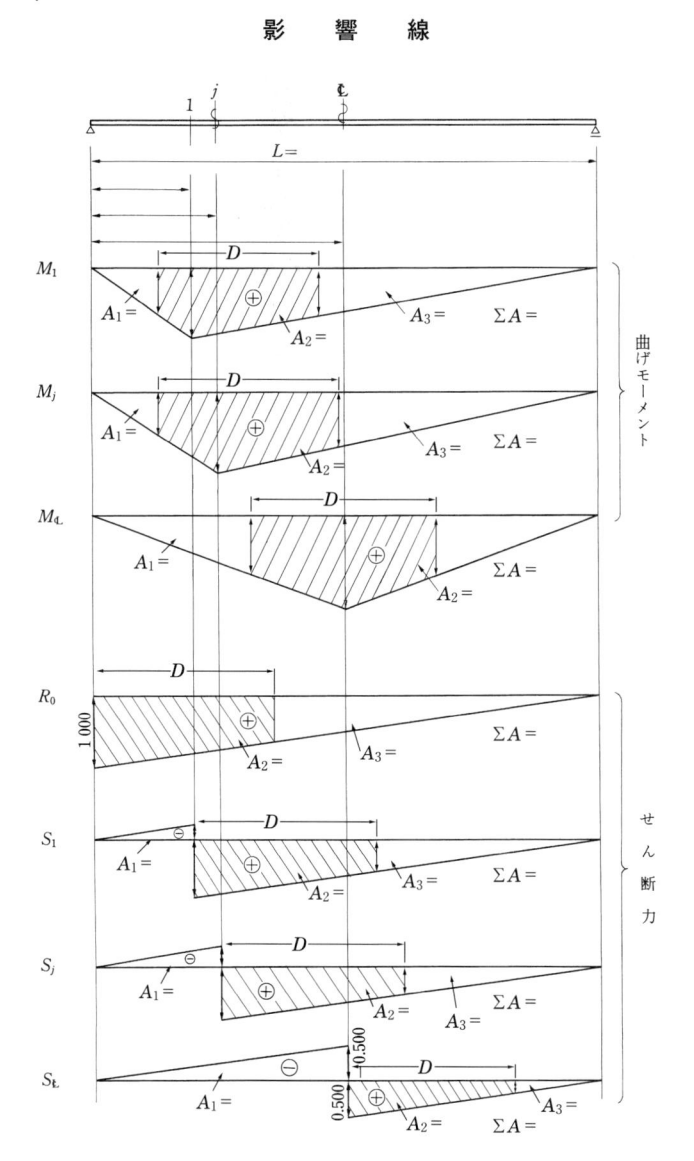

影 響 線

曲げモーメント:
- M_1: $A_1=$, $A_2=$, $A_3=$, $\Sigma A=$
- M_j: $A_1=$, $A_2=$, $A_3=$, $\Sigma A=$
- $M_{\text{\textcentoldstyle}}$: $A_1=$, $A_2=$, $\Sigma A=$

せん断力:
- R_0: 1.000, $A_2=$, $A_3=$, $\Sigma A=$
- S_1: $A_1=$, $A_2=$, $A_3=$, $\Sigma A=$
- S_j: $A_1=$, $A_2=$, $A_3=$, $\Sigma A=$
- $S_{\text{\textcentoldstyle}}$: 0.500, $A_1=$, $A_2=$, $A_3=$, $\Sigma A=$

$L=$

(Form-G5)

主 桁 断 面 力

項目		桁断面	外 主 桁			中 主 桁			
			M_1	M_j	$M_支$	M_i	M_j	$M_支$	
曲げモーメント (kN・m)	影響値	ΣA A_2							
	$M_{ds}=w_{ds}\Sigma A$								⎫ 合成前
				$w_{ds}=$			$w_{ds}=$		
	$M_{dv}=w_{dv}\Sigma A$								⎫ 合成後
				$w_{dv}=$			$w_{dv}=$		
	$M_{p_1}=\bar{p}_{1G}A_2$								
	$M_{p_2}=\bar{p}_{2G}\Sigma A$								
	$M_v=M_{dv}+M_{p_1}+M_{p_2}$								

項目		桁断面	外 桁				中 桁			
			R_0	S_1	S_j	$S_支$	R_0	S_1	S_j	$S_支$
せん断力 (kN)	影響値	ΣA A_2 A_2+A_3								
	$S_{ds}=w_{ds}\Sigma A$									
					$w_{ds}=$				$w_{ds}=$	
	$S_{dv}=w_{dv}\Sigma A$									
					$w_{dv}=$				$w_{dv}=$	
	$S_{p_1}=\bar{p}_{1G}A_2$									
	$S_{p_2}=\bar{p}_{2G}(A_2+A_3)$									
	$S_v=S_{dv}+S_{p_1}+S_{p_2}$									
	$S=S_{ds}+S_v$									

(Form-G6)

断面性能の計算 （鋼断面および合成断面）

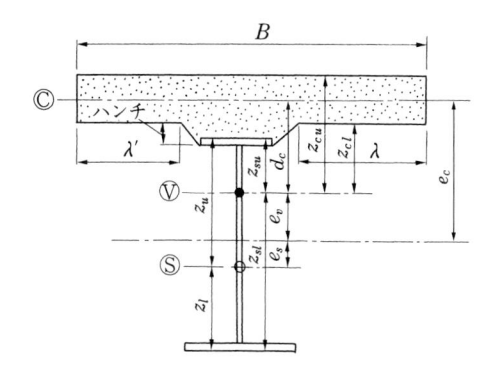

重心軸からの縁端距離：

$z_u =$
$z_l =$
$z_{cu} =$
$z_{cl} =$
$z_{su} =$
$z_{sl} =$

	$A(\text{cm}^2)$	$z(\text{cm})$	$Az(\text{cm}^3)$	$Az^2(\text{cm}^4)$	$I_0(\text{cm}^4)$
1-Slab $\dfrac{1}{n} \times$	=				
1-U. Flg	=				
1-Web	=				
1-L. Flg	=				

$A_s =$ cm², $G_s =$ cm³, $\overline{I}_s =$ cm⁴
$A_v =$ cm², $G_v =$ cm³, $\overline{I}_v =$ cm⁴

$$e_s = \frac{G_s}{A_s} = \text{―――} = \quad \text{cm}$$

$$e_v = \frac{G_v}{A_v} = \text{―――} = \quad \text{cm}$$

断面二次モーメント：
　鋼桁断面：$I_s = \overline{I}_s - A_s e_s^2 =$
　合成桁断面：$I_v = \overline{I}_v - A_v e_v^2 =$

鋼桁断面応力：$M_s =$

$$\begin{cases} (\sigma_{su})_s = \dfrac{M_s}{I_s} z_u = \\ \\ (\sigma_{sl})_s = \dfrac{M_s}{I_s} z_l = \end{cases}$$

合成断面応力：$M_v =$

$$\begin{cases} (\sigma_{cu})_v = \dfrac{M_v}{nI_v} z_{cu} = \\ (\sigma_{cl})_v = \dfrac{M_v}{nI_v} z_{cl} = \\ (\sigma_{su})_v = \dfrac{M_v}{I_v} z_{su} = \\ (\sigma_{sl})_v = \dfrac{M_v}{I_v} z_{sl} = \end{cases}$$

(Form-G7)

主荷重応力度（クリープおよび乾燥収縮を除く）　　$n=7$

	桁断面	外　主　桁		中　主　桁	
項目		1	₵	1	₵
合成前応力	M_s　　(N・cm) I_s　　($\times 10^5$ cm^4) z_u　　(cm) z_l　　(cm)				
	$(\sigma_{su})_s$ $(\sigma_{ba})_{ER}$　(単位：　　) $(\sigma_{sl})_s$				
合成後応力	M_v　　(N・cm) I_v　　($\times 10^5$ cm^4) z_{cu}　　(cm) z_{cl}　　(cm) z_{su}　　(cm) z_{sl}　　(cm)				
	$(\sigma_{cu})_v$ 　　　　　(単位：　　) $(\sigma_{cl})_v$				
	$(\sigma_{su})_v$ 　　　　　(単位：　　) $(\sigma_{sl})_v$				
合計応力	$(\sigma_{su})_p=(\sigma_{su})_s+(\sigma_{su})_v$ $(\sigma_{sl})_p=(\sigma_{sl})_s+(\sigma_{sl})_v$ $\sigma_{ca},\ \sigma_{ta}$				

注) $(\sigma_{ba})_{ER}=1.25\sigma_{ba}$

(Form-G8)

乾燥収縮による応力度　　$n_2=21$

項　目	桁断面	外　主　桁		中　主　桁	
		1	℄	1	℄
断面性能（$n_2=21$）	A_c　　　(cm²)				
	A_v''　　　(cm²)				
	d_c''　　　(cm)				
	I_v''　　　(×10⁵ cm⁴)				
	z_{cu}''　　(cm)				
	z_{cl}''　　(cm)				
	z_{su}''　　(cm)				
	z_{sl}''　　(cm)				
断面力	$P''=E_s\varepsilon_s A_c/n_2$				
	$M_v''=P''d_c''$				
乾燥収縮応力	$(\sigma_{cu})_{SH}$				
	$(\sigma_{cl})_{SH}$				
	$(\sigma_{su})_{SH}$　（単位：　）				
	$(\sigma_{sl})_{SH}$				

コンクリート応力(圧縮を正)：

$$(\sigma_{cu})_{SH} = \frac{1}{n_2}\left(\frac{P''}{A_v''} + \frac{M_v''}{I_v''}z_{cu}''\right) - E_c''\varepsilon_s$$

$$(\sigma_{cl})_{SH} = \frac{1}{n_2}\left(\frac{P''}{A_v''} + \frac{M_v''}{I_v''}z_{cl}''\right) - E_c''\varepsilon_s$$

鋼桁応力：

$$(\sigma_{su})_{SH} = \frac{P''}{A_v''} + \frac{M_v''}{I_v''}z_{su}'' \quad (圧縮を正)$$

$$(\sigma_{sl})_{SH} = -\frac{P''}{A_v''} + \frac{M_v''}{I_v''}z_{sl}'' \quad (引張りを正)$$

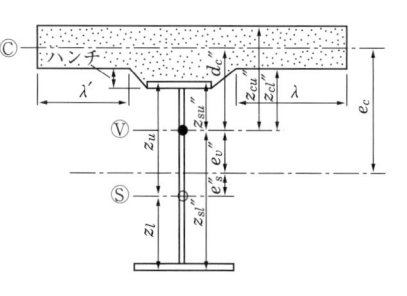

(Form-G9)

クリープによる応力度 $n_1=14$

項目		桁断面	外 主 桁		中 主 桁	
			1	℄	1	℄
断面性能 ($n_1=14$)	A_c	(cm²)				
	A_v'	(cm²)				
	d_c'	(cm)				
	I_v'	(×10⁵ cm⁴)				
	z_{cu}'	(cm)				
	z_{cl}'	(cm)				
	z_{su}'					
	z_{sl}'	(cm)				
断面力	M_{vd}	(N・cm)				
	I_v	(×10⁵ cm⁴)				
	d_c	(cm)				
	$N_c = \dfrac{M_{vd}}{nI_v} d_c A_c (=P')$					
	$M_v' = P' d_c'$					
後死荷重による応力	σ_{cu}	(単位：)				
	σ_{cl}					
クリープ応力	$(\sigma_{cu})_{CR}$	(単位：)				
	$(\sigma_{cl})_{CR}$					
	$(\sigma_{su})_{CR}$					
	$(\sigma_{sl})_{CR}$					

コンクリート床版応力(圧縮を正)：

$$(\sigma_{cu})_{CR} = \frac{1}{n_1}\left(\frac{P'}{A_v'} + \frac{M_v'}{I_v'}z_{cu}'\right) - E_c'\frac{\sigma_{cu}}{E_c}\varphi_1$$

$$(\sigma_{cl})_{CR} = \frac{1}{n_1}\left(\frac{P'}{A_v'} + \frac{M_v'}{I_v'}z_{cl}'\right) - E_c'\frac{\sigma_{cl}}{E_c}\varphi_1$$

鋼桁応力：

$$(\sigma_{su})_{CR} = \frac{P'}{A_v'} + \frac{M_v'}{I_v'}z_{su}' \quad (圧縮を正)$$

$$(\sigma_{sl})_{CR} = -\frac{P'}{A_v'} + \frac{M_v'}{I_v'}z_{sl}' \quad (引張りを正)$$

(Form-G10)

主荷重に対する安全度の照査

項目	桁断面	外主桁 1	外主桁 ℄	中主桁 1	中主桁 ℄
主荷重応力	σ_{cu} / σ_{cl} / σ_{su} / σ_{sl} （単位： ）				
許容応力	$1.15\sigma_{ba}$ / σ_{ta}				

（主荷重＋温度差）に対する安全度の照査　　$n=7$

項目	桁断面	外主桁 1	外主桁 ℄	中主桁 1	中主桁 ℄
断面力	$P=E_s\varepsilon_t A_c/n$ $M_v=Pd_c$				
温度差応力	$(\sigma_{cu})_{TD}$ / $(\sigma_{cl})_{TD}$ / $(\sigma_{su})_{TD}$ / $(\sigma_{sl})_{TD}$ （単位： ）				
合計応力	σ_{cu} / σ_{cl} / σ_{su} / σ_{sl} （単位： ）				
許容応力	$1.15\sigma_{ca}$（床版） $1.30\sigma_{ba}$ $1.15\sigma_{ta}$				

(Form-G11)

降伏に対する安全度の照査

単位：(kN/mm^2)

項　目	桁断面	外　主　桁		中　主　桁	
		1	℄	1	℄
床版上面	$1.3(\sigma_{cu})_{vd}$ $2(\sigma_{cu})_{l+i}$ $(\sigma_{cu})_{SH}$ $(\sigma_{cu})_{CR}$ $(\sigma_{cu})_{TD}$				
床版下面	$1.3(\sigma_{cl})_{vd}$ $2(\sigma_{cl})_{l+i}$ $(\sigma_{cl})_{SH}$ $(\sigma_{cl})_{CR}$ $(\sigma_{cl})_{TD}$				
鋼桁上面	$1.3(\sigma_{su})_{d}$ $2(\sigma_{su})_{l+i}$ $(\sigma_{su})_{SH}$ $(\sigma_{su})_{CR}$ $(\sigma_{su})_{TD}$				
鋼桁下面	$1.3(\sigma_{sl})_{d}$ $2(\sigma_{sl})_{l+i}$ $(\sigma_{sl})_{SH}$ $(\sigma_{sl})_{CR}$ $(\sigma_{sl})_{TD}$				
合計応力	$(\sigma_{cu})_{y}$ $(\sigma_{cl})_{y}$ $(\sigma_{su})_{y}$ $(\sigma_{sl})_{y}$				

II編　トラス橋の設計

道路橋ワーレントラスの設計計算

Ver 2.0

1章　設計条件

1.1　プログラムの構成

　本編で説明する**トラス橋**(truss bridge) の設計プログラムは，自動設計が行えることを基本理念とし，設計者は対話式に設計を進めていくことができる．コンピュータに入力するデータは，設計に必要な最小限の条件にとどめ，後はすべて 進　む をクリックするだけで設計を最後まで終了することができる．もちろん，そのために，コンピュータは場合によってはかなり大胆な推定を行うこともあるが，必要と思われるところには（たとえば設計条件や断面決定等）設計者の判断により修正が加えられるようにプログラムされている．

　プログラムの構成は，次の4つの部分からなっている．
  ①　設計条件，縦桁の設計　[画面 II-1～II-12]
  ②　床版の設計　[画面 II-13～II-19]
  ③　主構の荷重強度，部材力，断面決定　[画面 II-20～II-44]
  ④　上横構の設計，下横構の設計，橋門構の設計，たわみ計算　[画面 II-45～II-54]

コンピュータの画面をもとに戻したいときには， 戻　る をクリックすることにより，戻ることができる．

1.2　橋の形式

　本編で設計する橋の形式は，"単純直弦ワーレントラス道路橋"である．単純とは支持形式が**単純支持**(simple support) であることを示しており，直弦ワーレントラスとはトラスの形式を示している．トラスの分類のうち，**上弦材**(upper chord) と**下弦材**(lower chord) が平行でまっすぐである場合，これを**直弦トラス**

(parallel chord truss)という．これに対し，上弦材と下弦材が平行でないトラスを**曲弦トラス**(curved chord truss)というが，曲弦トラスは，図 II.1 に示すように支間の中央部で最大のトラス高さをもっており，端部にいくに従ってトラス高さが小さくなる．これは，曲げモーメントの分布に合わせて高さを変化させたもので，材料費を少なくするうえでは合理的であるが，いっぽうでは**格点**(nodal point)で上弦材の角度が変わるために製作費は直弦トラスよりは多くかかる．直弦トラスは，材料費に関しては曲弦トラスほど合理的でないが，製作がしやすいことに加え形状が簡単で美観にすぐれていることもあって，一般的に曲弦トラスよりは多く用いられる．

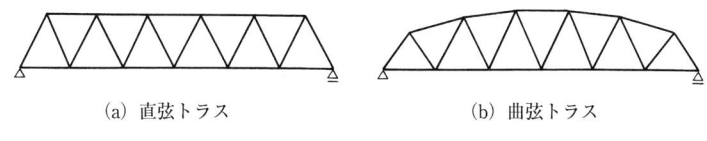

(a) 直弦トラス　　　　　(b) 曲弦トラス

図 II.1　直弦トラスと曲弦トラス

トラスの骨組構造の種類は数多くあるが，そのうちの代表的なものを，図 II.2 に示す．**トラス**(truss)とは部材の断面力としては軸方向力しか受けない骨組構造物を意味し，部材は軸方向引張力か軸方向圧縮力かのいずれかを受ける．トラス骨組の組み方によって，部材は，圧縮力を受けたり引張力を受けたりする．図 II.2 には，圧縮力を受ける部材を太線で示し，細線の部材は引張力を受けることを示している．この図を見るとわかるように，いずれの種類においても，上弦材は圧縮力を受け，下弦材は引張力を受ける．しかし，斜材の場合には，圧縮力を受けたり，引張力を受けたりする．

ワーレントラス(Warren truss)の斜材は，圧縮力を受ける部材と引張力を受ける部材が交互に組み合わせられている．これは，斜材の傾く方向が交互に入れ換わっているからである．これに対し，そのほかのトラス構造では，斜材の方向が一定しており，その方向によって斜材は圧縮力を受けるか引張力を受けるかどちらかである．

たとえば，**プラットトラス**(Pratt truss)を見ると，斜材は，すべて引張力を受ける．いっぽう，**ハウトラス**(Howe truss)は似たような骨組であるが，斜材はすべて圧縮力を受けるというように，根本的に性質が異なる．垂直材について見ると，この2つのトラス形式は，斜材とまったく逆のことがいえる．

棒部材が圧縮力を受けるか引張力を受けるかということは，その部材の耐力に決

定的な相違がある．トラスのどの部材が圧縮力を受け，どの部材が引張力を受けるかということは，きわめて重要である．棒部材が圧縮力を受ける場合には，座屈が生じ，部材の細長比がその部材がどこまでもつかという耐力の目安になる．いっぽう，引張力の場合には座屈が生じないので，部材の断面積と材料の強度が耐力を決定する．鋼材を用いたトラスの場合には，材料そのものの強度が著しく大きいので部材の断面積が割合小さくなり，引張部材の場合には問題が少ないが，圧縮部材の場合には座屈強度が問題となる．

また，トラスの部材が圧縮力を受けるか引張力を受けるかということは，継手の構造にも場合によっては大きな影響を与える．たとえば，木材を用いてトラスを組む場合，圧縮部材の継手は構造が簡単になるが，引張部材に対する継手構造は難しくなり，継手部が弱点となって結局部材そのものの強

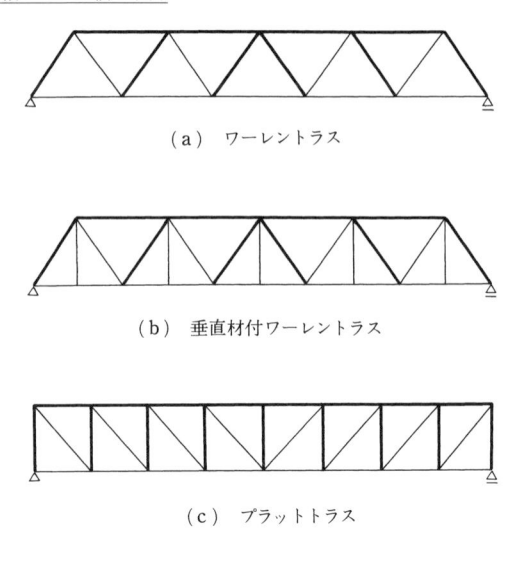

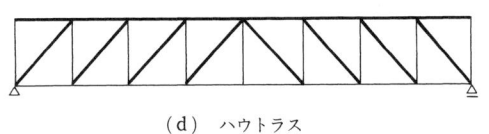

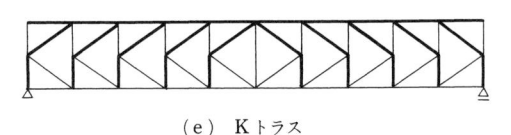

(a) ワーレントラス

(b) 垂直材付ワーレントラス

(c) プラットトラス

(d) ハウトラス

(e) Kトラス

(太線は圧縮力を受ける部材)

図 II.2 トラス構造の種類

度よりも継手部の強度で部材全体の強度（耐力）が決まってしまう．本書における設計では，部材の数が比較的少なく，それゆえに経済的であり外観にもすぐれているワーレントラスを取り扱う．ワーレントラスは，もっとも一般的に橋梁に用いられる形式である．

トラス橋は，その他の分類方式として**上路橋**(deck bridge) と**下路橋**(through bridge) に分かれる．図 II.3 の断面図に示したものは，下路トラス橋で，道路部分がトラスの下のほうを通っている．この場合は，トラスに囲まれた部分を車両が

通過するため，それに必要な空間（**建築限界**）をトラス橋の内部に確保しなければならない．自動車がこのようにトラスで囲まれた閉鎖空間を通過することになるため，運転者は，心理的な圧迫感を受け，これが下路トラス橋の欠点ともなっている．

いっぽう，上路トラス橋は，道路面がトラスの上を通っており，床版がトラスの上弦材の上に取り付く．したがって，上弦材は主構の一部であるとともに，外側の縦桁の役割をも負うことになり，またこの場合の主構間隔は道路幅員より狭くなる．当然，この主構間のところに，必要な数の内縦桁(中縦桁)を配置する．上路トラス橋の場合は，下路トラス橋と相違して自動車は路面の上の何もない開放された空間を通過するため，運転者に与える心理的な圧迫感がない．運転者は，橋の構造がトラスであるのか，あるいはプレートガーダーであるのか，わからない状況で通過することになる．

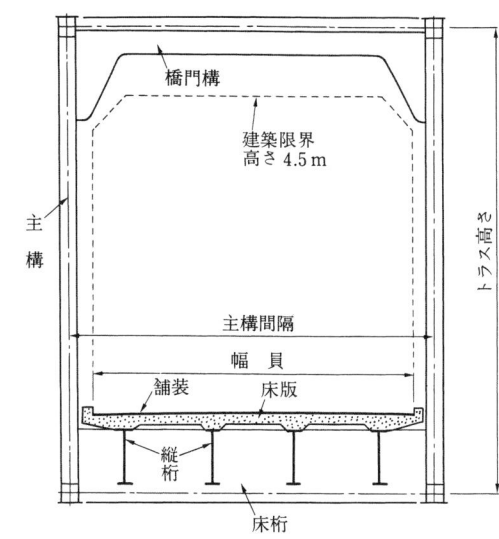

図II.3 トラス橋断面図

1.3 設計の選択

まず，新規設計か，再設計かを選択入力する(画面II-1)．新規設計では，次の画面に進んで新たなデータを入力する．再設計の場合は，選択した各設計プログラムの区切りのところから始めることができる．このときには，ファイルに収納されている旧データを呼び出して，次の画面に進む．

1.4 設計条件の入力

トラス橋の設計では，支間長，格間数および道路幅員の3項目が基本的な設計条件となる．これら3条件を入力するだけで，後はすべてコンピュータが推定し，

画面 II-1　設計の選択

- ⦿ 新規設計（新たなデータを入力）
- 再設計（既存データを使用）
  - ○ 設計条件
  - ○ 縦桁の設計
  - ○ 床桁の設計
  - ○ 主構の設計
  - ○ 横構，橋門構の設計

また算定して設計を自動的に進めていく．もし，そのほかの設計条件でコンピュータの推定を変更したいときには，設計者が対話式に修正できるようになっている．画面 II-2 には，基本設計条件である支間，格間数および幅員の入力画面を示す．

画面 II-2　設計条件の入力

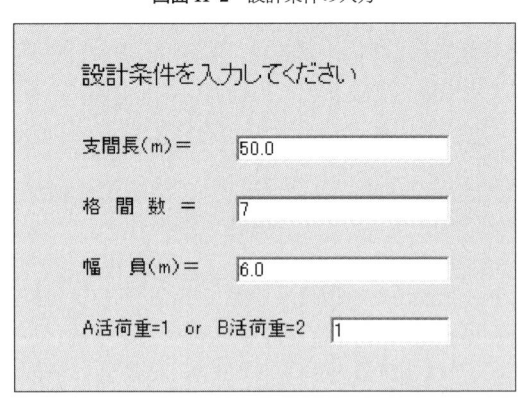

設計条件を入力してください

- 支間長(m)＝　50.0
- 格間数＝　7
- 幅員(m)＝　6.0
- A活荷重=1 or B活荷重=2　1

単純支持の平行弦トラスの場合，これに適した支間の範囲は，$L=50〜100$ m 程度と考えられる．**格間長**(panel length) は $\lambda=6〜10$ m 程度の範囲で設計されるが，格間長は長くなると縦桁やトラス部材も長くなり，とくに圧縮部材に座屈の問題が生じたりする．また，格間長が短ければ部材の数が多くなり，その結果，製作費が高くつくことになる．ここでの格間長は，支間と格間数を入力することによっ

1章 設計条件

て，格間長＝支間長／格間数の関係から自動的に決まってくる．

幅員は，接続する道路の幅によって決まる．トラス橋の場合，歩道はトラスの主構から外に張り出してつくる場合が多いが，本書の設計プログラムでは歩道部はないものとしている．トラス橋の設計において，幅員は，そのほかの設計条件と密接な関係がある．1つは，合成桁橋の主桁本数が幅員から決まったように，トラス橋の場合縦桁本数が幅員から決まる．図II.3に示すように，**縦桁**(stringer)は直接床版を支持するので，縦桁の本数によって床版の必要厚さが異なってくる．必要な縦桁本数は，幅員との関係で後に示すような範囲で決まるようにプログラムはあらかじめ組まれている．

縦桁は**床桁**(floor beam)によって支えられ，この床桁は**主構**(トラス)によって支えられる．すなわち，自動車荷重は，次の順序で伝達されていく．

$$
\begin{array}{c}
\text{自動車荷重} \\
\Downarrow \\
\text{床 版} \\
\Downarrow \\
\text{縦 桁} \\
\Downarrow \\
\text{床 桁} \\
\Downarrow \\
\text{主 構(トラス)} \\
\Downarrow \\
\text{支 承} \\
\Downarrow \\
\text{下部構造(橋台)} \\
\Downarrow \\
\text{地 盤}
\end{array}
$$

（縦桁・床桁は「床組」）

なお，地震荷重は地盤に発生してここから伝達されていくため，自動車荷重とはまったく逆の伝達経路をたどることになる．縦桁は床版と床桁と合わせて**床組**(floor system)と呼ばれ，縦桁と床桁は床版を支える役割を負っている．

床桁は，トラスの格点の位置に取り付けられ，縦桁から伝達されてくる荷重を主構に伝える．したがって，縦桁の支間長さは格間長と等しく，また床桁の支間長さは主構間隔に等しい．

幅員から決まってくるもう1つの設計条件は主構間隔であり，主構間隔は床桁の長さを決定づける重要な設計条件の1つである．これについては，次項で詳しく述べることにする．

活荷重は，大型自動車の通行状況に応じてA荷重とB荷重に区分される．大型自動車の通行頻度が大きい場合はB荷重であり，小さい場合はA荷重である．そ

図 II.4 トラス橋の構造

の主な相違は，大型自動車を想定した荷重の載荷長 D を B 荷重では $D=10\,\mathrm{m}$ と A 荷重の $D=6\,\mathrm{m}$ より大きくとることである（表 I.6 参照）．活荷重の詳細については，それぞれの設計のところで説明する．

本書で示すトラス橋の設計条件は，「新編 橋梁工学」（中井　博・北田俊行著，共立出版）の設計例と同じである．そこで，設計計算の詳細については，同書を参考にされたい．

1.5 設計条件の確認

トラス橋を設計していくうえでもっとも基本的な設計条件として，先の画面 II-2 に示した支間長，トラス格点の数および幅員があり，これらの 3 条件が入力されると，そのほかの設計条件は，これらの条件に関連して決定していくことができる．

画面 II-3 は，これらの基本的な設計条件から推定されたそのほかの設計条件を示すが，この段階で設計者が修正したい場合対話形式に修正できるようになっている．このとき，修正したい項目のところで修正値を入力すればよい．ここでは，画面 II-3 に示した設計条件がどのようにしてコンピュータによって推定されているのかについて，以下で説明する．

1章 設計条件

画面 II-3 設計条件の確認（本画面は，修正入力が可能）

項目	値	入力
支間長(m)	50.000	
格間数	7	
格間長(m)	7.143	
幅員(m)	6.000	
主構間隔(m)	6.9	6.9
トラス高(m)	6.5	6.5
縦桁本数(本)	3	3
縦桁間隔(m)	2.6	2.6
床版厚(m)	0.19	0.19
アスファルト舗装厚(m)	0.075	0.075
地覆幅(m)	0.25	0.25
地覆高(m)	0.45	0.45

これでよろしいですか？ OK

A. 主構間隔とトラス高さ

主構間隔は，図 II.3 の断面図に示すように歩道部がない場合は道路幅員に地覆部，主構の部材幅および若干の隙間を加えたものとなる．本設計例では，これらの寸法を次のように仮定して求めている．

地覆幅：	250 mm (×2)
主構部材幅：	300 mm
隙間：	50 mm (×2)
合計	900 mm

すなわち，主構間隔は道路幅員に 900 mm を加えたものとしているが，もし地覆幅をもっと大きくしたいとき，あるいは床版のコンクリート打設用の型枠を入れるために隙間が少なすぎる等の場合には，ここで主構間隔を大きくしておく必要がある．

トラス高さは，支間に対して経済的な範囲に入るようにして決める．その範囲は，だいたい次のとおりである．

$$\frac{H}{L} = \frac{1}{6} \sim \frac{1}{8}$$

ここに，H：トラス高さ，L：支間（スパン）．

トラス高さは，経済性のほかに下路橋の場合，自動車が通過するために必要な建築限界を確保しなければならないので，そのためには最小限 6.5 m 程度が必要である．建築限界としては，空間高さ 4.5 m 以上とされている．床版厚さ，縦桁高さおよび床桁高さを考慮し，また上部の橋門構に必要な高さを加えると，最小トラス高さは，この程度が必要となる．

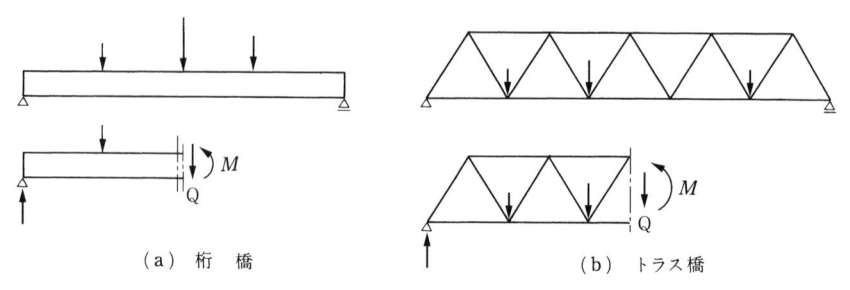

 (a) 桁 橋   (b) トラス橋

図 II.5 桁とトラスに働く断面力

トラス高さは，桁橋の桁高と同じように支間が長くなれば高くなる．これは，支間が長くなると橋全体が受ける曲げモーメントが大きくなるためである．その意味では，トラス橋も桁橋も本来は構造的に同じような性質を有しており，その比較を図 II.5 に示す．すなわち，桁橋に働く曲げモーメントは上下フランジの軸方向力によっておもに負担されるのに対し，トラス橋に働く曲げモーメントは上下弦材の軸方向力によって負担される．もちろん，せん断力も同時に働いているが，このせん断力に対して，桁橋では腹板が負担し，トラス橋では**斜材**(diagonal member)が負担する．その意味で，トラス橋の斜材あるいは**垂直材**(vertical member) は，**腹材**(web member) とも呼ばれる(橋の形式については図 II.1 および図 II.2 を参照のこと)．

 もともと，トラス橋は，支間が長くなったことによって桁橋から変化したものと考えることができる．支間がどんどん長くなって，桁橋の高さが大きくなりすぎると，腹板を 1 枚の板で構成することは難しくなり，また不経済になり，腹板は，軸方向力のみで抵抗する斜材という部材で受け持ったほうが合理的になる．それにつれて，フランジについても必要断面積が大きくなり，フランジを 1 枚の板で構成するよりも箱形にしたほうが効果的であるので，トラスの上下弦材に変化していったものである．このように，桁橋は支間の小さい場合に適し，トラス橋は支間が大きい場合に適しているものの，桁橋とトラス橋の構造は，本質的に同様なものである

1章 設計条件

といえる.

B. 縦桁の本数と間隔

縦桁は床版を直接支えるので，縦桁の本数は多いほうが床版の支持間隔が狭くなり，床版の厚さを薄くすることができる．縦桁の役割は，合成桁橋における主桁と似ており，縦桁の本数と間隔のとり方についても，合成桁橋における主桁本数とその間隔の関係と同じ性格をもつ(図I.6参照)．トラス橋の縦桁と合成桁橋の主桁との異なる点は，前者はローカルな床組構造の一部であるのに対し，後者は橋全体を支えるグローバルな構造物である．その意味でトラス橋の主構は，合成桁の主桁に相当するといえる．

縦桁の本数のとり方は，本設計プログラムの場合，次のように幅員との関係で決めている．

幅員	縦桁本数
〜 7 m	3本
7〜10 m	4本
10〜13 m	5本
13 m〜	6本

上記の範囲で縦桁の本数が決定されると，後は縦桁の間隔であるが，これは床版の連続部と片持部との必要厚さが同じになるように，コンピュータ内で決定している．この詳細については，第I編1.6D「主桁の間隔」のところで述べているので，ここでは省略する．

C. 床版厚さと舗装厚さ

その他，画面II-3に設計条件として示された重要なものは，床版厚さと舗装厚さである．床版厚さは前項の縦桁の間隔から決定され，その詳細については第I編合成桁橋の場合と同様であるので，そちらを参照されたい(第I編1.6D「主桁の間隔と床版厚さ」)．いっぽう，舗装は本設計ではアスファルト舗装とし，その厚さは5 cmを初期設定値に置いている．

床版厚さや舗装厚さは，床版設計以外の床組や主構の設計の場合，死荷重としての影響しか及ぼさないので，ここでの厚さの少々の相違はそれぞれの鋼構造部の設計でそれほど大きな意味をもつものではない．しかし，床版厚さやアスファルト舗装厚さが設計者の意図するものと大きく異なる場合，やはり支障の出てくるおそれ

があるので，設計者は，画面II-3で正確な値を入力することが望ましい．

1.6 一 般 図

画面II-4は，設計条件に示された基本的な寸法をもとに骨組図を描いたものである．いちばん上の図は上横構の骨組図を示し，次に主構トラス，そしていちばん下に下横構と床組のそれぞれ骨組配置を示している．"設計"という言葉は，単なる"設計計算"と異なった意味を含んでいる．"設計計算"とは，示方書に定められた事項を満足するように計算を進めることであるが，このとき示方書の条項の背後にある根拠をよく理解していないと，往々にして思わぬ問題を引き起こすことがある．構造物の設計において，このように基本的な寸法を図で表現することは，思わぬ問題を避ける意味できわめて重要である．また，問題が複雑なために，示方書では，抽象的な表現でしか規定しない場合もある．そのようなときに，なるべく"形"を描いて経験的に判断することも，設計の1つの重要な要素である．

画面II-4 一般図

```
                  6 a 7.143 = 42.858 (m)         6.900 (m)

                  7 a 7.143 = 50.000 (m)         6.500 (m)

                                                 6.900 (m)
```

画面II-4についても，たとえば主構トラスの格間長と高さの関係がアンバランスになっていることがないかどうかを図を見ることによって判断することができる．斜材の傾斜角度も，安定性等から，$\varphi=45°\sim60°$程度がよいといわれている．

2章　縦桁の設計

2.1　縦桁に載荷される死荷重と活荷重（T荷重）

　トラス橋を設計するとき，道路橋に働く荷重のとり方については，「道路橋示方書」（平成14年3月）の「Ⅰ共通編　第2章　荷重」に与えられている．ここには，橋梁の設計において考慮すべき荷重，とくに確率分布をなす自動車荷重についての設計荷重のとり方について詳しく述べられている．しかし，「道路橋示方書」に述べられている設計荷重のとり方は，橋全体に作用する荷重のとり方であり，橋を設計していくうえでは橋全体をいくつかの部分に分けて設計していく必要がある．そして，その部分ごとに構造設計を行うので，これを**設計構造物単位**と呼び，図Ⅱ.6にトラス橋の設計構造物単位を示す．トラス橋の設計においては，ここに示した各項目ごとに荷重，断面力および応力度算定の3段階の計算を行って，各構造物単位ごとに部材の断面を決定する（許容応力度設計法）．

　図Ⅱ.6に示す設計構造物単位のうち，主要鋼構造として自動車荷重を支持するのは，床組部分（縦桁と床桁）と主構である．これに対し，橋門構および上下横構は，風荷重や地震荷重の従荷重を受け持つ従構造である．主要構造は常時荷重を受

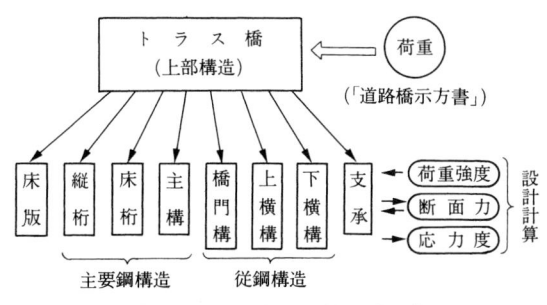

図Ⅱ.6　トラス橋の設計構造物単位

けるが，従構造は一時的な横荷重を受ける．

　縦桁に作用する荷重には，死荷重と活荷重がある．活荷重は，床版の設計と同じT荷重を用いる．

　画面II-5は，縦桁に作用する荷重のコンピュータ画面を示すが，この計算表は縦桁に関係する全体の荷重値を求めたものであり，縦桁1本ごとに作用する荷重強度を求めたものではない．たとえば，舗装や床版による死荷重は，1 m² 当りの重量 w_d として求められ，地覆や高欄は1 m 当りの重量 w_d' として求められている．そして，w_d は路面の部分に作用し，w_d' は橋の両側の地覆（あるいは高欄）の部分に作用する．

　活荷重としては，「道路橋示方書」に示されているT荷重である前輪荷重(25 kN/1輪当り)と後輪荷重(トラック100 kN/1輪当り)を想定する．このうち，設計では，後輪荷重のみを考慮すればよい(「道示 I 2.2.2」)．縦桁の設計のためには，これらの荷重をそれぞれの縦桁に作用する荷重に変換しなければならない．

画面II-5 縦桁に載荷される死荷重と活荷重（T荷重）（本画面は修正入力が可能）

```
死 荷 重

    アスファルト舗装    (t=0.08m)              22.5 × 0.08 = 1.688 (kN/m2)
    鉄筋コンクリート床版 (t=0.19m)              24.5 × 0.19 = 4.655 (kN/m2)
                                              ─────────────────────────
                                                      wd = 6.343 (kN/m2)

    地  覆                              24.5 × 0.25 × 0.450 = 2.756 (kN/m)
    高  欄 （仮 定）                                        = 0.300 (kN/m)
                                              ─────────────────────────
                                                      wd' = 3.056 (kN/m)


活 荷 重

    輪 荷 重    Pr = 100.0 (kN)



    [設計条件変更(Y)]
```

2章 縦桁の設計

活荷重は,「道路橋示方書」によれば床組(床版,縦桁および床桁)を設計するためのT荷重と主構トラスを設計するためのL荷重に分かれる(「道示 I 2.2.2」)。T荷重とはトラックの車輪から路面に伝達される荷重のことであるが,その詳細については本書の第I編2.2「床版に作用する活荷重強度」のところで述べているので参照されたい.

画面II-5に示した荷重のうち,舗装,床版および地覆については,すでに設計条件として定められたもの,あるいは設計条件から導かれてすでに決まっているものである.高欄の重量は,用いる高欄の種類によって異なってくるのが当然であり,高欄のカタログ等から重量を知ることになる.ここでは,一応標準的な値を設定している.

2.2 縦桁の反力影響線

画面II-6には,先の画面II-5で示した荷重をそれぞれの縦桁への荷重に変換するための反力影響線を示す.この縦桁への反力影響線は,第I編 合成桁橋の設計での主桁に対する反力影響線と同様である(第I編 画面I-8を参照のこと).図II.

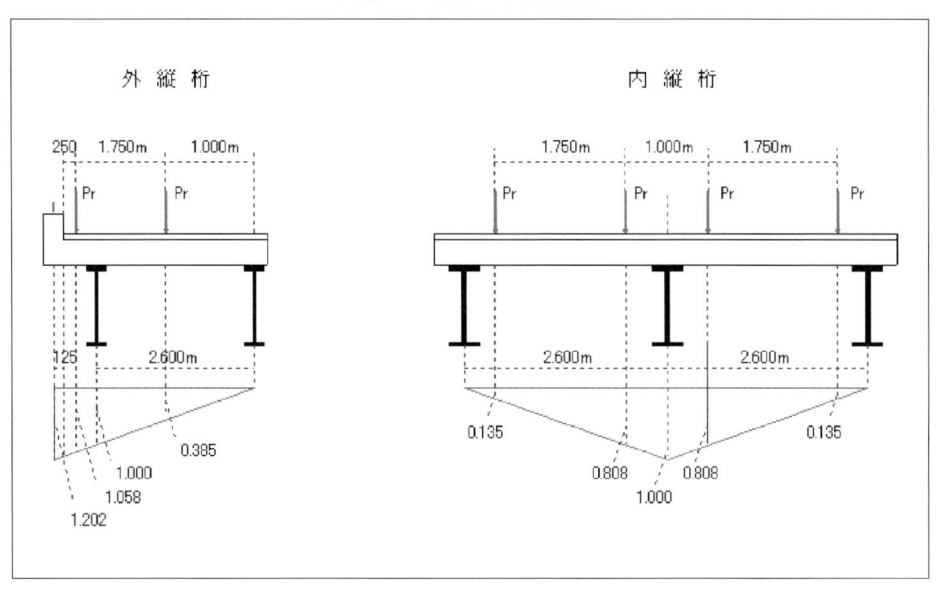

画面II-6 縦桁への反力影響線

7は，外縦桁と中縦桁に対するそれぞれの反力影響線の求め方を示す．すなわち，反力影響線とは任意の位置に載った荷重が縦桁間でどのように分配されるかを表すもので，2つの縦桁の間に載った荷重は，その間で比例配分されていることを表しているにすぎない．画面 II-6 の反力影響線図は，橋の横断面を示しており，縦桁より上部に作用する全荷重を各縦桁への荷重に変換するものである．

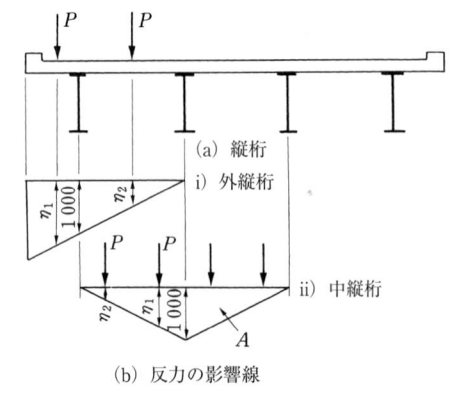

図 II.7 縦桁の反力影響線

縦桁の種類としては，図 II.7 の荷重の作用の仕方からわかるとおり，外縦桁と中縦桁(内縦桁ともいう)の2種類に分かれる．**外縦桁**とは両側のいちばん外にある縦桁のことをいい，**中縦桁**とは両外側の縦桁を除いた内側にあるすべての縦桁のことをいう．したがって，縦桁の本数には関係なく，外縦桁と中縦桁しか存在しない．画面 II-6 に示した間隔 1.75 m はトラックの左右の車輪間隔であり，1.0 m は隣り合うトラックの車輪との間隔である．

2.3　縦桁への死荷重強度

先の画面 II-5 に示した荷重の値と画面 II-6 の反力影響線を用いて，それぞれの縦桁に作用する荷重を，算定することができる．画面 II-7 は，死荷重についての算定結果を示す．死荷重は，その分布の仕方によって，床版や舗装のように平面的に等分布しているものと，地覆や高欄のように直線的に分布しているものとに分けることができる．前者は縦桁への荷重に変換する場合，この平面分布荷重 w_d に影響線の面積 A を乗じて求めるが，後者は線分布荷重 w_d' にその箇所の影響値 η を乗じて求める．これを式で表すと，次のようになる．

縦桁への死荷重：

$$床版・舗装：(w_d) = w_d A \qquad (\text{II.1})$$

$$地覆・高欄：(w_d') = w_d' \eta \qquad (\text{II.2})$$

これらの荷重 w_d および w_d' は，画面 II-5 で算定されたものであるが，画面 II-

画面 II-7　縦桁への死荷重強度（本画面は修正入力が可能）

```
              縦 桁 の 死 荷 重 強 度 （wd）

   項　　目              外 側 縦 桁           内 側 縦 桁

   舗装、床版   (kN/m)   6.343 * 1.731 = 10.979   6.343 * 2.600 = 16.491
   地覆、高欄   (kN/m)   3.056 * 1.202 = 3.674
   縦桁自重     (kN/m)              = 1.000               = 1.200
   床版、ハンチ (kN/m)              = 0.150               = 0.360

   死荷重強度 wd (kN/m)            15.802               18.051


   [設計条件変更(Y)]
```

7では新たに縦桁自重とハンチを死荷重として加えなければならない．縦桁自重は，これから設計してはじめて厳密に算出されるものであるが，その縦桁自身の設計に必要なものであるから，この段階では過去の経験から仮定せざるをえない．ハンチは，第Ⅰ編 合成桁橋の設計 図I.19に示すように，桁の上で床版の高さを調整するために設けられるものである．路面が中央部でもっとも高く，路側にいくに従って横断面勾配のために低くなるので，ハンチは，路面中央部ほど大きくなり，したがってハンチ重量も大きくなる．

　ここで求めた死荷重強度は，外縦桁と中縦桁のそれぞれに作用する荷重に変換されたものであるから，縦桁の単位長さ当りの荷重強度として求められている．したがって，画面II-7で求められた死荷重は，すべて線状の等分布荷重として縦桁上に作用するものである．

2.4　縦桁への活荷重強度

　トラス橋の床組(縦桁と床桁)を設計する活荷重には，床版を設計するときと同じT荷重が用いられる．床版や床組はトラックを直接支える構造物であるから，トラックの車輪荷重を想定したT荷重が，これらの構造物を設計するときに用い

られる．このT荷重については，「I編2.2 床版に作用する活荷重強度」のところで説明しているが，トラックの後輪荷重として $P_r=100\,\mathrm{kN}$ の大きさを基本としている．床組の設計において重車両交通量の大きいB荷重を採用する場合(3.1 D「主桁に作用する活荷重強度」を参照)，この後輪荷重を，下記の係数で割り増しをしなければならない(「道示I 2.2.2」)．

部材の支間長　$L(\mathrm{m})$	$L\leq 4$	$4<L$
係　数	1.0	$\dfrac{L}{32}+\dfrac{7}{8}$

なお，この割り増し係数は，1.5を超えてはならない．本書の設計例では，重車両交通量の小さいA荷重を採用しているのでこの係数を用いていない．

T荷重とは車輪荷重として作用する一種の集中荷重であるから，縦桁への荷重に変換するためには，車輪荷重の大きさに影響線の縦距を乗じて求められる．

$$\text{縦桁への活荷重：後輪荷重}\quad:\bar{P}_r=P_r\sum\eta=P_r(\eta_{r1}+\eta_{r2}) \quad (\text{II}.3)$$

ここに，$P_r=100\,\mathrm{kN}$，η_{r1}，η_{r2}：反力影響線の影響値(図II.7)．

上式によって算定した結果が，画面II-8に示されている．外側の縦桁に影響を与える車輪荷重の数は2つであり，内側の縦桁に対しては4つの車輪荷重が影響を与えている．これは，画面II-6の影響線図を見るとわかるように，外縦桁は路面の端に設けられるため車輪は多く載ることができないが，内縦桁は両側に路面が連続しているので，2台のトラックによる車輪荷重が影響してくる．縦桁の間隔が大きい場合には，さらに3台目のトラックによる車輪荷重も載ってくることもあるが，その場合，上式において影響値の数が増えることになる．

活荷重には衝撃荷重を伴うが，衝撃荷重は，活荷重に衝撃係数を乗じて求める．

$$\bar{P}_i=\bar{P}_r\cdot i \quad (\text{II}.4)$$

ここに，$\bar{P}_i$：衝撃荷重，$\bar{P}_r$：活荷重，i：衝撃係数．

衝撃係数は，過去の研究の結果，鋼橋に対しては「道路橋示方書」によると，次の式から求めるように定めている(「道示I 2.2.3」)．

$$i=\frac{20}{50+L_\lambda} \quad (\text{II}.5)$$

ここに，L_λ：縦桁の支間長（m）（＝トラスの格間長）．

画面II-8には衝撃係数を示すのみで，荷重の値には衝撃による分を含んでいない．

画面 II-8　縦桁への活荷重強度

```
衝 撃 係 数　i = 0.350

                    T 荷重強度    Pr
項　目              外側縦桁                   内側縦桁
T荷重強度           (1.058+0.385) Pr          (0.135+0.808+0.808+0.135) Pr
 Pr = PrΣη         = 1.443 Pr                = 1.886 Pr
輪荷重 (kN)         100.0 * 1.443             100.0 * 1.886
 Pr = PrΣη         = 144.300                 = 188.600
```

縦桁以外の設計構造物単位(床桁，主構等)に対する衝撃係数については，同じ式(II.5)を用いるが，支間長のとり方がそれぞれ異なってくる．詳細については，それぞれの項のところで述べる．

2.5　縦桁に働く曲げモーメント

縦桁は，床版から伝達される荷重を支持し，床桁に伝える役割をもっている．したがって，縦桁は，床桁によって支えられている梁とみなして，断面力である曲げモーメントとせん断力を求める．このとき，縦桁と床桁の接続の仕方によって，縦桁の支持条件には，図 II.8 に示すような2つの考え方がある．1つは，縦桁は床桁のところで切り離された単純梁がいくつも連なったものであるという考え方である．もう1つは，床桁のところで曲げモーメントを伝達できる連続梁という考え方である．その相違は縦桁と床桁の接続部の構造にあり，連続梁では縦桁の腹板とともに上下フランジも連結されているのに対し，単純梁では基本的には腹板のみしか接続されていない．これは，床桁との接続部において，腹板がせん断力を伝達し，フランジが曲げモーメントを伝達するからである．連続梁として曲げモーメントも伝達するためには，図 II.8(b) のようにフランジを連続させる必要がある．

単純梁として断面力を計算する場合は，すでに前項で荷重強度も求められていることでもあり，簡単な作業である．しかし，連続梁として断面力を求める場合に

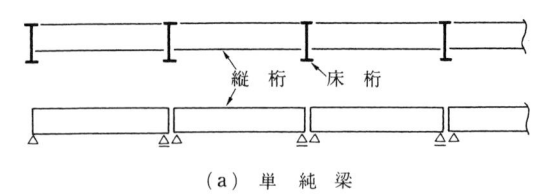

(a) 単純梁

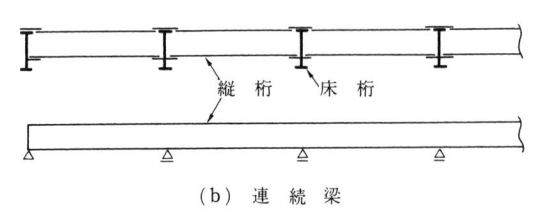

(b) 連続梁

図 II.8 縦桁の支持条件

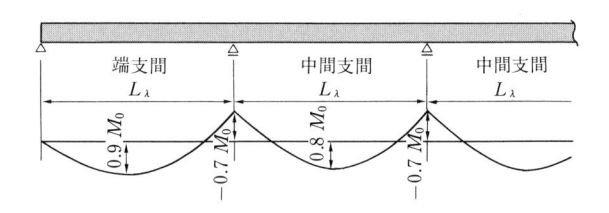

端支間 L_λ — 中間支間 L_λ — 中間支間 L_λ

$0.9 M_0$, $-0.7 M_0$, $0.8 M_0$, $-0.7 M_0$

M_0＝単純梁の場合の曲げモーメント

図 II.9 連続縦桁の曲げモーメント

は，不静定梁の構造解析が必要であってそう簡単ではない．幸いなことに，こういうときには，必ず「道路橋示方書」が簡単な計算式を与えてくれている．すなわち，連続縦桁の曲げモーメントの計算は，図 II.9 によることができる（「道示 II 9.3」）．これによると，単純梁としての曲げモーメント M_0 をまず求め，連続梁の場合は，これに補正係数を乗じて簡単に求めることができる．

本設計例では単純梁として縦桁を設計するので，縦桁の曲げモーメントは，図 II.10 に示す単純梁の影響線を用いて求めることができる．死荷重は，等分布荷重として縦桁に作用するから，死荷重強度に影響線面積をかけて求める．活荷重は，T 荷重の集中荷重であるから，活荷重強度に影響値をかけて求める．このとき，曲げモーメントが最大となる縦桁の断面位置は，支間中央であるから，この位置に後輪荷重 $\bar{P}_r$ を作用させる．

2章 縦桁の設計

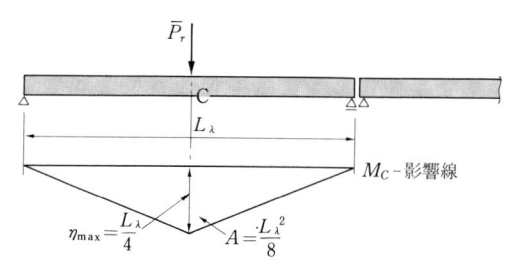

図 II.10 縦桁の曲げモーメント影響線

画面 II-9 は，以上説明したような縦桁の曲げモーメントの計算例を示す．曲げモーメントの大きさが縦桁の断面決定に決定的な意味をもつが，断面決定については，後で述べる．

画面 II-9 縦桁に働く曲げモーメント

```
曲げモーメントおよびせん断力

縦桁の最大曲げモーメント M
                                    3.5715m  3.5715m
                                     7.1430m

項    目              外 側 縦 桁          内 側 縦 桁

死荷重モーメント (kN.m)   15.802*7.143^2/8     18.051*7.143^2/8
  Md = wd*l^2/8         = 100.782            = 115.126
活荷重モーメント (kN.m)   144.300*7.143/4*1.000  188.600*7.143/4*1.000
  Ml*k = Pr*L/4*k      = 257.684            = 336.792
  (活荷重は割増しを考慮した値)
衝撃によるモーメント (kN.m) 257.684*0.350       336.792*0.350
  Mi = Ml*i             = 90.189             = 117.877

合 計 モーメント (kN.m)     448.656             569.796
```

2.6 縦桁に働くせん断力

縦桁に働くせん断力は，縦桁が曲げモーメントに対して連続支持されているか，単純支持されているかにかかわらず，いずれの場合も単純梁と仮定して求めることができる（「道示II 9.3」）．これは，せん断力は曲げモーメントほど縦桁の断面決定

に大きな意味をもたないことと，単純梁と連続梁の場合でそれほど大きな差がないことによる．

図 II.11 には，縦桁のせん断力影響線を示す．これは，縦桁の最大せん断力は床桁との接続点である支点上に生じるので，反力影響線にほかならない．この単純梁上に死荷重は等分布として作用し，活荷重は後輪荷重 $\overline{P}_r$ が集中荷重として作用する．せん断力を最大とするには，図 II.11 に示すように，車輪荷重が支点上（床桁の位置）にくる載荷状態となる．

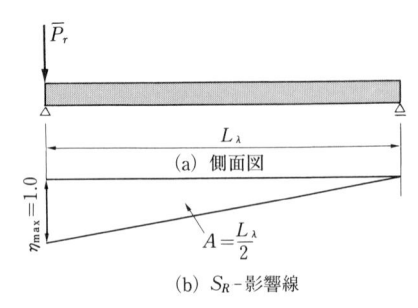

(a) 側面図
(b) S_R-影響線
$\eta_{max} = 1.0$
$A = \dfrac{L_\lambda}{2}$

図 II.11 縦桁のせん断力影響線

画面 II-7 と II-8 に示した縦桁への荷重強度および図 II.11 の影響線を用いてせん断力を求めると，画面 II-10 のようになる．ここには，荷重強度と影響線の値も示し，またその算定方法も示している．ここで求めたせん断力は，床桁との接続において必要な腹板の高力ボルトの本数を決定することになる．

画面 II-10 縦桁に働くせん断力

曲げモーメントおよびせん断力

縦桁の最大せん断力 S

7.1430m

項　目	外側縦桁	内側縦桁
死荷重によるせん断力 (kN)	15.802*7.143/2	18.051*7.143/2
Sd = wd*l/2	= 56.437	= 64.469
活荷重によるせん断力 (kN)	144.300*1.000	188.600*1.000
Sl*k = Pr*k	=144.300	=188.600
（活荷重は割増しを考慮した値）		
衝撃によるせん断力 (kN)	144.300*0.350	188.600*0.350
Si = Sl*i	= 50.505	= 66.010
合　計　せん断力 (kN)	251.242	319.079

2章 縦桁の設計

2.7 縦桁の断面決定

A. 縦桁断面決定の手順

縦桁は，支間長が格間長に等しいプレートガーダーであるため，プレートガーダーの設計に必要なことはすべて考慮しなければならない．プレートガーダーの断面決定の手順は，基本的に第Ⅰ編合成桁橋の設計3章「主桁の設計」で述べた手順と同様であり，次のようなものである．

① 腹板の高さを決める ── 経済高さ
② 腹板の厚さを決める ── 腹板の必要厚さ，垂直補剛材と水平補剛材の必要性
③ 上下フランジの必要断面積を求める ── 最大縁応力度＜許容応力度

画面 II-11 外縦桁の断面決定（本画面は修正入力が可能）

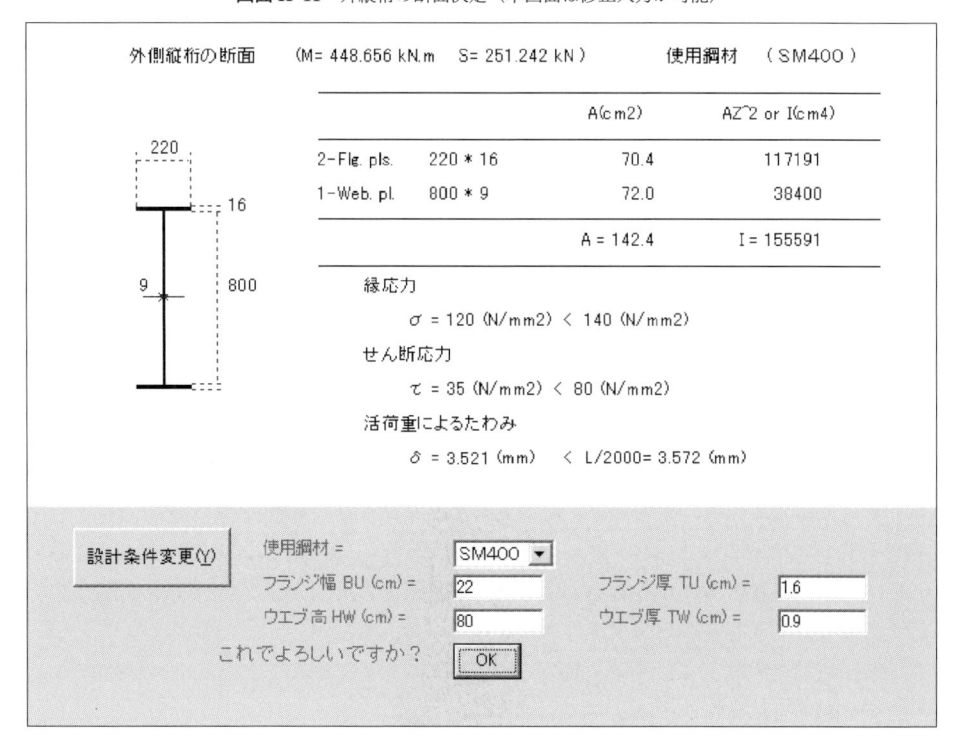

外側縦桁の断面　　(M= 448.656 kN.m　S= 251.242 kN)　　使用鋼材　（SM400）

		A(cm2)	AZ^2 or I(cm4)
2-Flg. pls.	220 * 16	70.4	117191
1-Web. pl.	800 * 9	72.0	38400
		A = 142.4	I = 155591

縁応力
　　$\sigma = 120 \ (N/mm2) < 140 \ (N/mm2)$

せん断応力
　　$\tau = 35 \ (N/mm2) < 80 \ (N/mm2)$

活荷重によるたわみ
　　$\delta = 3.521 \ (mm) < L/2000 = 3.572 \ (mm)$

設計条件変更(Y)
使用鋼材 = SM400
フランジ幅 BU (cm) = 22　　フランジ厚 TU (cm) = 1.6
ウエブ高 HW (cm) = 80　　ウエブ厚 TW (cm) = 0.9
これでよろしいですか？　OK

画面 II-12　内縦桁の断面決定（本画面は修正入力が可能）

```
内側縦桁の断面   (M= 569.796 kN.m   S= 319.079 kN )      使用鋼材  （SM400）

                                          A(cm2)        AZ^2 or I(cm4)
           2-Flg. pls.    280 * 18         100.8           168619
           1-Web. pl.     800 * 9           72.0            38400

                                          A = 172.8      I = 207019

           縁応力
                σ = 115 (N/mm2) ＜ 140 (N/mm2)
           せん断応力
                τ = 44 (N/mm2) ＜ 80 (N/mm2)
           活荷重によるたわみ
                δ = 3.459 (mm)   ＜ L/2000= 3.572 (mm)
```

④　上下フランジの幅と厚さを決める──圧縮フランジと引張フランジの自由突出幅の制限

⑤　たわみの制限値を満足していることを確認する

　画面 II-11 と II-12 は，以上のような事項をすべて考慮しながら外縦桁の断面寸法を決定している．

　画面 II-11 と II-12 で示した縦桁断面の寸法は，断面の経済性等を考慮して変更できるようにプログラムされている．修正可能な項目は，使用鋼材，フランジの寸法および腹板の寸法である．

　フランジの寸法や腹板の寸法を変更するときには，画面 II-11 の算定結果により判断する．ここで，コンピュータが推定したフランジの断面積は，用いられている腹板の寸法に対して必要なものであるから，これを減らすわけにはいかない．フランジの寸法を変更する場合には，断面積をあまり変えない範囲で幅と厚さの比を変えることになる．

　フランジの縁応力度が許容応力度に対して余裕がある場合は，たわみの制限を守るために，フランジの断面積が大きくなっている．したがって，このようなケースでは，次項で説明するように，腹板の高さを大きくして剛性を上げるほうが経済的に効果がある．

B. 縦桁の腹板高さとフランジの必要断面積

腹板の高さは，作用する曲げモーメントの大きさから経済的な高さを求めることができるが，これは桁のたわみにも大きく関係し，この両面から考えていかなければならない．すなわち，桁高が低すぎるとフランジの必要断面積が大きくなりすぎ，また桁高が高すぎると腹板の断面積が大きくなりすぎて不経済となる．同じ作用応力度であっても（すなわち同じ断面係数を有していても），桁のたわみの面から見ると桁高の高いほうが断面二次モーメントが大きくなるので，たわみが小さくなる．縦桁のたわみ制限は，桁に必要な剛性を確保するためのもので，桁の剛性が低すぎると，自動車荷重が通過したときに振動が激しくなり，疲労による損傷が縦桁や床版に生じるおそれが出てくる．

画面 II-11 と II-12 には，それぞれ外縦桁と中縦桁の断面決定をするための計算結果を示す．腹板高さは，ここでは縦桁の支間長（トラスの格間長）λ の 1/9 をとり，100 mm 単位に丸めた値としている．腹板厚さは，トラスの縦桁の場合，だいたい 9 mm の一定値で対応できるので，この値を採用している．

腹板の寸法をこのようにして決めると，フランジの必要断面積は，材料の許容応力度から求めることができる．すなわち，ここでは，縦桁の断面を上下対称（上下フランジは同断面）とし，この断面に曲げモーメント M が働いている場合，このときの曲げ応力度を許容応力度よりも小さくするという条件からフランジの必要断面積が計算される．図 II.12 において，フランジの断面積を A_f，上下フランジの中心間距離を h，腹板の厚さを t_w とし，また曲げモーメント M によるフランジの平均応力度を σ_a とすれば，図 II.12 に示した応力度の分布からこの断面の内力曲げモーメントが計算され，それが作用曲げモーメント M に等しいという条件から，次の式が得られる．

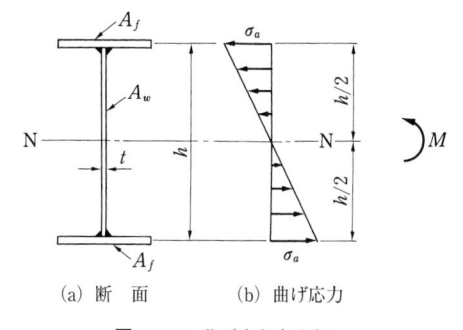

(a) 断 面　　(b) 曲げ応力

図 II.12 曲げ応力度分布

$$M = 2\left(\sigma_a A_f \frac{h}{2} + \sigma_a \frac{t_w h}{2} \frac{1}{2} \frac{h}{3}\right) \tag{II.6}$$

この式をフランジの断面積 A_f について解くと，

$$A_f = \frac{M}{\sigma_a h} - \frac{h t_w}{6} \tag{II.7}$$

となる．上式で σ_a は材料の許容応力度以下になければならないから，$\sigma_a=$ 許容応力度 とおくと，フランジの必要断面積 A_f が求められる．材料の許容応力度は，第Ⅰ編「合成桁橋の設計」表Ⅰ.11で示した値を用いる．また，上下フランジの中心間距離 h は，ほぼ腹板高さ h_w に等しい．

フランジの必要な断面積が得られると，フランジの板幅と厚さを決める必要があるが，これには幅厚比の制限値があり，この制限の範囲内で決めなければならない．これについては，第Ⅰ編3.7E「フランジ自由突出幅の制限」で述べたが，ここでも後ほど簡単に説明する．

縦桁の断面も場合によっては，断面変化をして材料を節約することができる．しかし，本設計例では，中央断面のみについて断面決定を行い，縦桁全長にわたって同一断面とする．

C. 縦桁の補剛材の設計

縦桁の補剛材の設計は，同じプレートガーダーとして合成桁橋の場合とまったく同様である（第Ⅰ編 4 章 補剛材の設計参照）が，ここでもう一度簡単に説明する．

中間垂直補剛材や水平補剛材の必要性は，腹板の高さと厚さの関係から決まってくる．まず，最初に，水平補剛材が必要かどうかの判断をすることになるが，その判断は，表Ⅱ.1による（第Ⅰ編3.7C「腹板の高さと厚さ」参照）．すなわち，プレートガーダーの腹板厚は，その高さとの関係で表Ⅱ.1に示す値以上としなければならない（「道示Ⅱ 10.4.2」）．

表 II.1 プレートガーダーの最小腹板厚（「道示Ⅱ 10.4.2」）

水平補剛材の本数 \ 鋼種	SS 400 SM 400 SMA 400	SM 490	SM 490 Y SM 520 SMA 490 W	SM 570 SMA 570 W
0	$\dfrac{h_w}{152}$	$\dfrac{h_w}{130}$	$\dfrac{h_w}{123}$	$\dfrac{h_w}{110}$
1	$\dfrac{h_w}{256}$	$\dfrac{h_w}{220}$	$\dfrac{h_w}{209}$	$\dfrac{h_w}{188}$
2	$\dfrac{h_w}{310}$	$\dfrac{h_w}{310}$	$\dfrac{h_w}{294}$	$\dfrac{h_w}{262}$

h_w：腹板の高さ（上下フランジの純間隔）

たとえば，画面Ⅱ-11〜Ⅱ-12 に示した本書の設計例の場合，$h_w=80$ cm である

2章 縦桁の設計

表 II.2 垂直補剛材を省略しうる最小腹板厚（「道示II 10.4.3」）

鋼　種	SS 41 SM 41 SMA 41	SM 50	SM 50 Y SM 53 SMA 50	SM 58 SMA 58
最小腹板厚 t_w	$\dfrac{h_w}{70}$	$\dfrac{h_w}{60}$	$\dfrac{h_w}{57}$	$\dfrac{h_w}{50}$

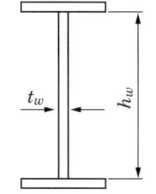

h_w：腹板高さ（上下フランジの純間隔）

ので，上表に代入すると，腹板厚 $t_w=0.9\,\text{cm}$ に対しては，水平補剛材が不要である．なお，もし水平補剛材が何本か必要な場合には，その取付け位置や寸法の決定について第I編 合成桁橋の設計の図I.42を参照されたい．

つぎに，中間垂直補剛材が必要かどうかの判断は表II.2により行うが，この表に示した値より腹板厚さが大きければ，中間垂直補剛材は，入れなくてもよい．

ただし，表II.2の値は，作用せん断応力度が小さい場合，次の式で補正することができる．

$$t_w' = \frac{t_w}{\sqrt{\dfrac{許容せん断応力度}{作用せん断応力度}} \leq 1.2} \tag{II.8}$$

ここに，t_w：表II.2で求めた最小腹板厚

たとえば，画面II-11〜II-12に示した本書の設計例の場合，$h_w=80\,\text{cm}$，$t_w=0.9\,\text{cm}$（材質はSM 400）であるので，表II.2によれば，中間垂直補剛材が必要である．また，式(II.8)によって補正された必要最小腹板厚さを画面II-11の外縦桁の場合について求めると，

$$t_w' = \frac{80/70}{\sqrt{\dfrac{80}{35}} \leq 1.2} = \frac{1.14}{1.2} = 0.95\,\text{cm}$$

となり，いま腹板厚さは $0.9\,\text{cm}$ であるので，中間垂直補剛材は，必要である．このときの中間垂直補剛材の取付け間隔および補剛材の寸法の決定については，合成桁橋の設計と同様であるので，第I編の画面I-31〜I-32を参照されたい．

D. フランジの自由突出幅の制限

プレートガーダーのフランジは，板幅と厚さの間で，一定の比を確保しなければならない．すなわち，これは，フランジは板の厚さがその幅に対してあまり薄くならないようにするためである．あまりフランジが薄すぎると，溶接するときに溶接

熱による変形が大きくなったり，圧縮を受けると局部座屈を起こしたり，また運搬中に局部応力を受けるようなことがあると変形したり等の問題が生じる．これを避けるために，「道路橋示方書」では，引張フランジ（「道示II 10.3.2」）と圧縮フランジ（「道示II 4.2.3」）とに分けて，それぞれに必要な幅厚比の制限値を設けている．それぞれの値については，合成桁橋の設計と同じであるので，第I編 合成桁の設計の表I.9および式(I.40)を参照されたい．

画面II-11～II-12に示した本書の設計例では，この幅厚比の範囲内でできるだけ板厚を薄くなるようにしてフランジの幅と厚さを決めている．画面II-11の場合，材質がSM 400であるので，フランジの自由突出幅の幅厚比の制限値は，次のようになる．

$$圧縮フランジ：t \geqq \frac{b}{13.1} \quad (SM\ 400\ に対して) \quad (II.9)$$

$$引張フランジ：t \geqq \frac{b}{16} \quad (II.10)$$

ただし，式(II.9)の圧縮フランジに対する制限は，作用応力度が小さい場合，緩和されるが，通常，この制限値の範囲内に入るように設計される．

E. 縦桁のたわみの制限

画面II-11～画面II-12の計算例を見ると，最大縁応力度は許容応力度に比べてまだ若干余裕があるが，活荷重によるたわみはほぼ制限値に近いところまできている．すなわち，この場合，縦桁に必要なフランジ断面積が，曲げ応力度よりもたわみの制限によって決まっている．活荷重（衝撃を含まない）によるたわみは，支間中央に集中荷重（T荷重）を受けるときの単純梁のたわみとして，次式により求められる．

$$\delta = \frac{PL_\lambda^3}{48EI} \quad (II.11)$$

ここに，P：活荷重（衝撃を含まない，画面II-8），L_λ：縦桁の支間（トラスの格間長），E：鋼のヤング率，I：縦桁の断面2次モーメント．

これに対し，たわみの制限値 δ_{limit} は，単純桁で支間が10m以内のとき，次式で与えられる（「道示II 2.3」）．

$$\delta_{limit} = \frac{L_\lambda}{2\,000} \quad (II.12)$$

桁がたわみやすいということは，自動車が通過したときの振動が激しくなり，床版や桁に疲労損傷を起こす原因となるので，このような制限が設けられている．

画面II-11〜画面II-12に示した設計例の場合，最大縁応力度よりもたわみの制限によって縦桁の断面が決まっているが，最大縁応力度は許容応力度に対して余裕があるとはいえ，その差異はそれほど大きくはない．もし，この差異が大きい場合，断面は不経済なものとなっているので，このときには腹板高さを大きくして縦桁の剛性を上げたほうがよい．画面II-11〜画面II-12のコンピュータ画面では，このような断面の経済性を設計者が考慮して寸法を変更できるようにプログラムされている．

2.8 縦桁の床桁への連結

縦桁は，床桁によって支持されるので，床桁に高力ボルトによって連結される．図II.8で説明したように，縦桁を床桁に連結する方法としては，連続支持と単純支持がある．連続支持の場合は縦桁の上下フランジも接続して曲げモーメントを伝達しなければならないが，単純支持の場合は腹板だけを接続してせん断力のみを伝達すればよい．

単純支持の場合の必要な高力ボルトの本数 n は，作用せん断力を1本当りの高力ボルトの許容伝達力で割って求められる．

$$n > \frac{S}{\rho_a} \qquad (\text{II}.13)$$

ここに，S：作用せん断力（画面II-10）
ρ_a：摩擦接合用高力ボルト1本当りの許容伝達力(第I編 5章 現場継手の設計 表I.14参照)

3章　床桁の設計

3.1　床桁の反力影響線と活荷重強度

　床桁は，縦桁から受けた荷重を主構に伝達する役割を負っている部材で，床版および縦桁とともに床組を構成している．床桁は，主構の各格点に取り付けられ，主構の両端に配置される**端床桁**と中間部の**中間床桁**に分類される．したがって，床桁に作用する荷重は，端床桁と中間床桁に分けて求める必要がある．

　T荷重は床版上に載る車輪の集中荷重として作用し，それが床版，縦桁，床桁そして主構トラスへと伝達されていく．その過程の中で，床桁としては，このT荷重をどのように支持するのかを求めたのが，画面II-13である．このT荷重は，縦桁の設計で述べたように，B荷重を採用するとき割増係数が適用される(2.4「縦桁への活荷重強度」参照)．

　床桁に作用する荷重は，死荷重と活荷重に分かれる．活荷重としては，床組の設計時に用いるT荷重(トラックの後輪荷重)が床桁の設計にさいしても用いられる．このT荷重の詳細については，前に述べた(第I編 図I.7および前節参照)．画面II-13は，T荷重による床桁への荷重強度を求めるための反力影響線と，その計算結果である活荷重強度を示す．T荷重とはトラックの車輪荷重のことであるから，それが床版の上に載ったときにそれぞれの床桁に最大いくらの荷重が作用するかを求めるのが，ここに示した荷重強度算定のコンピュータ画面である．T荷重は集中荷重として作用し，その集中荷重の大きさに影響線の値を乗じて床桁への荷重強度が，算定される．

$$\bar{P} = P_r \eta \tag{II.14}$$

　活荷重によって付随的に衝撃荷重が作用することになるが，そのときの衝撃係数iは，縦桁の場合と同様に，次式により求める(「道示I 2.2.3」)．

画面 II-13 床桁への反力影響線と活荷重強度

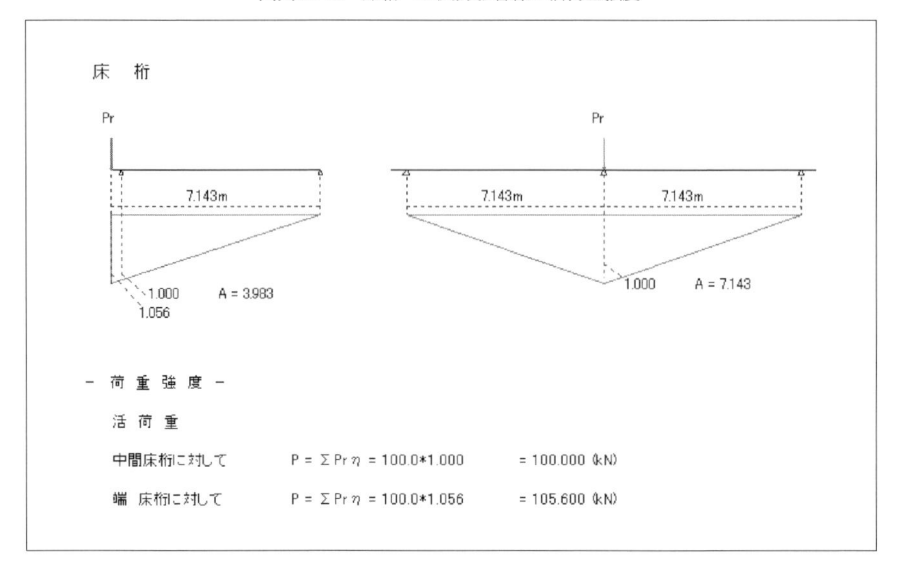

```
            床    桁
            Pr                              Pr
     ┌─────────┴─────────┐      ┌─────────┴─────────┬─────────┐
         7.143m                     7.143m           7.143m

         1.000   A = 3.983              1.000   A = 7.143
     1.056
  - 荷 重 強 度 -
    活 荷 重
    中間床桁に対して    P = ΣPrη = 100.0*1.000   = 100.000 (kN)
    端 床桁に対して    P = ΣPrη = 100.0*1.056   = 105.600 (kN)
```

$$i = \frac{20}{50 + L_f} \qquad (\text{II. 15})$$

ここに，支間 L_f は床桁の支間であり，主構間隔(図 II.13, p.163 参照) をとる．
上式で求めた衝撃係数の値は，次の画面 II-14 の中に示されている．

3.2 床桁への死荷重強度

　床桁に作用する荷重は，構造的に縦桁を通して作用するようになっている．したがって，画面 II-14 に示した床桁に作用する死荷重強度は，縦桁の支点反力として求められ，その作用位置は縦桁の取り付くところである．この死荷重強度は，外縦桁と中縦桁とで値が異なる．
　床桁への死荷重は縦桁からの反力として求められているのに対して，画面 II-13 の床桁への活荷重強度は，縦桁からの支点反力として算定していない．それは，活荷重の場合，床版上の活荷重を縦桁からの支点反力として間接荷重のように計算したとしても，画面 II-13 の算定のように縦桁を省いて直接床桁に作用する荷重に変換したのと，結果として同じであるからである．そして，活荷重を直接変換するほうが，次の断面力を求めるときに移動荷重として取り扱ううえで，より便利であ

画面 II-14 床桁への死荷重強度（本画面は修正入力が可能）

項　目		中間床桁	端床桁
外側縦桁反力	(kN)	15.802 * 7.143	15.802 * 3.983
$W_{d,1} = w_d A$		= 112.874	= 62.935
内側縦桁反力	(kN)	18.051 * 7.143	18.051 * 3.983
$W_{d,2} = w_d A$		= 128.938	= 71.892
床桁自重(仮定)	(kN/m)	1.500	1.400

衝撃係数　　i = 0.350

　設計条件変更(Y)　　中間床桁自重(仮定)　(KN/m) = [1.5]
　　　　　　　　　　端床桁自重(仮定)　(KN/m) = [1.4]

　　　　これでよろしいですか？　　　OK

　る．しかし，死荷重の場合には，荷重強度としてはどちらの方法で算定しても同様の結果になるが，死荷重が固定荷重であるので，前の縦桁の設計における算定結果を使って縦桁の支点反力として床桁荷重を求めたほうが，より算定が容易となる．

　床桁自身の重量がここではじめて加えられるが，この段階で，これは，仮定された値である．

3.3　床桁の断面力影響線

　前節で求めた荷重強度をもとに床桁に作用する断面力を求めるとき，床桁は，主構によって単純支持されているものとして計算する．このときの床桁の支間は，主構間隔と等しくとる．梁の断面力としては，曲げモーメントとせん断力があるので，縦桁のときと同じようにそれぞれの影響線を用いて求めることができる．画面 II-15 には，床桁断面力影響線のコンピュータ画面を示す．ここで，せん断力の影響線はこの場合反力の影響線に等しく，また曲げモーメントの影響線は支間中央の点に関するものである．もちろん，端床桁と中間床桁の両方に対して断面力の影響線は同じものを用いることができ，異なるのは荷重強度のほうである．

　床桁の断面力は，ここに示した単純梁に対する断面力影響線と，画面 II-13 と II

画面 II-15 床桁に対する断面力の影響線

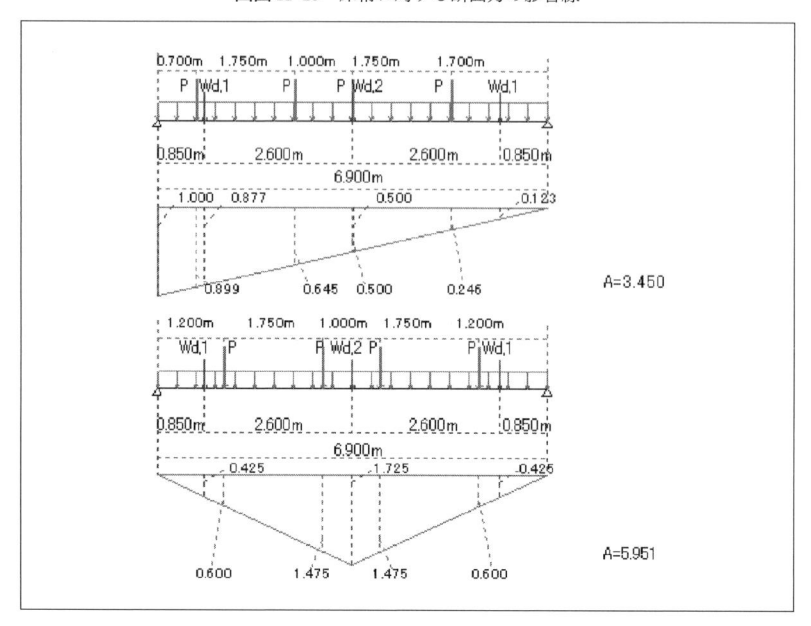

-14 に示された荷重強度を用いて算定される．

画面 II-15 には，それぞれの荷重の作用位置も示す．それらは，T 荷重，縦桁からの死荷重および床桁の等分布死荷重の 3 種類に分かれ，前の 2 つが集中荷重として作用している．

3.4　床桁に働く曲げモーメント

曲げモーメントは，床桁の断面を決定するのに決定的な要因となる．それらは，死荷重による曲げモーメントと活荷重による曲げモーメント（衝撃を含む）から構成されている．そして，それらの算定式は，次のようである．

死荷重曲げモーメント：
$$M_d = w_f A + \sum w_d \eta = w_f A + 2 W_{d1} \eta_1 + 2 W_{d2} \eta_2 + \cdots \qquad (\text{II.16})$$

活荷重曲げモーメント：
$$M_l = P \sum \eta = 2 \bar{P} (\eta_1 + \eta_2 + \cdots) \qquad (\text{II.17})$$

衝撃による曲げモーメント：

$$M_i = M_l i \tag{II.18}$$

ここに，w_f：床桁自重
　　　　W_{d1}：外縦桁の死荷重反力（画面 II-14 の値）
　　　　W_{d2}：中縦桁の死荷重反力（画面 II-14 の値）
　　　　A：影響線の面積（画面 II-15 の値）
　　　　η, η_1, η_2, …：影響線の縦距（画面 II-15 の値）
　　　　$\overline{P}$：活荷重強度（画面 II-13 の値，式(II.14)）

　上式の死荷重曲げモーメントは，床桁自重の等分布荷重による曲げモーメントと縦桁反力の集中荷重による曲げモーメントからなっている．縦桁反力として作用する集中荷重は縦桁の数だけあるが，このうち外側の2荷重だけは外縦桁の支点反力を用い，残りの荷重は中縦桁の支点反力を用いる．

　活荷重曲げモーメントは，画面 II-15 に示した中央断面に関する場合，左右対称な活荷重（トラック）の載荷位置となるのが通常である．このことから，上式では，係数2がかかってくる．また，活荷重は，できるだけ影響線の値の大きいところ，すなわち中央寄りの位置に載荷される．

　衝撃による曲げモーメントは，縦桁の場合と同様に活荷重曲げモーメントに対して衝撃係数 i の分（式(II.15)参照）だけ作用する．

　床桁を途中で断面変化させ材料の節約をはかる場合には，中央断面だけではなしにその断面変化点における曲げモーメントを求める必要がある．そして，その断面

画面 II-16　床桁に働く曲げモーメント

項目	中間床桁	端床桁
死荷重モーメント （kN.m） Md = wd*A+ Σ Wdη	1.500*5.951+2*112.874*0.425 +128.938*1.725= 327.287	1.400*5.951+2*62.935*0.425 +71.892*1.725= 185.840
活荷重モーメント （kN.m） Ml*k = PΣ η *k 〈活荷重は割増しを考慮した値〉	100.000*(2*(1.475+0.600)) *1.000= 415.000	105.600*(2*(1.475+0.600)) *1.000= 438.240
衝撃によるモーメント （kN.m） Mi = Ml*i	415.000*0.350　= 145.250	438.240*0.350　= 153.384
合計モーメント （kN.m）	= 887.537	= 777.464

変化点の曲げモーメントでそこの断面決定を行うことができるので，断面を中央部よりも少し小さくすることができる．ここでの設計例では，床桁の全長にわたって同一断面とし，したがってスパン中央における曲げモーメントのみによって断面を決定する．

画面 II-16 は，床桁の中央断面に働く曲げモーメントの計算結果を示す．

$\boxed{3.5}$ 床桁に働くせん断力

床桁に働く最大せん断力は，主構間隔を支間長とする単純梁の支点反力として求められる．せん断力は，床桁の断面決定に対して直接関係は薄いが，床桁を主構に連結するときに必要な高力ボルトの本数を求めるのに用いられる．すなわち，床桁と主構とは現場で組み立てられるために高力ボルト接合が用いられるが，この連結部は，せん断力を伝達しなければならない．

せん断力は死荷重せん断力と活荷重せん断力(衝撃を含む)に分けられ，それらの算定式は次のようである．

死荷重せん断力：
$$S_d = w_f A + \sum w_d \eta = w_f A + W_{d1}\eta_1 + W_{d2}\eta_2 + W_{d2}\eta_3 + \cdots \tag{II.19}$$

活荷重せん断力：
$$S_l = \bar{P}\sum \eta = \bar{P}(\eta_1 + \eta_2 + \cdots) \tag{II.20}$$

衝撃によるせん断力：
$$S_i = S_l i \tag{II.21}$$

死荷重せん断力は床桁自重による分と縦桁の支点反力からくる分からなるが，縦桁の支点反力のうち外縦桁は左右両側の分を加えると影響値は必ず 1.0 になる．中縦桁によるせん断力の影響値は，それぞれその位置によって異なる．

活荷重せん断力を求めるためには，活荷重はできるだけせん断力の大きくなる位置に載荷する．その位置は，画面 II-15 で示したように，できるだけ支点寄りとなる．

画面 II-17 は，床桁に働く最大せん断力の計算結果を示す．

図 II.13 には，床桁の支持方式を示すが，通常床桁は主構に腹板のみで取り付けられており，フランジは連結されない．したがって，ここで求めたせん断力のみが，この腹板の連結部を通じて主構トラスに伝達される．もちろん，図 II.13 を見るとわかるように腹板の高さ方向に高力ボルトが配置されているので，いくらかの

3章　床桁の設計

画面 II-17　床桁に働くせん断力

項　目	中　間　床　桁	端　床　桁
死荷重せん断力（kN） $Sd = wd*A + \Sigma Wd\eta$	1.500*3.450+112.874*(0.123 +0.877)+128.938*0.500= 182.518	1.400*3.450+62.935*(0.123 +0.877)+71.892*0.500= 103.711
活荷重せん断力 (kN) $Sl*k = P\Sigma \eta *k$ （活荷重は割増しを考慮した値）	100.000*(0.899+0.645 +0.500+0.246)*1.000= 229.000	105.600*(0.899+0.645 +0.500+0.246)*1.000= 241.824
衝撃によるせん断力 (kN) $Si = Sl*i$	229.000*0.350　　= 80.150	241.824*0.350　　= 84.638
合　計　せん断力(kN.m)	= 491.668	= 430.173

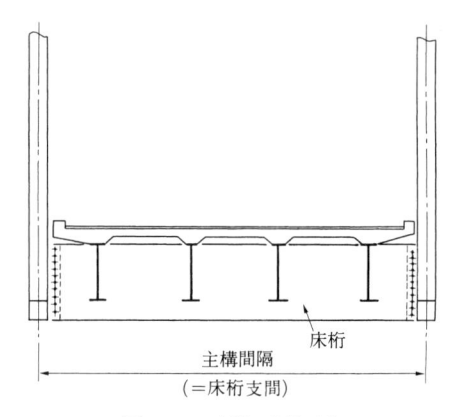

図 II.13　床桁の支持形式

曲げモーメントは，連結部に作用することになるが，通常，これを無視し，その代わりに高力ボルトの本数を少し多いめとなるように設計する(3.8「床桁の主構への連結」参照).

3.6 中間床桁の断面決定

前項で求めた断面力に対して十分抵抗できるように床桁の断面を決定するが，このときせん断力よりも，曲げモーメントのほうが断面決定の支配的要因となるのが一般的である．縦桁のときもそうであったように，床桁においても，最初に決めなければならないもっとも重要なポイントは腹板の高さである．床桁の場合，これが，比較的簡単に決定される．すなわち，床桁は，その役割から縦桁を支持しなければならないので，少なくとも構造上縦桁よりは高くしなければならない．また，縦桁の下に下横構を取り付けるスペースが必要であるので，これらのことから床桁の腹板高さは，通常，縦桁の腹板高さよりも 200～250 mm 高いように決められる．本書の設計では，床桁の腹板高さを次のようにして決めている．

$$(h_w)_{床桁} = (h_w)_{縦桁} + 200 \text{ mm} \tag{II.22}$$

画面 II-18　中間床桁の断面決定（本画面は修正入力が可能）

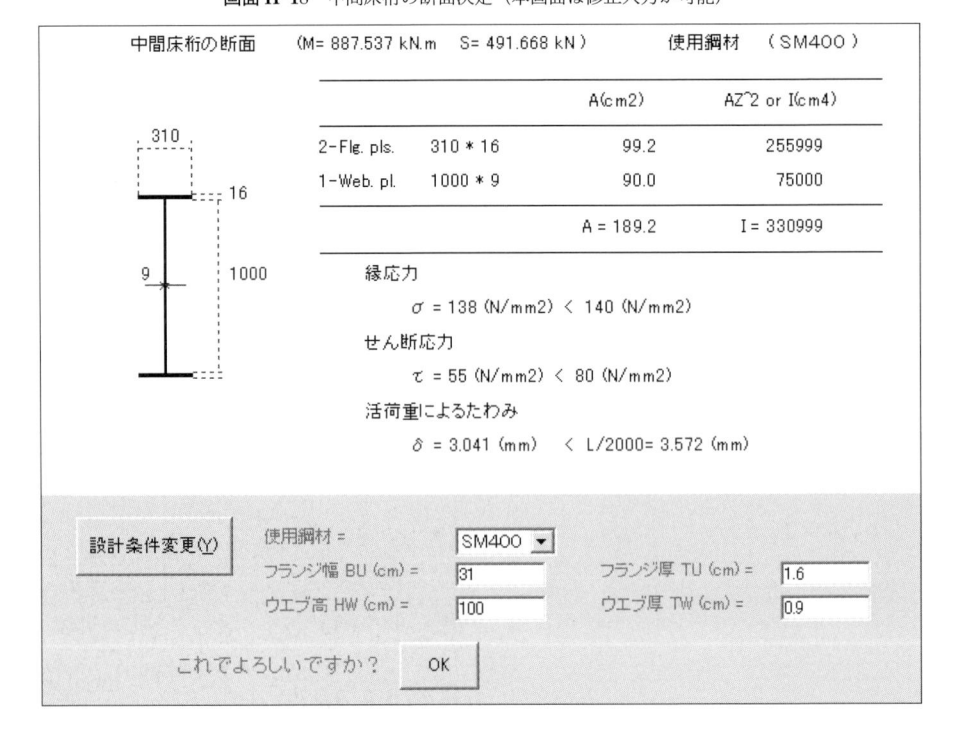

```
中間床桁の断面    (M= 887.537 kN.m   S= 491.668 kN)     使用鋼材  (SM400)

                                    A(cm2)        AZ^2 or I(cm4)
  310
 ┌─────┐          2-Flg. pls.   310 * 16        99.2            255999
 │  16 │          1-Web. pl.    1000 * 9        90.0             75000
 │     │
 │1000 │                                    A = 189.2        I = 330999
 │  9  │
 │     │          縁応力
 │     │                σ = 138 (N/mm2) < 140 (N/mm2)
 └─────┘
                  せん断応力
                        τ = 55 (N/mm2) < 80 (N/mm2)

                  活荷重によるたわみ
                        δ = 3.041 (mm)  < L/2000 = 3.572 (mm)

 [設計条件変更(Y)]   使用鋼材 =        [SM400 ▼]
                   フランジ幅 BU (cm) = [31]      フランジ厚 TU (cm) = [1.6]
                   ウエブ高 HW (cm) = [100]       ウエブ厚 TW (cm) = [0.9]

            これでよろしいですか？   [OK]
```

ここに，h_w：腹板の高さ．

　腹板の厚さは，床桁の高さは通常それほど大きなものとならないので，本書では 9 mm の一定値としている．このようにして，腹板の寸法が決定されると，作用曲げモーメントの大きさからフランジの必要断面積が求められ，これからフランジの寸法を決定し，応力度の計算を行う手順となる．さらに，その後，たわみの制限を満足しているか否か，あるいは補剛材の必要性等を検討する．これらの内容は，すべて縦桁の設計と同様であるので，縦桁の断面決定のところを参照されたい．

　画面 II-18 を見るとわかるように，最大曲げ応力度（縁応力度）が許容応力度にちょうどおさまるように断面決定がなされており，せん断応力度やたわみ制限には，余裕がある．せん断応力度に余裕があるのは，このようなプレートガーダーの断面決定の際に起こり得る．そして，たわみ制限にも余裕が出てきたのは，腹板の高さが支間長に比較して構造上大きめにならざるをえないためである．

　コンピュータが推定する断面は，必要なフランジ断面積の情報を提供してくれるが，そのときのフランジの板幅と厚さの値は設計者の意図にそぐわない場合が多い．それらの値を修正して応力度やたわみの再計算結果を見たい場合が多いので，床桁の断面決定においても，この段階で修正入力できるようになっている．このとき，フランジの寸法として，断面積をあまり変えないように板幅と厚さを選択すれば，曲げ応力度も前とそれほど変わらない結果となる．作用応力度が許容応力度に対して余りすぎている場合には，フランジの断面積が小さくなるように板幅と厚さを修正入力すればよい．

3.7　端床桁の断面決定

　床桁は端床桁と中間床桁の2種類あるが，先の画面 II-18 は中間床桁の断面を示し，画面 II-19 は端床桁の断面を示す．端床桁は，荷重の載る範囲が中間床桁に比べ狭いので，作用する曲げモーメントも小さく，したがって断面も中間床桁よりは小さくてすむ．

　床版は平たんでなければならないという構造上の理由から，端床桁と中間床桁の高さは同じにしなければならないので，フランジの寸法が端床桁の場合，中間床桁よりも小さくなる．

画面 II-19 端床桁の断面決定（本画面は修正入力が可能）

```
端床桁の断面    (M= 777.464 kN.m    S= 430.173 kN)        使用鋼材  （SM400）

                                      A(cm2)       AZ^2 or I(cm4)
        2-Flg. pls.    270 * 16        86.4           222967
        1-Web. pl.     1000 * 9        90.0            75000
                                    A = 176.4       I = 297967

        縁応力
            σ = 135 (N/mm2)  < 140 (N/mm2)
        せん断応力
            τ = 48 (N/mm2)   < 80 (N/mm2)
        活荷重によるたわみ
            δ = 3.567 (mm)   < L/2000= 3.572 (mm)
```

(断面図: 270×16 フランジ, 1000×9 ウェブ)

3.8　床桁の主構へ連結

　床桁を主構に連結する場合，3.5「床桁に働くせん断力」で述べたように，腹板によってせん断力のみを伝達する単純支持構造とするのが，普通である．その場合，連結に必要な高力ボルトの本数 n は，縦桁のときに用いた式(II.13)と同様にして求められる．すなわち

$$n > \frac{S}{\rho_a} \quad \text{(II.13)}$$

ここに，S：せん断力（画面 II-17）

　　　　ρ_a：摩擦接合用高力ボルト 1 本当りの許容伝達力（第 I 編表 I.14）

　腹板を接続するときには，連結板を1枚だけ用いると，1摩擦面しか得られず，高力ボルトの必要本数が多くなり過ぎる場合がある．このような場合には，腹板の両側に連結板を用いる2面摩擦の構造とし，高力ボルトの必要本数を減らすようにする．このときには，上式における高力ボルト1本当りの許容伝達力 ρ_a として2面摩擦のものを用いる．

4章　主構の設計

4.1　主構への死荷重強度

A.　主構への荷重反力影響線

主構のトラスは，橋の両側に設けられ，橋の全荷重を支えて両端の支承に伝達する役目を負っている．主構に伝達される荷重は，主構自身の重量を除いてはすべて床桁を通して作用する．そこで，主構と床桁との連結点であるトラスの格点に荷重が作用するものとして，主構は，設計される．もちろん，トラスの場合，荷重は格点に作用するものでなければならないため，トラス橋においてもそのように荷重が作用する構造になっている．主構の自重も，このような考え方に沿って，格点に作用するものと近似して主構の設計を行う．

主構に作用する荷重は，大きく分類すると死荷重と活荷重に分かれる．そして，死荷重および活荷重は，さらにいくつかの項目に分かれて，いろいろな作用の仕方で主構に影響を与える．そのようにいろいろな種類の荷重が作用する場合，これまで見てきたように影響線というものを用いて求めるのが，便利となる．

図 II.14 には，主構反力の影響線図を示す．本書の設計例では，橋の構造が左右対称であるため，死荷重は全死荷重の 1/2 ずつを均等に 2 つの主構で

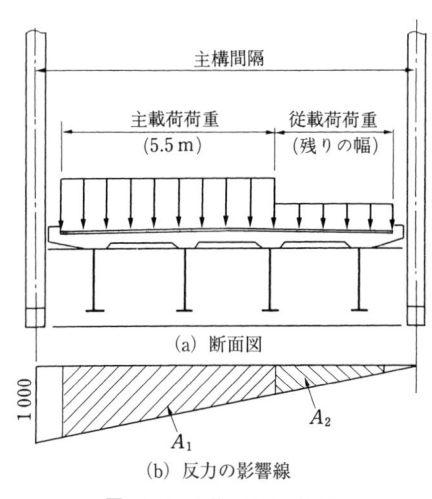

図 II.14　主構反力の影響線

受け持つとするので,とくにこの主構反力の影響線を用いる必要はない.全死荷重の大きさを求めれば,その半分を,主構への荷重とすればよい.ところが,活荷重の場合,主構を設計するためにはL荷重を用いるので,L荷重は主載荷荷重と従載荷荷重とに分かれて左右対称とはならず,図II.14に示した反力影響線を用いるのが便利となる.

B. 主構に作用する死荷重強度

死荷重とは自重のことであるから,アスファルト,鉄筋コンクリートや鋼というそれぞれの材料の単位体積当りの重量から求めることができる.画面II-20には,主構に作用する死荷重強度の設計例を示す.アスファルト舗装と鉄筋コンクリート床版はいずれも路面全体に等分布している荷重であるので,1 m² 当りの荷重に道路幅員の半分をかけると片側の主構に作用する1 m 当りの荷重が求められる.

いっぽう,高欄と地覆による死荷重は,路側の高欄の取り付く部分に作用する線荷重であり,道路の両側にあるので縦桁の設計において求めた荷重 w_d'(画面II-5参照)と同一のものとなる.

鋼重は,トラス橋の鋼構造部分の重量を意味している.これには,主構,縦桁,床桁,上横構,下横構,橋門構等が含まれる.鋼構造部分の重量は,支間と幅員に深く関係していることが容易に想像される.これを通常データとして整理するときは,路面1 m² 当りの鋼重として,これが支間に対してどう変化するかというようにまとめると都合がよい.そうすれば,支間と幅員の両方の要素が,データの中に含まれるからである.本書で取り扱う単純支持下路ワーレントラス道路橋の鋼重データとしては,最近の単純トラス橋のデータから回帰分析をして求めた次の2つの近似式がある.

$$w_s(\mathrm{kN/m^2}) = 0.0322L + 1.411 \tag{II.23}$$

$$w_s(\mathrm{kN/m^2}) = 2.265 \times 10^{-4} L^2 - 3.858 \times 10^{-3} L + 2.778 \tag{II.24}$$

図II.15には,最近の単純トラス橋の鋼重データをプロットし,また式(II.23〜II.24)の近似式も示す.かなりデータにばらつきがあるが,ここで使用する仮定鋼重は,どちらかというと大きめの値を採用したほうが安全側の設計となる.本書に添付のプログラムでは,線形式(II.23)を用いている.ただし,本書の設計例の場合,活荷重にA荷重を採用しているので,鋼重仮定は,式(II.23)で求めた値より小さい値としている.

ハンチは,縦桁と床版の接続部分にあるコンクリートの重量のことである.この

4章 主構の設計

$$y = 2.265\,\mathrm{E}{-04}\,x^2 - 3.858\,\mathrm{E}{-03}\,x + 2.778\,\mathrm{E}{+00}$$

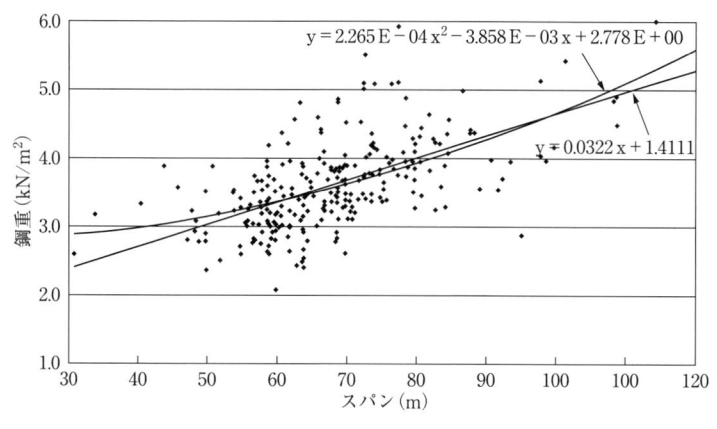

$$y = 0.0322\,x + 1.4111$$

図 II.15 トラス橋の鋼重近似（昭和 53 - 平成 12 年）

重量は，厳密にいうと，外縦桁と中縦桁のハンチ重量の合計を片側の主構ということで半分にして求められる．したがって，前に示した縦桁への死荷重強度の算定に用いたハンチ重量と縦桁の本数から計算できるが，画面 II-20 を見るとわかるように，ハンチの重量そのものは，それほど他の項目に比較して重要ではないので，大略の値を代入することが多い．

ここでは，たとえば水道管あるいは電話線等の添加物がついてきたりしたとき

画面 II-20 主構への死荷重強度（本画面は修正入力が可能）

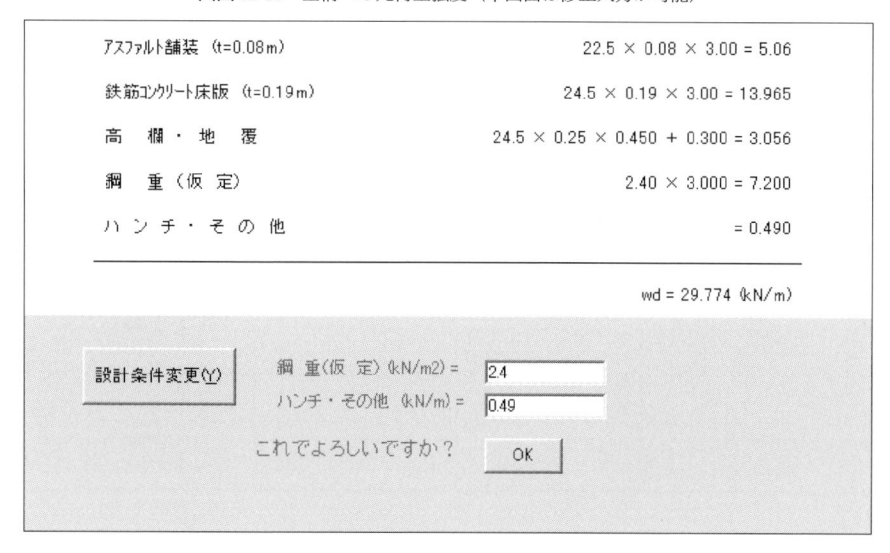

アスファルト舗装 （t=0.08m）	22.5 × 0.08 × 3.00 = 5.06
鉄筋コンクリート床版 （t=0.19m）	24.5 × 0.19 × 3.00 = 13.965
高 欄 ・ 地 覆	24.5 × 0.25 × 0.450 + 0.300 = 3.056
鋼 重 （仮 定）	2.40 × 3.000 = 7.200
ハ ン チ ・ そ の 他	= 0.490
	wd = 29.774 (kN/m)

設計条件変更(V)　　鋼 重(仮 定) (kN/m2) = 2.4
　　　　　　　　　ハンチ・その他 (kN/m) = 0.49
　　　　　　　これでよろしいですか？　OK

に，その影響が大きいので，考慮しておかなければならない．

4.2 主構への活荷重強度

主構に作用する活荷重としてはL荷重を用いる．L荷重とは，橋全体に作用する自動車荷重を設計に用いやすいような形で表現したものである．橋の路面上にはさまざまな種類の自動車が載るが，これを確率統計的に整理したL荷重を用いる．

したがって，L荷重は橋全体に載る荷重を平均的に表したもので，T荷重のように局部的に大きな荷重はあまり問題としていない．これらの詳しいことについては，合成桁橋の設計の場合と同様であるので，第I編3.1D「主桁に作用する活荷重強度」を参照されたい．ここでは，以下で簡単にまとめることにする．

L荷重は，橋全体にまたがる平均的な等分布荷重p_2とその中に混在する例外的な大型トラックを表現した部分等分布荷重p_1とに分かれる．そして，このような分類をするいっぽうで，別の観点からの分類として，渋滞の生じている車線と生じていない車線を考慮して主載荷荷重と従載荷荷重を設けている．これらのそれぞれの値は，表II.3に示すとおりである．

図II.16には，それぞれのL荷重が載荷されている状態を示す．活荷重を載荷するときには，構造物に対してもっとも危険側となるようにその位置を決めるというのが設計の基本的な考え方である．そこで，主載荷荷重の範囲(幅5.5 m) あるいは部分等分布荷重の位置は，どちら側の主構を考えるのかあるいはどの部材を設計しようとしているのかによって変わってくる．すなわち，死荷重は動くことのない固定荷重であるのに対して，活荷重は移動荷重である．移動荷重による最大断面力を求める場合には影響線を用いるのがもっとも便利であるので，橋梁の構造設計で

表II.3 L荷重（「道示I 2.2.2」）

荷重	載荷長 D (m)	主載荷荷重（幅5.5 m）					従載荷荷重
		等分布荷重 p_1 荷重 (kN/m²)		等分布荷重 p_2 荷重 (kN/m²)			
		曲げモーメントを算出する場合	せん断力を算出する場合	$L \leq 80$	$80 < L \leq 130$	$130 < L$	
A活荷重	6	10	12	3.5	$4.3 - 0.01L$	3.0	主載荷荷重の50%
B活荷重	10						

L：支間長 (m)

4章 主構の設計

図 II.16 L荷重の載荷状態

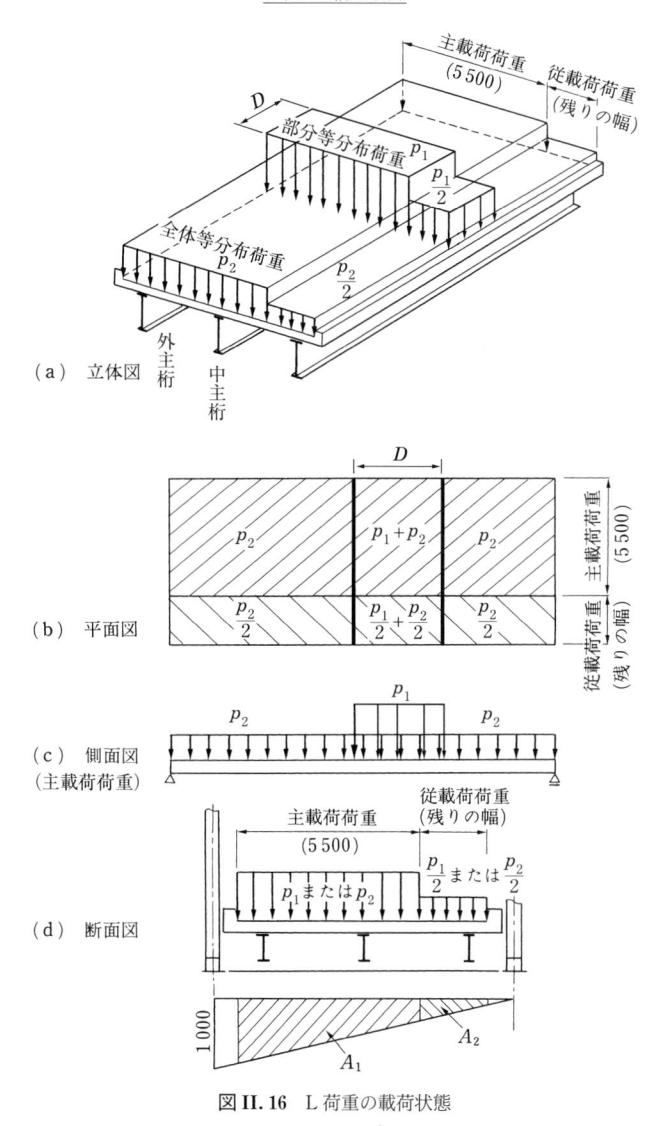

はつねに影響線が用いられる．

画面 II-21 に示した L 荷重の計算結果においては，部分等分布荷重と全体等分布荷重に分かれて表示されている．それぞれには，主載荷荷重による分と従載荷荷重による分が含まれている．すなわち，荷重強度の算定式は，次のようになる．

$$\text{部分等分布荷重：} \bar{p}_1(\text{kN/m}) = p_1\left(A_1 + \frac{A_2}{2}\right) \quad (\text{II. 25})$$

$$\text{全体等分布荷重：} \bar{p}_2(\text{kN/m}) = p_2\left(A_1 + \frac{A_2}{2}\right) \quad (\text{II. 26})$$

ここに，p_1：部分等分布荷重(表 II. 3)，p_2：全体等分布荷重(表 II. 3)
　　　A_1：主載荷荷重に対する影響線面積(図 II. 16(d))
　　　A_2：従載荷荷重に対する影響線面積(図 II. 16(d))

　上式の中でそれぞれの荷重の単位に注目すると，道路橋示方書で与えられたもとの L 荷重は，道路面の単位面積当りの等分布荷重 $p(\text{kN/m}^2)$ である．これを主構に作用する荷重に変換したときには，単位長さ当りの等分布荷重 $\bar{p}(\text{kN/m})$ のように変わってくる．トラス橋は本来両側に主構をもつ立体骨組構造物であるが，構造設計においてはこれを平面構造物に簡略化する．したがって，主構を設計するときには，平面トラスを取り扱いこれに作用する荷重として求めているので，このような単位となるのである．

　画面 II-21 には，自動車通過時の衝撃によって生じる衝撃荷重を求めるために必要な衝撃係数の値も示している．衝撃係数は，トラス橋の場合，支間長のとり方が部材によって異なる．衝撃係数 i は，鋼橋に対して次式によって求められる(「道示

画面 II-21 主構への活荷重強度

活荷重

曲げモーメントの等分布荷重 (P1) =	29.765 kN/m
せん断力の等分布荷重 (P1) =	35.718 kN/m
等分布荷重 (P2) =	10.418 kN/m

衝撃係数

部材	l (m)	i
弦材	50.000	0.200
端斜材	50.000	0.200
斜材	37.500	0.228

「 2.2.3」).

$$i = \frac{20}{50+L} \quad (\text{II}.27)$$

このとき，支間長 $L(\text{m})$ を，各部材に対して次のようにとる．

（部　　材）	（支間長 L）
弦材・端柱・支承	橋の支間長
下路トラスの吊材	床桁の支間長
上路トラスの支柱	床桁の支間長
分格間の斜材	床桁の支間長
その他の腹材	0.75×(橋の支間長)

4.3　トラスの影響線

A.　主構部材力の影響値

トラスの部材力は，影響線を用いて求めるのが便利である．影響線についてはこれまでも荷重強度の算定や床組部材の断面力の算定のところで見てきたが，ここではトラス部材力の影響線について考える．トラス部材力の影響線は，これまでの縦桁や床桁の梁にあてはめれば，曲げモーメントやせん断力の影響線に相当する．トラスの上弦材や下弦材の部材力を求めるためには，梁の曲げモーメントの影響線を応用する．また，斜材や鉛直材の部材力は，梁のせん断力の影響線を応用する．トラスは骨組構造物であって，プレートガーダーのような板構造物と構造形態が異なる．しかし，トラスを全体として見ると，やはりプレートガーダーと同じように，曲げモーメントやせん断力が，作用していると見なせるからである（図 II.21 参照）．

プレートガーダーとトラスは構造形態が異なるとはいえ，プレートガーダーの上下フランジはトラスの上下弦材に相当し，プレートガーダーの腹板はトラスの腹材（斜材や鉛直材）に相当しており，

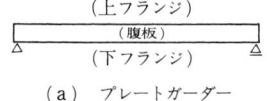

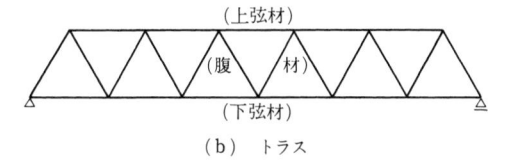

(a) プレートガーダー
(上フランジ)
(腹板)
(下フランジ)

(b) トラス
(上弦材)
(腹　材)
(下弦材)

図 II.17　プレートガーダーとトラス

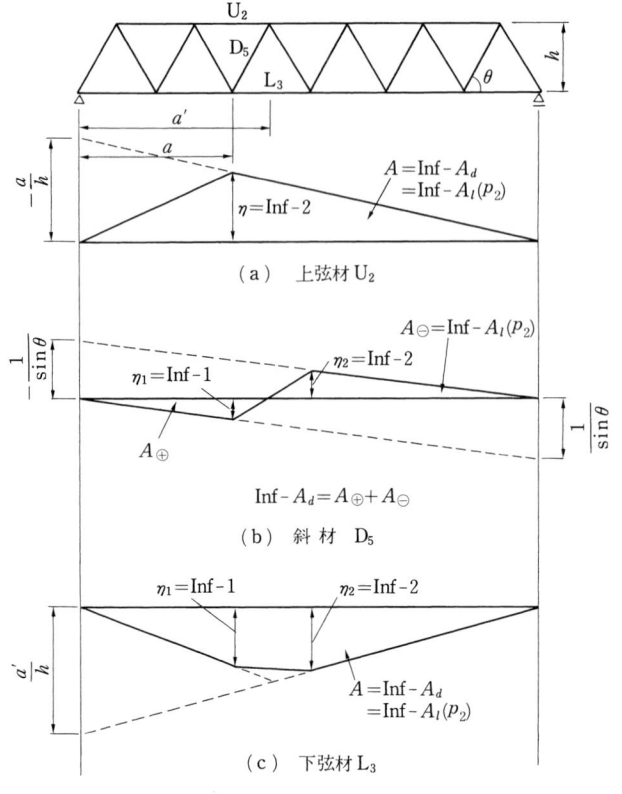

図 II.18 トラスの影響線

それぞれの部分の役割はまったく同一である．その意味で，図 II.17 に示すように，2 つの構造物は，根本的には同じ構造形態であるといえる．ただ異なる点は，プレートガーダーの場合は比較的支間の小さい場合に適しており，支間が大きくなるとフランジや腹板が大きくなってきて腹板の無駄な部分を省いたり，各部分をより効率的な断面構成にしたりして，結果的にトラスのような骨組構造に発展したまでのことである．

　画面 II-22 には，トラスの影響線の値や面積をまとめて示している．その求め方は後の画面で説明するとして，ここではこの画面に示した数字の意味について述べる．上弦材の影響線は 1 つの三角形で表せるため，その形は，図 II.18(a) に示すように三角形の頂点の値 (Inf-2) が決まれば，全体が決まる．そして，この影響線の値の最大の位置近辺に活荷重の部分等分布荷重 p_1 を，作用させる．部分等分布

4章　主構の設計

荷重 p_1 の載荷長 D は A 荷重あるいは B 荷重によって異なるが(表 II.3 参照)，これに対する影響線面積($\text{Inf-}A_l(p_1)$) が，この画面 II-22 に示されている．等分布荷重 p_2 は，全体に作用するので，それに対応する影響線の面積が必要となる．上弦材の場合，死荷重に対する影響線の面積($\text{Inf-}A_d$) と等分布荷重 p_2 に対する影響線の面積($\text{Inf-}A_l(p_2)$) は，等しくなる．

斜材の影響線は，図 II.18(b) に示すように 2 つの三角形からなり，それぞれ正の部分と負の部分を有している．正の部分と負の部分とでは，部材力の方向が引張力と圧縮力の反対方向に生じることを表しており，したがって影響線の値や面積をそれぞれの部分について求めておく必要がある．たとえば，活荷重は，部材力が最大となる位置に載荷されるので，この影響線の値を見ながら，どの部分に活荷重を載荷するのか決定する．等分布活荷重 p_2 は $A_\oplus$ か $A_\ominus$ のどちらか大きいほうに部分載荷され，また部分等分布荷重 p_1 は載荷長 D に対する影響線面積 $\text{Inf-}A_l(p_1)$ が最大になる位置に載荷される．死荷重の場合は，全支間にわたって載荷される固定荷重であるから，$\text{Inf-}A_d = A_\oplus + A_\ominus$ の面積が必要になってくる．これらの影響

画面 II-22　主構部材力の影響値

影響線値、影響線の面積

項目	Inf-1	Inf-2	Inf-Ad	Inf-Al(P1)	Inf-Al(P2)
上弦材					
1	—	-0.942	-23.548	-5.313	-23.548
2	—	-1.570	-39.247	-8.855	-39.247
3	—	-1.884	-47.096	-10.626	-47.096
斜材					
1	0.000	-0.978	-24.452	-5.516	-24.452
2	0.163	-0.815	-16.302	-4.597	-16.981
3	0.326	-0.652	-8.151	-3.677	-10.868
4	0.489	-0.489	0.000	-2.758	-6.113
下弦材					
1	0.000	0.471	11.774	2.656	11.774
2	0.863	1.177	31.398	6.723	31.398
3	1.413	1.570	43.172	9.137	43.172
4	1.648	1.648	47.097	9.888	47.097

線の値や面積が，画面II-22の中に示されている．

下弦材の影響線は，図II.18(c)に示すように正（引張）の一定の符号をもっており，またトラスの格点間では間接荷重の載荷になるためにこの間で折れた形の三角形になる．したがって，画面II-22には，これら2つの頂点の影響値と面積が示されている．上弦材のときもそうであったように，下弦材においても，死荷重に対する影響線の面積（Inf-A_d）と活荷重に対する影響線の面積（Inf-$A_l(p_2)$）は，等しい．

B. 上弦材の部材力影響線図

影響線は，図に表現してみたほうが理解が容易である．単純支持トラスにおける上弦材の部材力影響線は，画面II-23に示すように，全体が負の符号をもっている．これは，部材力が必ず圧縮力であることを示している．

トラスの上弦材部材力影響線は，図II.19に示すように梁の曲げモーメント影響線とほとんど同様にして得られる．梁の曲げモーメント影響線は，断面t-t（図II.19(a)）について求める場合，距離aを左側の高さ方向にとって三角形をつくれば，容易に得られる．この影響線とは，単位荷重$P=1$がトラス上を移動するとき，断面t-tの曲げモーメントの大きさとして与えられるものである．

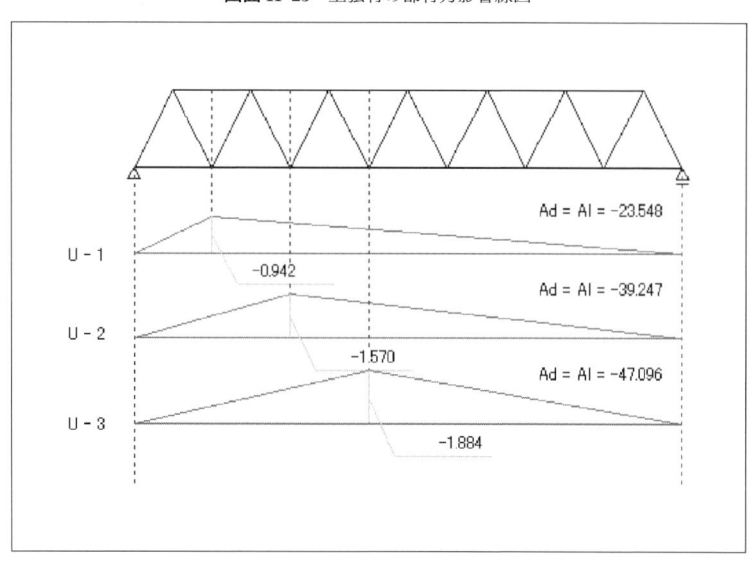

画面II-23 上弦材の部材力影響線図

4章　主構の設計

いっぽう，トラスの上弦材部材力の場合は，図 II.19(b) に示すように，いまたとえば部材 U_2 の部材力を求めるとき，梁の場合と同様に断面 t-t の曲げモーメントの影響線を描けば，その値をトラス高さ h で割るだけでよい．これは，断面 t-t における曲げモーメント $M_{t\text{-}t}$ と部材力 U_2 との間に次の関係があるためである．

(a) 梁の曲げモーメント影響線図

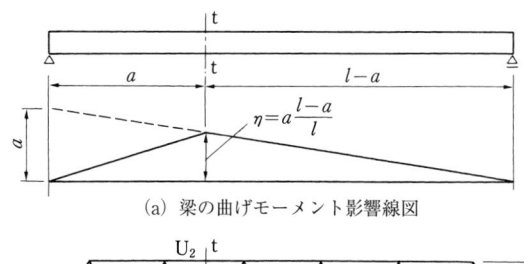

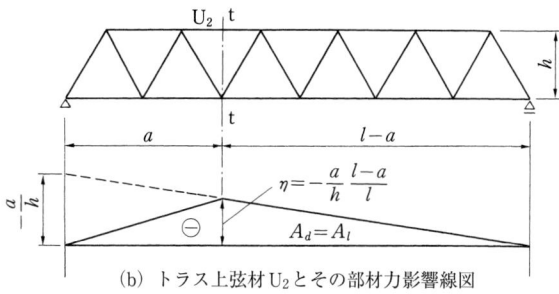

(b) トラス上弦材 U_2 とその部材力影響線図

図 II.19　上弦材の部材力影響線図

$$U_2 = -\frac{M_{t\text{-}t}}{h} \qquad (\text{II.28})$$

画面 II-23 には，それぞれ上弦材 U_1，U_2 および U_3 の部材力影響線を示している．トラス橋は，左右対称の形状になるのがふつうであるので，以上で全上弦材の部材力影響線を表したことになる．等分布荷重による部材力は荷重強度と影響線面積を乗じ，また集中荷重による部材力は荷重強度と影響値を乗じることによって得られる．それらを式で表すと，次のようになる．

死荷重による部材力：
$$U_d = w_d A_d \qquad (\text{II.29})$$

活荷重による部材力：
$$U_l = \bar{p}_1 A_l(p_1) + \bar{p}_2 A_l(p_2) \qquad (\text{II.30})$$

衝撃による部材力：
$$U_i = U_l i \qquad (\text{II.31})$$

ここに，w_d：主構に作用する死荷重強度（画面 II-20）

　　　$\bar{p}_1$：主構に作用する活荷重強度（部分等分布荷重（載荷長 D），画面 II-21，式(II.25)）

　　　$\bar{p}_2$：主構に作用する活荷重強度（全体等分布荷重，画面 II-21，式(II.26)）

　　　$A_d(=A_l(p_2))$：影響線面積（画面 II-23）

$A_l(p_1)$, $A_l(p_2)$：$\bar{p}_1$，$\bar{p}_2$ に対する影響線面積

i：衝撃係数（画面 II-21）

上式を用いて求めた部材力の一覧を，後述の画面 II-26 に総括する．

C. 斜材の部材力影響線図

トラス斜材の部材力影響線は，梁のせん断力影響線と対比して求められる．梁の断面 t-t に対するせん断力の影響線は，図 II.20(a) に示すように，三角形が断面 t-t で左右に切断された上下の2つの三角形からなる．そして，その三角形の頂点の延長が1および-1となるので，このような影響線図を描くのは，容易である．

トラスの斜材の場合，これとほとんど同じ形の影響線図となるが，格点間では荷重がこの2つの格点に分配される間接荷重となるために，2つの格点における頂点を結んだ三角形となる．さらに，三角形の頂点を延長した端の値は，斜材の傾斜度 $\sin \theta$ で割っている．これは，断面 t-t におけるせん断力 S と斜材の部材力 D との間には，次の関係があるためである．

$$D = \frac{S}{\sin \theta} \tag{II.32}$$

上式は，斜材部材力 D のせん断力方向成分（鉛直方向成分）をとり，それがせん

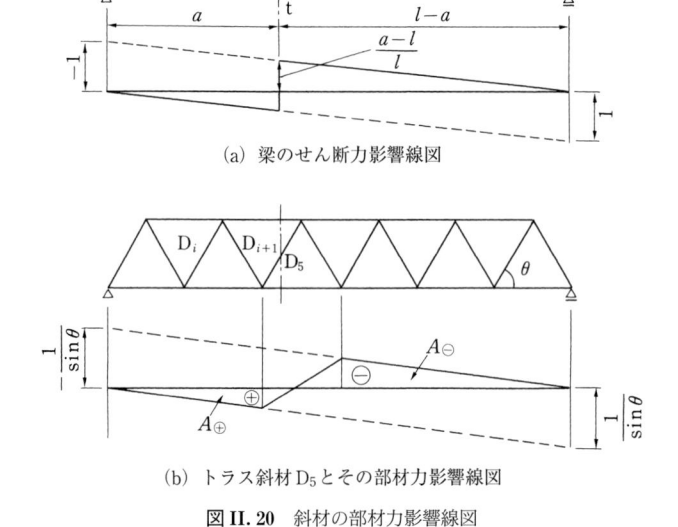

(a) 梁のせん断力影響線図

(b) トラス斜材 D_5 とその部材力影響線図

図 II.20 斜材の部材力影響線図

4章 主構の設計

断力 S に等しいことを表している．

斜材の部材力算定式は，次のようになる．

死荷重による部材力：
$$D_d = w_d A_d \tag{II.33}$$

活荷重による部材力：
$$D_l = \bar{p}_1 A_l(p_1) + \bar{p}_2 A_l(p_2) \tag{II.34}$$

衝撃による部材力：
$$D_i = D_l i \tag{II.35}$$

ここに，A_d：死荷重に対する影響線面積（$= A_\oplus + A_\ominus$）

$A_l(p_1)$：部分等分布荷重 p_1 に対する影響線面積

$A_l(p_2)$：等分布活荷重に対する影響線面積（$= A_\oplus$ と $A_\ominus$ の絶対値の大きいほう）

i：衝撃係数（画面 II-21 参照）

活荷重は移動荷重であるので，その位置によって斜材の部材力は引張力であったり，圧縮力であったりする．活荷重による部材力の符号が死荷重による符号と異なるとき，その部材を**相反応力部材**と呼ぶ．相反応力部材では活荷重がわずかに増大してもその影響が大きいので，活荷重を 30% 割り増しして設計する（「道示 II 4.1.2」）．とくに，死荷重によって引張力が作用していても，活荷重による圧縮力が大きい場合，座屈に対する安全照査も必要であることに注意を要する．本書では，この相反応力部材に関する規定については考慮されていない．

斜材の部材力が圧縮力であるか引張力であるかを考えるときには，せん断力の符号が正負どちらであるかを考えるよりも，せん断力の方向と斜材の方向から判断するほうが間違いが少なく，また容易でもある．図 II.21 に示すように，いまいずれの場合も，断面 t-t に同じ下方向のせん断力 S が働いているとする．このせん断力に対して突っ張る方向に斜材

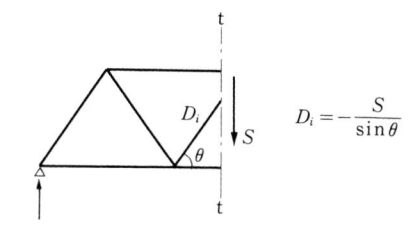

(a) D に圧縮力($-$)が働く場合
$$D_i = -\frac{S}{\sin\theta}$$

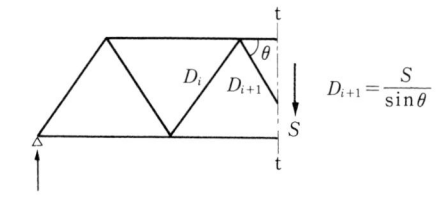

(b) D に引張力($+$)が働く場合
$$D_{i+1} = \frac{S}{\sin\theta}$$

図 II.21 斜材部材力の符号

が入っているとき（図II.21(a)）部材力は圧縮となり，このせん断力に対して引かれる方向に斜材が入っているとき（図II.21(b)）部材力は引張りとなる．

このように考えると，図II.20 あるいは図II.21 に示す部材 D_i と D_{i+1} の部材力影響線は，間接荷重によって同一の形状となる．そして斜材の方向が異なることによって，部材力の方向が，異なるのみである．

また，斜材の部材力は，端部にいくほど大きくなり，中央部にいくほど小さくなる．

画面II-24 は，斜材の部材力の影響線の計算結果を示す．

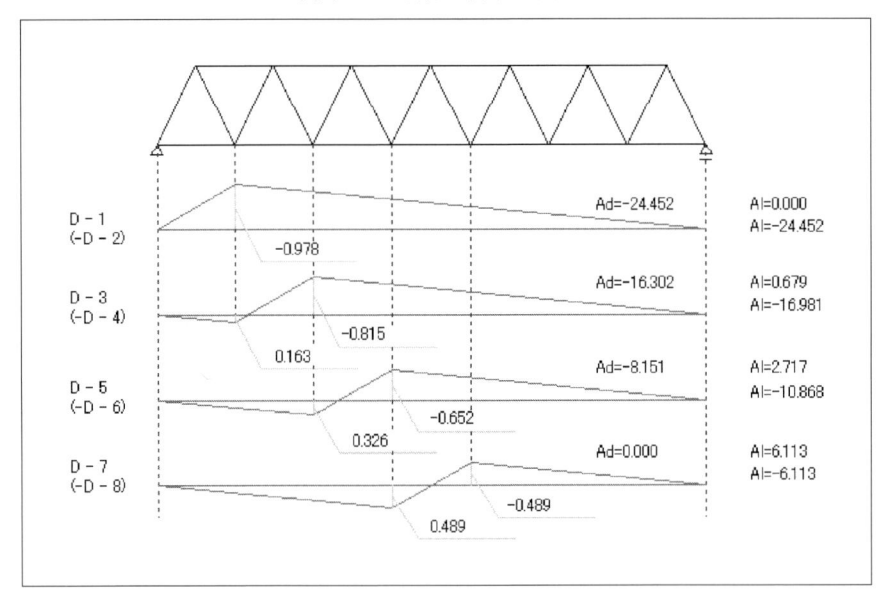

画面 II-24 斜材の部材力影響線図

D-1 (-D-2)	-0.978	Ad=-24.452　Al=0.000　Al=-24.452
D-3 (-D-4)	0.163　-0.815	Ad=-16.302　Al=0.679　Al=-16.981
D-5 (-D-6)	0.326　-0.652	Ad=-8.151　Al=2.717　Al=-10.868
D-7 (-D-8)	0.489　-0.489	Ad=0.000　Al=6.113　Al=-6.113

D． 下弦材の部材力影響線図

下弦材の部材力影響線図は，基本的に先に述べた上弦材の影響線図と同様にして求められ，梁の曲げモーメントの場合を基礎にして得られる．上弦材の場合と決定的に異なるのは，下弦材がつねに引張力しか受けないということである．

図II.22 には，下弦材の部材力影響線図を梁の曲げモーメント影響線図と対比して示す．梁の曲げモーメント影響線図は，図II.22(a) に示すように断面 t-t について求める場合，左側の支点からの距離 a を端部における高さにとって他方の支

(a) 梁の曲げモーメント影響線図

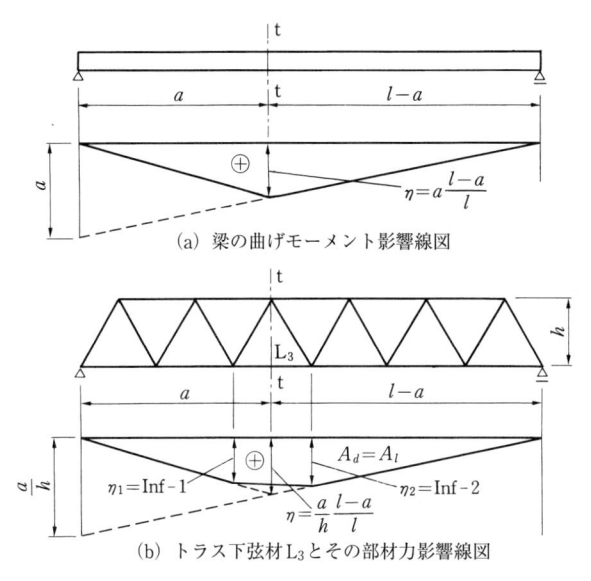

(b) トラス下弦材 L_3 とその部材力影響線図

図 II.22 下弦材の部材力影響線図

点と結び，断面 t-t において頂点とする三角形を描けば得られる．トラスの下弦材の場合は，図 II.22(b) に示すように，いま部材 L_3 の影響線図を求めるとき，まず対角の頂点を通る断面 t-t についての曲げモーメント影響線図を描き，部材 L_3 の間に載る荷重に対しては間接荷重となるので，2つの格点で折れ曲がって頂点を切り取った三角形とすればよい．そして，影響線の縦距は，すべてトラス高さ h で割った値となる．これは，上弦材のときと同じように，下弦材の部材力 L とその断面における曲げモーメント $M_{t\text{-}t}$ との間に次の関係があるためである．

$$L = \frac{M_{t\text{-}t}}{h} \tag{II.36}$$

画面 II-25 には，各下弦材の部材力影響線図を示している．この画面を見るとわかるように，下弦材の部材力は，トラスの中央部にいくほど大きくなる．これは，中央部ほど曲げモーメントが大きくなるためであることが上式よりわかる．

下弦材の部材力算定式は，上弦材と同様に，次のように表される．

死荷重による部材力：

$$L_d = w_d A_d \tag{II.37}$$

活荷重による部材力：

$$L_l = \bar{p}_1 A_l(p_1) + \bar{p}_2 A_l(p_2) \tag{II.38}$$

衝撃による部材力：

$$L_i = L_l i \tag{II.39}$$

ここに，衝撃係数 i は，画面 II-21 に示す値を用いる．また，死荷重強度 w_d は画面 II-20，活荷重強度は画面 II-21 に示されている．画面 II-25 を見るとわかるとおり，等分布死荷重に対する影響線面積 A_d と等分布活荷重 p_2 に対する影響線面積 $A_l(p_2)$ は，等しい．

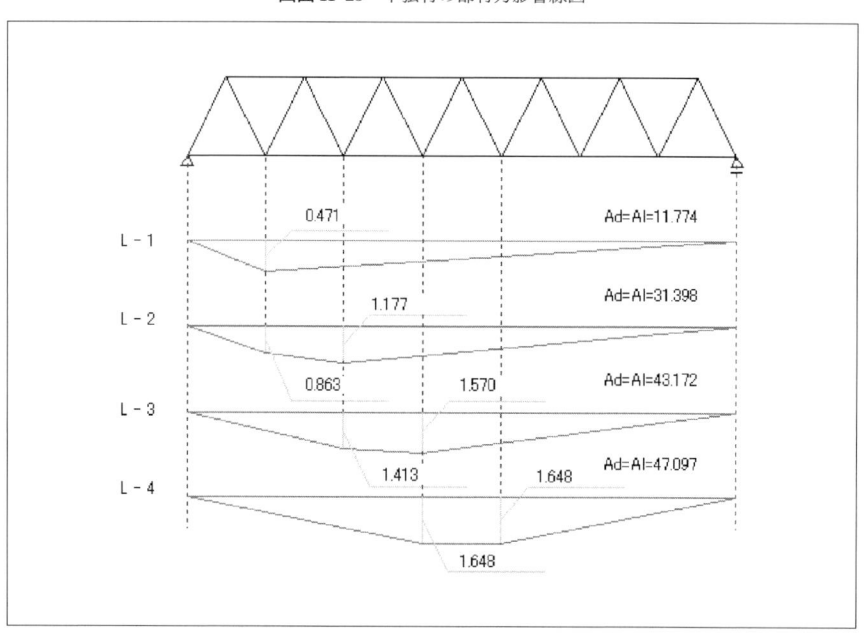

画面 II-25 下弦材の部材力影響線図

4.4　主構の部材力

これまで示してきた主構への荷重強度およびトラス部材の影響線図から，各部材に作用する軸方向力を求めた結果が，画面 II-26 に総括されている．各部材記号の示す意味は，これまでも見てきたように次のとおりとなる．

　　U：上弦材(upper chord member)，D：斜　材(diagonal member)，
　　L：下弦材(lower chord member)

4章　主構の設計

画面 II-26　主構の部材力

部材	Nd(kN)	Nl(kN)	Nl+i(kN)	N(kN)
U(1)	−701.112	−403.457	−484.148	−1185.260
U(2)	−1168.530	−672.438	−806.925	−1975.456
U(3)	−1402.225	−806.920	−968.304	−2370.529
D(1)	−728.028	−451.753	−542.104	−1270.132
D(2)	728.028	451.753	554.753	1282.781
D(3)	−485.372	−341.089	−418.857	−904.229
D(4)	485.372	341.089	418.857	904.229
D(5)	−242.686	−244.567	−300.328	−543.014
D(6)	242.686	244.567	300.328	543.014
D(7)	0.000	−162.193	−199.174	−199.174
L(1)	350.560	201.730	242.076	592.636
L(2)	934.829	527.210	632.652	1567.481
L(3)	1285.391	721.740	866.088	2151.478
L(4)	1402.244	784.969	941.963	2344.208

　各部材に付けられた番号は，端部から中央部に向かって数が大きくなっているので，上下弦材では番号が大きいほど，斜材では番号が小さいほど部材力は大きくなっている．各部材力に付けられた正負の符号は，正が引張力を表し，負は圧縮力を表している．画面 II-26 を見ると，上弦材にはつねに圧縮力が働き，下弦材にはつねに引張力が働いていることがわかる．斜材は圧縮力と引張力が部材によって異なって働くようになっているが，これは，斜材の傾斜の方向によって圧縮力が働くか，引張力が働くかが決定されるためである．

　部材力がどの荷重によって生じるかについては，次のように分けて求められている．

　　N_d　　：死荷重による部材力
　　N_l　　：活荷重による部材力
　　N_{l+i}　：衝撃を含んだ活荷重による部材力
　　N　　　：合計部材力（$= N_d + N_{l+i}$）

4.5　上弦材の断面決定

　画面 II-27 に示した上弦材の断面は，図 II.23 に示す U_1 部材に関するものである．上弦材の断面を決定するうえでは種々の問題があり，これらの問題を総合的に判断するためには経験も必要であり，コンピュータのプログラムを組むときにはなかなか難しい部分である．したがって，ここで示した断面は主構の断面決定におけるすべての問題をクリアしたものではなく，設計者が断面決定を行うための目安となるものをまずコンピュータは示す．設計者は，その画面を見ながら，下記の事項を参照のうえ，断面を修正して，より最適の断面を決定すればよいようになっている．

画面 II-27　上弦材の断面決定（U_1部材）（本画面は修正入力が可能）

```
上弦材の断面  【U-1】                N = -1185.260 (kN)
使用鋼材  SM400

                      Ag(cm2)   z(cm)    Agz(cm3)   I(cm4)
1-Top  pl   370 * 9    33.3     17.45      581      10140
2-Web  pls  340 * 9    61.2      -          -        5896
1-Bott pl   310 * 9    27.9     13.55      378       5123
                      122.4               203       21158

e  = 1.66 (cm)
Iy = 20821 (cm4)  <  Iz = 21603 (cm4)
ry = 13.04 (cm)      l  = 714.30 (cm)
l/ry = 54.77  <  120

σc = 97 (N/mm2)  <  σca = 110 (N/mm2)
```

　使用鋼材 = SM400
　トッププレート幅 bt (cm) = 37　　厚さ tt (cm) = 0.9
　ウエブプレート高さ hw (cm) = 34　　厚さ tw (cm) = 0.9
　ボトムプレート幅 bb (cm) = 31　　厚さ tb (cm) = 0.9
　ボトムプレートオフセット off.b (cm) = 3

設計条件変更(Y)　　これでよろしいですか？　OK

4章 主構の設計

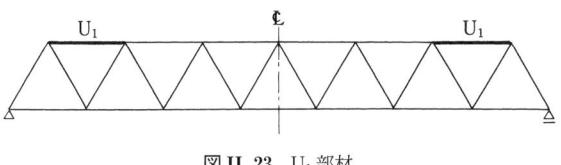

図 II.23 U₁部材

A. 上弦材の必要断面積

圧縮材である上弦材の断面決定は，次のようにして行われる．すなわち，まず次式によって，作用力に対して必要な断面積を求める．

$$A_g > \frac{N}{\sigma_{ca}} \quad \text{(II.40)}$$

ここに，A_g：圧縮部材の必要断面積(総断面積)，N：作用部材力(画面 II-26)

σ_{ca}：部材の許容軸方向圧縮応力度(第 I 編 合成桁橋の設計 表 I.10 参照)

しかし，上式で必要断面積を求める段階では上弦材の細長比はまだ決まっていないので，許容軸方向圧縮応力度 σ_{ca} は，ある仮定のもとに求めなければならない．その仮定とは，上弦材の高さは後で述べるように部材長 l の 1/20 が適当とされており，その高さ h から概略の断面二次半径が $r \cong 0.35\,h$ と求められる．この概略の断面二次半径を用いて部材の細長比 l/r を求め，これから許容軸方向圧縮応力度が求められる．この式(II.40)によって，上弦材に必要な断面積が得られたので，断面を，決定していくことができる．

手計算の場合には，計算量を減らすために上に述べたような方法で手早くだいたいの必要断面積の見当をつける必要があるが，コンピュータを用いる場合には計算量を減らすよりも計算手順が簡単なほうがよい．したがって，コンピュータ内では，まず断面形状を先に決定し，板厚を 1 mm ごとに徐々に上げていき，許容応力度を超えたところでストップさせている．

つぎに，上弦材の断面決定をしていくうえで考慮すべきいくつかの問題点があるが，それらについて説明を加える．

B. 上弦材の断面形状

上弦材は，図 II.24(a) に示すように，上板(top plate)，腹板(web plate) および底板(bottom plate) よりなる箱形の形状をしている．これら 4 枚の板は，溶接で組み立てやすいように top　plate を少し幅の広いものを用い，これに web

```
          top plate              z
      ＼＼                       │
        ┌──────────────────┐
        │                  │        ┌──────────────────┐
        │        web       │        │                  │   ボルト位置
        │       plate      │        │                  │ ／
   ── N │    ●             │ N ──   │                  │
   y    │     ↕e           │   y    │                  │
        │                  │        │                  │    hand
        │                  │        │                  │    hole
        └──────────────────┘        └──────────────────┘
          bottom plate              ／
                         ＼＼     （斜線部連結板）
                             z
      (a) 一般部断面                (b) 継手部断面
```

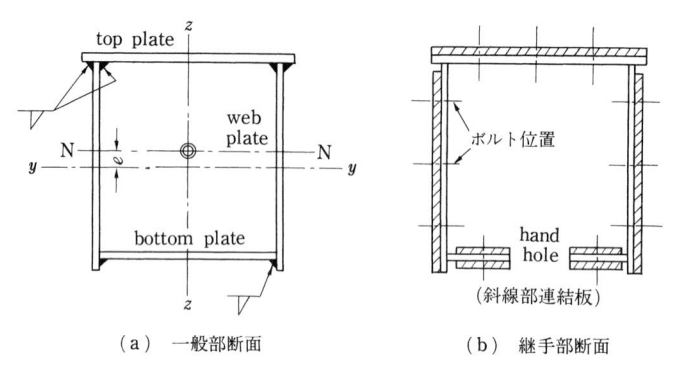

図 II.24 上弦材断面

plate が両側すみ肉溶接で取り付けられる．bottom plate は，この腹板の間に外側からのすみ肉溶接で取り付けられる．トラスの各部材は，自然環境に露出しているため，雨水のたまるような箇所をつくらないことと，製作上（溶接施工上）の容易さから，このような形状となっているのである．

上弦材は，とくに圧縮力を受ける部材であるため，細長比の制限に留意しなければならない．細長比の制限値は，各種部材に対して表 II.4 のように定められている（「道示 II 4.1.5」）．表 II.4 において主要部材とは主構や床組のような主荷重を受ける部材をいい，2 次部材とは横構のように従荷重を受ける部材のことである．

表 II.4 細長比の制限値

部材の種類	主要部材	2 次部材
圧縮部材	120	150
引張部材	200	240

（「道示 II 4.1.5」）

上弦材の高さや幅は，格間長 λ の 1/20 を目安とする．上弦材の断面の形状が小さすぎると細長比が大きくなって，許容応力度の低減が大きくなり不経済となる．いっぽう，断面の形状が大きすぎた場合には，トラスの 2 次応力が大きくなるという問題が生じてくる．トラスの設計は格点においてはヒンジ構造であるものと仮定して行っているので，トラス部材は，軸方向力のみによって設計される．しかし，実際の格点構造は剛結されており，ここに設計上の仮定と実際の構造との間に矛盾がある．この矛盾については，剛結されることによって生じる曲げモーメント応力（**2 次応力**）が軸方向力応力に比べて小さいため無視しうる，として解決されている．もし，上弦材の断面形状が大きくなりすぎると，部材に生じる曲げモーメントの値が大きくなり，2 次応力も無視できないほど大きくなってくる．このような理由から，上弦材の適切な寸法が，$\lambda/20$ とされている．

図II.24 に示す上弦材の断面で，その断面二次モーメントは $I_z > I_y$ となるようにしなければならない(「道示II 12.2.2」)．これは，水平軸(y 軸) に対して曲げモーメントを受ける方向(主構トラス面内方向) よりも，拘束度の弱い垂直軸(z 軸) に対して曲げモーメントを受ける方向(主構トラス面外方向) のほうが座屈しやすいことから設けられた規定である．

C. 上弦材の継手

上弦材の継手断面は，図II.24(b) に示すように，底板を除いて外側から**連結板**(splice plate) をあて，摩擦接合用高力ボルトで連結される．底板部には，**ハンドホール**(hand hole) を設け，ここから手を入れてボルト締めを行う．底板は，ハンドホールのために断面の欠損が大きいので，増厚して補強される．底板にハンドホールを設けた理由は，上からの雨水が内部に入らないようにするためである．

継手を設ける位置は，部材の運搬条件あるいは架設するときの条件によって決まってくる．通常は，2格間程度の部材長さとし(だいたい 15〜20 m)，これを現場において連結組立て(架設) するように設計する(図II.25 参照)．

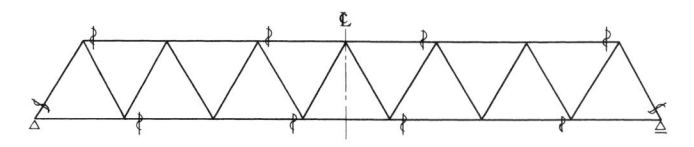

図 II.25 現場継手の位置の例

高力ボルトの必要本数は，上弦材を構成する各板ごとに求められる．たとえば，上板(top plate) の場合は，次のようになる．

$$n_{top} > \frac{\sigma_c A_{top}}{\rho_a} \tag{II.41}$$

ここに，σ_c：上弦材の作用応力度，A_{top}：上板の断面積，ρ_a：高力ボルト1本の許容伝達力(第I編 表I.14, p.96)．

高力ボルト1本当りの許容伝達力は1面摩擦に対する値を用いるが，底板(bottom plate) の場合だけは2面摩擦の値を用いる(図II.24(b) 参照)．

上式で必要な高力ボルトの本数が求められると，その配置は，高力ボルトの最小間隔や最大間隔に関する規定(「道示II 6.3.10 および 6.3.11」) を考慮しながら決定する(第I編 表I.15 参照)．

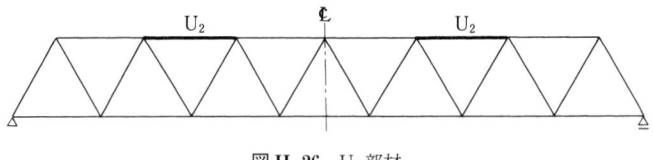

図 II. 26 U_2 部材

画面 II-28 上弦材の断面決定（U_2部材）（本画面は修正入力が可能）

```
上弦材の断面   【U-2】              N = -1975.456 (kN)
使用鋼材   SM400
```

		Ag(cm2)	z(cm)	Agz(cm3)	I(cm4)
1-Top pl	370 * 14	51.8	17.70	917	16228
2-Web pls	340 * 13	88.4	–	–	8516
1-Bott pl	310 * 14	43.4	13.30	577	7677
		183.6		340	32421

e = 1.85 (cm)

I_y = 31793 (cm4) < I_z = 32442 (cm4)

r_y = 13.16 (cm)   l = 714.30 (cm)

l/r_y = 54.28 < 120

σ_c = 108 (N/mm2) < σ_{ca} = 110 (N/mm2)

[設計条件変更(Y)]

D. トラスの骨組線

　トラスの部材力を求めるときには，骨組線で表した構造をもとにするが，実際の断面はある幅をもっている．部材力は断面の重心に働くと考えるのが合理的であるので，断面の重心と骨組線を，なるべく一致させるのがよい．しかし，図 II. 24 を見るとわかるように，断面の重心の位置は各部材によって微妙に異なるため，すべての部材について完全に重心の位置と骨組線とを一致させることはできない．したがって，そのようなときには，より主要な部材，すなわち中央部の部材に合わせる

4章 主構の設計

か，あるいは平均的な重心位置を計算してこれに合わせる．

画面 II-28 は，上弦材 U_2 について断面決定を行ったものである（図 II.26 参照）．部材 U_2 は，先の部材 U_1 よりも部材力が大きく，したがって断面の板厚も大きくなっている．

画面 II-29 は，上弦材 U_3 部材について断面決定を行ったものである．部材 U_3 は，図 II.27 に示すように，もっとも中央寄りに位置する上弦材であって，部材力も上弦材の中でもっとも大きい．

画面 II-29 上弦材の断面決定（U_3部材）（本画面は修正入力が可能）

上弦材の断面　【U－3】　　　N = －2370.529 (kN)
使用鋼材　SM400

		Ag(cm2)	z(cm)	Agz(cm3)	I(cm4)
1-Top pl	370 * 16	59.2	17.80	1054	18757
2-Web pls	340 * 16	108.8	－	－	10481
1-Bott pl	310 * 16	49.6	13.20	655	8642
		217.6		399	37880

e ＝ 1.83 （cm）

Iy ＝ 37152 (cm4) ＜ Iz ＝ 39633 (cm4)

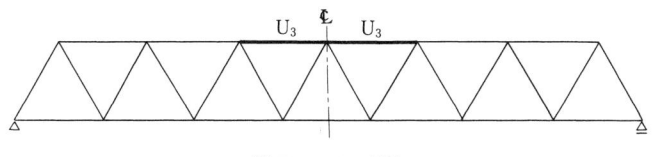

ry ＝ 13.07 (cm)　l ＝ 714.30 (cm)

l/ry ＝ 54.67 ＜ 120

σc ＝ 109 (N/mm2) ＜ σca ＝ 110 (N/mm2)

[設計条件変更(Y)]

図 II.27 U_3 部材

E. 圧縮板の幅厚比

トラスの上弦材のように箱形の部材が圧縮力を受ける場合，板厚と板幅の間には，局部座屈を起こさないための制限値がある．すなわち，一様な圧縮応力を受ける両端支持板の最小板厚は，応力勾配のない場合板幅に対して表II.5に示す値を超えてはならない（「道示II 4.2.2」）．

板厚が表II.5の局部座屈を考慮しなくてもよい最小板厚よりも厚ければ，局部座屈に対する許容応力度の低減は，行わなくてもよく，第I編 表I.10(p.60) に示した許容応力度をそのまま使うことができる．しかし，板厚が表II.5の最小板厚よりは厚いが，局部座屈を考慮しなくてもよい最小板厚よりは薄い場合，第I編 表I.10で示した許容応力度よりは低減されなければならない（「道示II 3.2.1」）および「道示II 4.2.2」）．

表II.5 圧縮応力を受ける両端支持板の最小板厚（「道示 II 4.2.2」）

鋼　種	SS 400 SM 400	SM 490	SM 490 Y SM 520	SM 570
最小板厚	$\dfrac{b}{56}$	$\dfrac{b}{48}$	$\dfrac{b}{46}$	$\dfrac{b}{40}$
局部座屈を考慮しなくてもよい最小板厚	$\dfrac{b}{38.7}$	$\dfrac{b}{33.7}$	$\dfrac{b}{31.6}$	$\dfrac{b}{28.7}$

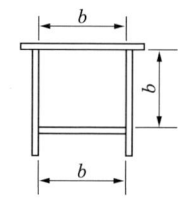

注）上記は板厚 $t \leq 40$ の場合を示す．$t > 40$ の場合は「道示 II 4.2.2」を参照のこと．

4.6　端柱の断面決定

端柱(end post)とは，主構トラスのもっとも端にある斜材を指し，図II.28に示すように橋の入口にあたる部材である．トラス橋において，この端柱は，特殊な役割をもっている．1つは，主構トラスの一部として斜材の役割を果たし，大きな圧縮力を受ける．もう1つは，橋門構として上横構からの水平力を下部工に伝える役割を果たす．橋門構としての役割については後述の画面II-50のところで述べるとして，ここでは，主構トラスの一部としての設計計算について述べる．

部材力を求めるところで述べたように，斜材に作用する軸方向力は，トラス全体に働くせん断力の大きさによって決まってくるため，端柱は，斜材の中でもっとも大きな軸方向力を受けることになる．そして，端柱は，この軸方向力に耐えなけれ

画面 II-30 端柱の断面決定（D_1部材）（本画面は修正入力が可能）

斜材の断面　【D-1】　　　　　N = -1270.132 (kN)
使用鋼材　SM400

		Ag(cm²)	z(cm)	Agz(cm³)	I(cm⁴)
1-Top pl	370 * 10	37.0	17.50	648	11331
2-Web pls	340 * 16	108.8	−	−	10481
1-Bott pl	310 * 10	31.0	13.50	419	5650
		176.8		229	27462

e = 1.30 (cm)

Iy = 27163 (cm⁴) ＜ Iz = 35611 (cm⁴)

ry = 12.40 (cm)　l = 741.70 (cm)

l/ry = 59.84 ＜ 120

σc = 72 (N/mm²) ＜ σca = 106 (N/mm²)

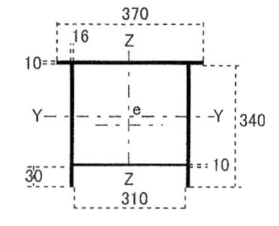

設計条件変更(Y)

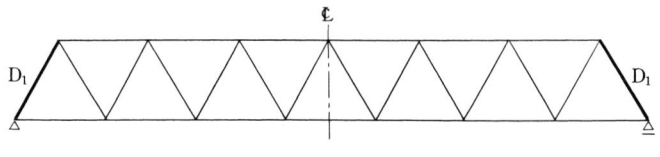

図 II. 28　端柱（D_1部材）

ばならないと同時に，橋門構としての水平力にも抵抗しなければならない．しかし，この段階では，橋門構としての作用力が未定であり，とりあえず軸方向力による応力度によって断面を仮決定しておき，後に橋門構のところで正式に断面を決めることになる．したがって，画面 II-30 の応力算定を見ると，この段階では，作用応力度が許容応力度に対してかなり余裕があることがわかる．

　端柱は，斜材とはいいながら，上弦材と連続している部材なので，画面 II-30 を見るとわかるとおり上弦材と同じ断面形状をしている．他の上弦材と比較して異なる点は，腹板に厚い板が使われていることである．これは，橋門構として横荷重を受けたときに垂直軸（z軸）に対して曲げモーメントが作用するためである．

4.7 斜材の断面決定

A. 引張斜材の断面決定（D_2 部材）

D_2 部材は，図 II.29 に示すように，もっとも端部寄りの引張部材である．したがって，斜材の引張部材としては，もっとも大きな軸方向力を受ける．

引張部材は，必要断面積を次の式により求める．

$$A_n > \frac{N}{\sigma_{ta}} \tag{II.42}$$

ここに，A_n：引張部材の必要断面積（純断面積）
　　　　N：作用部材力（画面 II-26）
　　　　σ_{ta}：許容引張応力度（第 I 編 表 I.10）

画面 II-31　斜材の断面決定（D_2部材）（本画面は修正入力が可能）

```
斜材の断面  【D-2】              N = 1282.781 (kN)
使用鋼材    SM400

                    Ag(cm2)                    An(cm2)
2-Flg pls   250 * 15    75.0        -4 * 2.5 * 1.5 = 60.0
1-Web pl    278 * 12    33.4                        33.4
                       108.4                        93.4

Iy = 3910 (cm4)  <  Iz = 18245 (cm4)

ry = 6.01 (cm)    0.9*l = 667.53 (cm)
0.9*l/ry = 111.12  <  200

σt = 137 (N/mm2)  <  σta = 140 (N/mm2)

設計条件変更(Y)    使用鋼材 =         SM400
                   フランジ高さ hf (cm) =  25      フランジ厚さ tf (cm) = 1.5
                   斜材全幅 b' (cm) =     30.8    ウエブ厚さ tw (cm) =  1.2

           これでよろしいですか？   OK
```

4章　主構の設計

図 II.29　D_2 部材

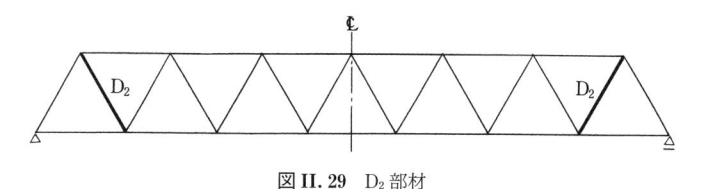

引張部材の必要断面積の算定あるいは作用応力度の算定においては，純断面積が用いられる．**純断面積**とは，総断面積からボルト孔による欠損を差し引いたものであり，画面 II-31 の場合，合計ボルト4本分の断面積を差し引いて純断面積を求めている．純断面積の算定方法については，第I編 5.2「下フランジの現場継手」を参照にされたい．

引張斜材には，通常 H 形断面を用いる．H 形断面の場合，画面 II-31 に示す断面図の垂直軸に関する断面二次モーメント I_z は大きいが，水平軸に関する断面二次モーメント I_y は極端に小さくなる．しかし，引張部材は座屈の心配がないために細長比の制限値は 200 以下（表 II.4 参照）と大きくとれるので，H 形断面でも，十分にこの制限を満足することができる．

斜材は上下弦材の腹板の間に入るように連結されるので，その幅は上下弦材の腹板の内側間隔から 2〜3 mm 差し引いた値となる．したがって，もし各部材によって板厚に変化があったとしても，この幅は，一定にしておかなければならない（図 II.30 参照）．

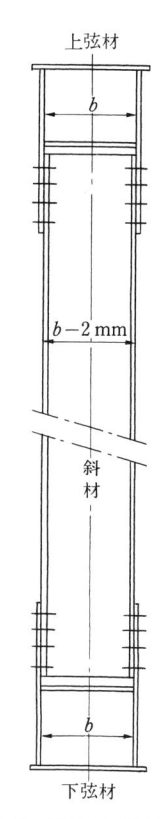

図 II.30　弦材と斜材の取合い

B.　圧縮斜材の断面決定（D_3 部材）

D_3 部材は図 II.31 の太線で示す部材であり，画面 II-32 はこの部材の断面決定を示している．

D_3 部材のような圧縮斜材の断面は，画面 II-32 に示すように箱形断面となっている．これは，座屈が起こりにくいように部材の細長比を大きくしておかないと，許容応力度が非常に小さくなり不利となるためである．

II編　トラス橋の設計

画面 II-32　斜材の断面決定（D_3部材）（本画面は修正入力が可能）

```
斜材の断面　【D - 3】              N = -904.229 (kN)
使用鋼材　SM400

                 Ag(cm2)    y(cm)    z(cm)    Iz(cm4)   Iy(cm4)
2-Flg  pls  240 * 9    43.2     14.95     -        9655     2074
2-Web pls  290 * 10   58.0      -       10.00     4065     5800
                      101.2                      13720     7874

Iy = 7874 (cm4)  <  Iz = 13720 (cm4)

ry = 8.82 (cm)      0.9*l = 667.53 (cm)
0.9*l/ry = 75.68  < 120

σc = 89 (N/mm2)  <  σca = 93 (N/mm2)
```

図 II.31　D_3部材

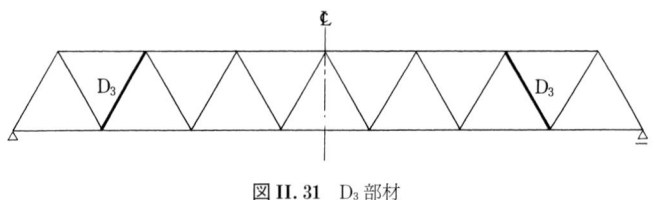

　圧縮斜材の断面においても，その部材幅は，弦材との取合いの関係上，一定の値をとらなければならない（図 II.30 参照）．また，斜材においては，ガセットによるトラス面外方向の拘束が比較的小さいため，面外方向の座屈強度を上げる意味で，面外方向の細長比のほうが面内方向よりも大きくすることを義務づけられている（「道示 II 12.2.2」）．この細長比を算定するときの有効座屈長としては，面内座屈を考慮するときには連結用高力ボルト群の重心間距離をとるものとし（ただし 0.8

×骨組長以上)，面外座屈の場合には骨組長をとるものとする(「道示II 12.2.3」)．連結用高力ボルト群の重心間距離といっても，これは設計図を作成したうえでないと正確には確定しないので，設計計算の段階では，骨組長の0.8～0.9倍として計算を進める．

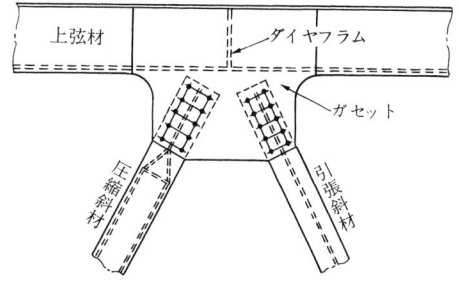

図II.32 上弦材と斜材の連結

図II.32には，斜材と上弦材との取合いの部分を例示する．同図に示すように，このような格点の弦材内部には，ダイヤフラムを取り付けて，弦材の断面形状の保持を図る．

圧縮斜材は箱形であるために，このままでは，箱の内部に手が入らず連結部のボルト締めができない．したがって，部材端部の連結部のみボルト締めができるように2枚の板を1枚に絞って，H形断面のようにする．

圧縮斜材の必要断面積は，上弦材と同じようにして求められる(式(II.40)参照)．

C. 斜材の断面決定(D_4部材)

画面II-33は，引張斜材であるD_4部材の断面決定を示す．D_4部材は，図II.33に太線で示す位置にある部材である．

引張材における自由突出幅は，第I編 合成桁橋の主桁断面における引張フランジと同じように，板厚の16倍を超えないように設計する(「道示II 10.3.2」)．

画面 II-33　斜材の断面決定（D_4部材）（本画面は修正入力が可能）

```
斜材の断面　【D-4】                           N = 904.229 (kN)
使用鋼材　SM400

                          Ag(cm2)                      An(cm2)
2-Flg pls    240 * 10      48.0            -4 * 2.5 * 1.0 = 38.0
1-Web pl     288 * 10      28.8                          28.8
                           76.8                          66.8

Iy = 2306 (cm4)  <  Iz = 12647 (cm4)

ry = 5.48 (cm)    0.9*l = 667.53 (cm)
0.9*l/ry = 121.81  < 200

σt = 135 (N/mm2)  <  σta = 140 (N/mm2)
```

[設計条件変更(Y)]

図 II.33　D_4部材

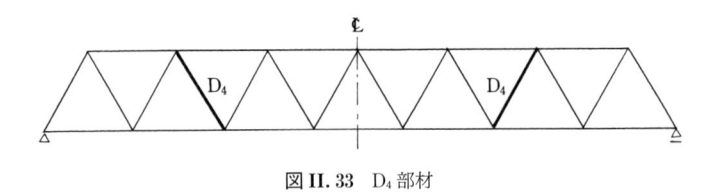

D.　斜材の断面決定（D_5部材）

図 II.34 は D_5 部材の位置を示し，画面 II-34 は D_5 部材の断面決定を示したものである．D_5 部材はかなり中央寄りの斜材であるため，作用部材力はそれほど大きくない．したがって，作用応力度も，許容応力度に比べてかなり小さくなっている．圧縮斜材としては，これ以上断面を小さくすることは難しいので，このような結果となっている．なお，画面 II-34 における自動設計では，最小板厚を 9 mm としている．これは，「道路橋示方書」によれば，8 mm まで薄くすることができる

4章　主構の設計

画面 II-34　斜材の断面決定（D_5部材）（本画面は修正入力が可能）

```
斜材の断面  【D-5】              N = -543.014 (kN)
使用鋼材   SM400

                    Ag(cm2)   y(cm)   z(cm)   Iz(cm4)   Iy(cm4)
2-Flg pls   200*9    36.0    14.95      -      8046      1200
2-Web pls   290*9    52.2      -      8.05    3658      3383
                     88.2                     11704     4583
```

Iy = 4583 (cm4) < Iz = 11704 (cm4)

ry = 7.21 (cm)   0.9*l = 667.53 (cm)

0.9*l/ry = 92.61 < 120

σc = 62 (N/mm2) < σca = 79 (N/mm2)

設計条件変更(Y)

図 II.34　D_5部材

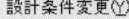

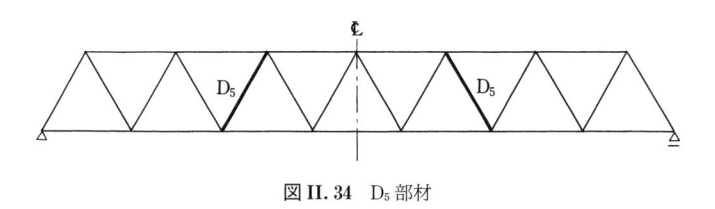

（「道示II 4.1.4」）．

　斜材の連結は，図II.32に示したようにガセットと直接高力ボルトで連結される．その部材は，腹板（web plates）であって，腹板を通して力は伝達される．したがって，斜材の腹板は，ある程度の強度を備えていなければならないので，腹板の断面積を部材総断面積の40%以上としなければならないとされている（「道示II 12.2.2」）．

E. 斜材の断面決定（D_6 部材）

画面 II-35 は引張斜材である D_6 部材の断面決定を示し，また D_6 部材の位置は図 II.35 に示す．

画面 II-35　斜材の断面決定（D_6部材）（本画面は修正入力が可能）

```
斜材の断面   【D-6】                    N = 543.014 (kN)
使用鋼材    SM400

                        Ag(cm2)                    An(cm2)

2-Flg pls   180 * 9      32.4           -4 * 2.5 * 0.9 = 23.4
1-Web pl    290 * 9      26.1                       26.1

                         58.5                       49.5

Iy = 877 (cm4)  <  Iz = 9071 (cm4)

ry = 3.87 (cm)      0.9*l = 667.53 (cm)
0.9*l/ry = 172.45  <  200

σt = 110 (N/mm2)  <  σta = 140 (N/mm2)
```

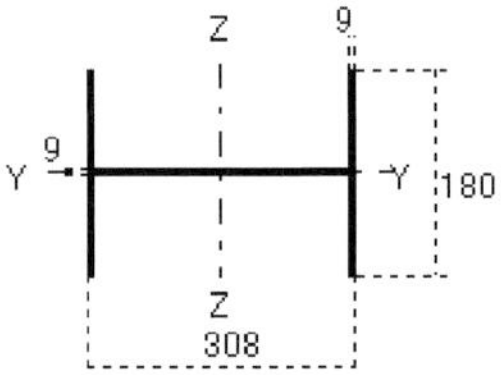

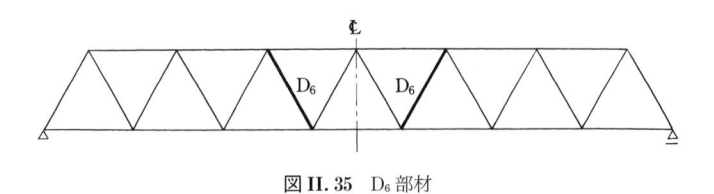

図 II.35　D_6 部材

F. 斜材の断面決定（D_7部材）

画面 II-36 は，D_7 部材の断面決定を示す．この D_7 部材の位置は，図 II.36 に示すようにほぼスパン中央部にある．

画面 II-36 斜材の断面決定（D_7部材）（本画面は修正入力が可能）

```
斜材の断面    【D-7】                N = -199.174 (kN)
使用鋼材      SM400
```

		Ag(cm2)	y(cm)	z(cm)	Iz(cm4)	Iy(cm4)
2-Flg pls	200*9	36.0	14.95	−	8046	1200
2-Web pls	290*9	52.2	−	8.05	3658	3383
		88.2			11704	4583

Iy = 4583 (cm4) < Iz = 11704 (cm4)

ry = 7.21 (cm)   0.9*l = 667.53 (cm)
0.9*l/ry = 92.61 < 120

σc = 23 (N/mm2) < σca = 79 (N/mm2)

[設計条件変更(Y)]

図 II.36　D_7 部材

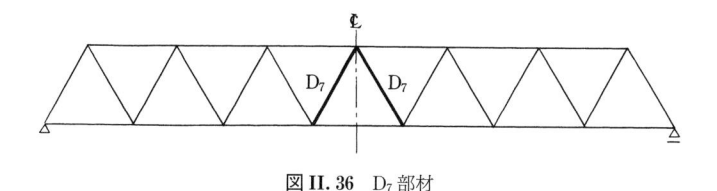

D_7 部材の部材力影響線図は，画面 II-24 に示したように，スパン中央で対称な形状になっている．このことは，死荷重による部材力がゼロであることを意味し，したがって部材力が活荷重によってのみ決まっている．この場合，活荷重の載せる位置によって D_7 部材は，圧縮部材にもなったり，引張部材にもなったりする．し

たがって，D_7 部材は，圧縮部材と引張部材の両方に要求されることを満足していなければならない．このように，1つの部材が圧縮力と引張力を交番して受ける場合，この部材のことを**交番応力部材**という．交番応力部材では，とくに疲労に対して配慮が必要である．また，4.3 C「斜材の部材力影響線図」のところで述べた相反応力部材に対する配慮も必要であるが，ここでは考慮していない．

4.8 下弦材の断面決定

A. 下弦材の断面形状

上弦材が圧縮力を受けたのに対して，下弦材はつねに引張力を受ける．画面 II-37 は，図 II.37 に示したもっとも端部寄りの下弦材 L_1 の断面決定を示す．L_1 部材は，下弦材の中でももっとも作用力の小さい部材である．したがって作用応力度としては余裕があるが，その他の部材との関係からこのような断面となっている．

画面 II-37 下弦材の断面決定（L_1 部材）（本画面は修正入力が可能）

```
下弦材の断面   【L - 1】          N = 592.636 (kN)
使用鋼材   SM400

                      Ag(cm2)   z(cm)    Agz(cm3)   I(cm4)
   1-Top  pl  310 * 9   27.9    13.95      389       5429
   2-Web  pls 270 * 9   48.6     -          -        2952
   1-Bott pl  370 * 9   33.3    13.05      435       5671
                       109.8              -45       14053

   e = -0.41 (cm)

   Iy = 14034 (cm4)  <  Iz = 23486 (cm4)

   ry = 11.31 (cm)    l = 714.30 (cm)
   l/ry = 63.18 < 120

   σt = 54 (N/mm2)  <  σta = 140 (N/mm2)
```

設計条件変更(Y)

使用鋼材 = SM400
トッププレート幅 bt (cm) = 31   厚さ tt (cm) = 0.9
ウエブプレート高さ hw (cm) = 27   厚さ tw (cm) = 0.9
ボトムプレート幅 bb (cm) = 37   厚さ tb (cm) = 0.9

これでよろしいですか？ OK

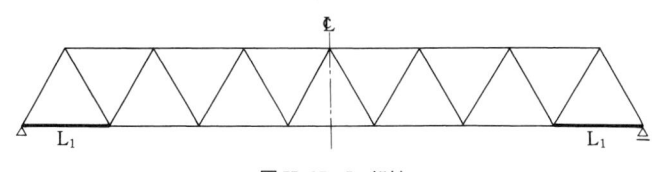

図 II. 37　L_1 部材

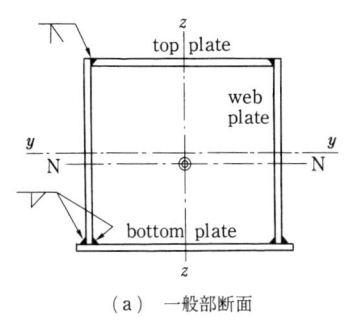

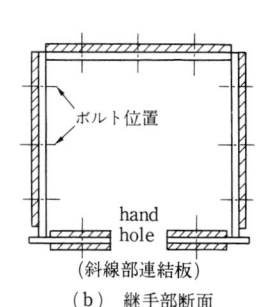

図 II. 38　下弦材断面
(a) 一般部断面
(b) 継手部断面

　これら引張材である下弦材の必要断面積は，引張斜材と同じように式(II. 42) で求められる．これをもとにして，図 II. 38(a) に示す下弦材の断面形状を決定し，板厚を決める．下弦材の上板(top plate) は，腹板(web plate) の上端と同じ面にしておかないと雨水がたまることになる．したがって，この部分の溶接は，簡単なすみ肉溶接を採用することができず，レ形開先溶接とならざるをえない．

　図 II. 38(b) には，下弦材の現場継手部の断面も示す．上弦材の場合と同様に，底板(bottom plate) には，ハンドホールを設けてボルト締めおよび連結板の挿入に用いる．

B.　下弦材の作用応力度

　画面 II-38 に示した L_2(図 II. 39 参照) の断面は，L_1 とまったく同じ断面を用いている．作用応力度は，許容応力度に対して適当な範囲におさまっている．下弦材の断面決定における作用応力度 σ_t は，次の式によって算定している．

$$\sigma_t = \frac{N}{A_n} < \sigma_{ta} \tag{II. 43}$$

ここに，σ_t：作用応力度，N：作用部材力(画面 II-26)，A_n：純断面積，
　　　　σ_{ta}：引張許容応力度(第 I 編 表 I. 10 の上限値)

画面 II-38 下弦材の断面決定（L_2部材）（本画面は修正入力が可能）

```
下弦材の断面   【L-2】
使用鋼材  SM400                       N = 1567.481 (kN)

                          Ag(cm2)    z(cm)    Agz(cm3)    I(cm4)
        1-Top  pl  310*10    31.0    14.00      434        6076
        2-Web  pls 270*9     48.6      -          -        2952
        1-Bott pl  370*10    37.0    13.00      481        6253
                            116.6             -47         15281

  e  =  -0.40 (cm)

  Iy =  15263 (cm4)  <  Iz = 24156 (cm4)

  ry =  11.44 (cm)    l  = 714.30 (cm)
  l/ry = 62.43  < 120

  σt = 134 (N/mm2)  <  σta = 140 (N/mm2)

  [設計条件変更(Y)]
```

図 II.39　L_2部材

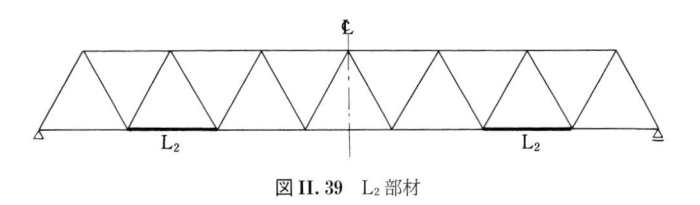

ただし，上式は，現場継手のない一般部の断面決定において，純断面積が総断面積に等しくなる．現場継手のある引張部材では，これまでも見てきたように，総断面積でなく，ボルト孔の欠損を考慮した純断面積を用いなければならない．したがって，引張部材の現場継手部は，ボルト孔による欠損を補うために，増厚して補強するのが一般的である．このことについては，第 I 編 5.2「下フランジの現場継手」における式(I.86)を参照のこと．下弦材の必要ボルト本数は，上弦材と同じようにたとえば式(II.41)によって求めることができる．

C. 下弦材の断面決定（L_3部材）

画面 II-39 は，下弦材 L_3 部材についての断面決定を示す．L_3 部材は，図 II.40 に示すようにかなり中央部の部材であるので，部材力も大きくなり板厚も大きくなる．断面の重心の位置があまり断面中央からずれないように，板幅の小さい上板 (top plate) のほうが，底板 (bottom plate) よりも少し厚くする場合が多い．

画面 II-39 下弦材の断面決定（L_3部材）（本画面は修正入力が可能）

```
下弦材の断面   【L-3】              N = 2151.478 (kN)
使用鋼材   SM400

                    Ag(cm2)   z(cm)   Agz(cm3)   I(cm4)
1-Top  pl   310*14   43.4    14.20    616        8751
2-Web  pls  270*12   64.8      -        -        3937
1-Bott pl   370*14   51.8    12.80    663        8487
                    160.0            -47        21175

e  = -0.29 (cm)
Iy = 21161 (cm4)  <  Iz = 33025 (cm4)
ry = 11.50 (cm)   |   ℓ = 714.30 (cm)
ℓ/ry = 62.11  <  120

σt = 134 (N/mm2)  <  σta = 140 (N/mm2)

[設計条件変更(Y)]
```

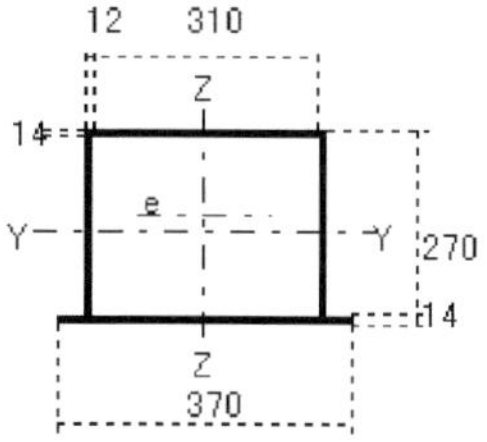

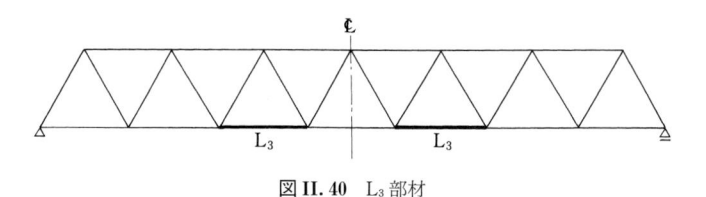

図 II.40 L_3 部材

D. 下弦材の断面決定（L_4 部材）

画面 II-40 は，下弦材 L_4 部材の断面決定を示す．L_4 部材は，図 II.41 に示すように，スパン中央に位置し，下弦材としてはもっとも大きな作用力を受ける．これは，トラス全体を梁として考えた場合，スパン中央において曲げモーメントがもっとも大きくなるためである．下弦材に働く作用力は，この曲げモーメントに比例して大きくなる（画面 II-25 下弦材の部材力影響線図参照）．

画面 II-40 下弦材の断面決定（L_4 部材）（本画面は修正入力が可能）

```
下弦材の断面  【L-4】              N = 2344.208 (kN)
使用鋼材  SM400
```

	Ag(cm2)	z(cm)	Agz(cm3)	I(cm4)
1-Top pl 310*14	43.4	14.20	616	8751
2-Web pls 270*14	75.6	-	-	4593
1-Bott pl 370*14	51.8	12.80	663	8487
	170.8		-47	21831

e = -0.27 (cm)

Iy = 21818 (cm4) < Iz = 37254 (cm4)

ry = 11.30 (cm)　l = 714.30 (cm)

l/ry = 63.20 < 120

σt = 137 (N/mm2) < σta = 140 (N/mm2)

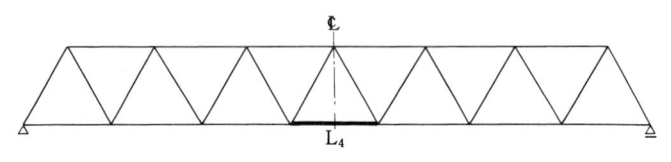

[設計条件変更(Y)]

図 II.41 L_4 部材

4.9　主構部材の断面寸法表

A.　上弦材の断面寸法表

　画面II-41は，画面II-27～II-29において決定した上弦材の断面寸法を一覧表にして示したものである．これを見ると，断面二次半径 r_y においては，部材の板厚にかかわらずほぼ一定の値をとっていることがわかる．これを部材の高さ $h=34$ cm との比で見ると $r_y \cong 0.38h$ となっており，このことが，上弦材の断面決定においてあらかじめ細長比の予想をするのに役立っている．

画面 II-41　上弦材の断面寸法表

上弦材及び端柱の断面

(370 * tt , 340 * tw , 310 * tb)

	tt (mm)	tw (mm)	tb (mm)	Ag (cm2)	Iy (cm4)	ry (cm)	l/ry (－)	σca (N/mm2)	σc (N/mm2)
U-1	9	9	9	122.4	20821	13.0	54.8	110	97
U-2	14	13	14	183.6	31793	13.2	54.3	110	108
U-3	16	16	16	217.6	37152	13.1	54.7	110	109
D-1	10	16	10	176.8	27163	12.4	59.8	106	72

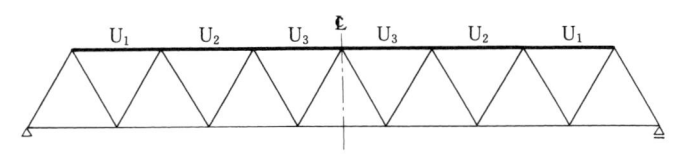

図 II.42　上弦材

B. 斜材の断面寸法表

画面II-42には，圧縮力と引張力を受ける斜材の断面寸法表を示す．圧縮力を受ける斜材とは，図II.43に太線で示す奇数番号をもった部材のことである．このうち，D_1部材は斜材の中でも端柱と呼ばれ，断面形状は上弦材と同じ形をしている．そのほかの部材は，上下・左右対称の四辺形の形状となっている．

引張力を受ける部材とは，図II.44に示す偶数番号をもった斜材のことである．これらの部材は，座屈の心配がないために，弱軸方向に曲げ剛性の小さいH形断面でも十分対応することができるので，このH形断面を用いている．

画面II-42 斜材の断面寸法表

斜材の断面

黒－引張部材　　青－圧縮部材

	hf (mm)	tf (mm)	bw (mm)	tw (mm)	Ag (cm2)	Iy (cm4)	l/ry (－)	σta(σca) (N/mm2)	σt(σc) (N/mm2)
D－2	250	15	278	12	108.4	3910.3	111.1	140	137
D－3	240	9	290	10	101.2	7873.6	75.7	93	89
D－4	240	10	288	10	76.8	2306.4	121.8	140	135
D－5	200	9	290	9	88.2	4582.7	92.6	79	62
D－6	180	9	290	9	58.5	876.6	172.4	140	110
D－7	200	9	290	9	88.2	4582.7	92.6	79	23

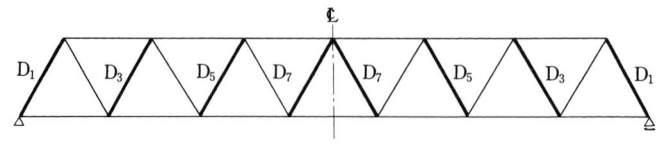

図II.43 圧縮斜材

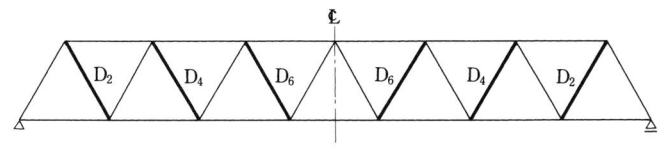

図 II.44　引張斜材

C. 下弦材の断面寸法表

　画面 II-43 には，画面 II-37〜II〜40 で決定した下弦材断面寸法の一覧表を示す．下弦材は，トラス全体に働く曲げモーメントに抵抗する部材であり，つねに引張力を受ける．図 II.45 には，それぞれの下弦材の部材番号を示す．

画面 II-43　下弦材の断面寸法表

下弦材の断面

(310 * tt , 270 * tw , 370 * tb)

	tt (mm)	tw (mm)	tb (mm)	Ag (cm2)	Iy (cm4)	ry (cm)	l/ry (−)	σ_{ta} (N/mm2)	σ_t (N/mm2)
L−1	9	9	9	109.8	14034	11.3	63.2	140	54
L−2	10	9	10	116.6	15263	11.4	62.4	140	134
L−3	14	12	14	160.0	21161	11.5	62.1	140	134
L−4	14	14	14	170.8	21818	11.3	63.2	140	137

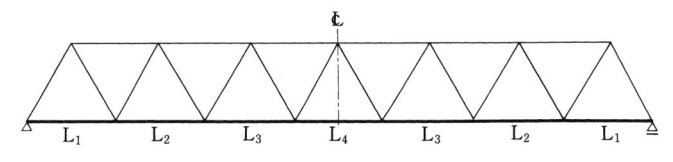

図 II.45　下弦材

5章　上横構の設計

5.1　上横構への荷重と部材力

　画面 II-44 は上横溝への荷重と部材力を示し，これらは以下のようにして求められる．

画面 II-44　上横構への荷重と部材力

```
　　上 横 構 の 設 計

　　(1) 荷 重
　　　　　載 荷 時 =           3.000 (kN/m)
　　　　　無 載 荷 時 =         3.717 (kN/m)
　　　　　したがって、qw = 3.717 (kN/m)として設計する。

　　(2) 部 材 力
　　　　　支　材 (Vm) =       -26.547 (kN)
　　　　　斜　材 (Dm) =        52.536 (kN)
```

　トラス橋は，立体骨組構造物として死荷重や活荷重の鉛直荷重に対しては主構が抵抗し，風荷重や地震荷重の横荷重に対しては上弦材と下弦材のそれぞれの面に設けられた上横構と下横構が抵抗する．すなわち，上横構は主構トラスの上弦材に取り付けられるものであり，下横構は主構トラスの下弦材に取り付けられるものである．これらの横構は，やはりトラス構造をもっており，主構トラスを設計したときと同じようにして設計する．ただし，横構トラスの弦材は主構トラスの弦材と同一であるので，横構部材としては腹材のみとなる．

表 II.6 標準的な 2 主構トラスの風荷重 (kN/m)
(「道示 I 2.2.9」)

弦 材		風 荷 重
載荷弦	活荷重載荷時	$1.5+1.5D+1.25\sqrt{\lambda h} \geq 6.0$
	活荷重無載荷時	$3.0D+2.5\sqrt{\lambda h} \geq 6.0$
無載荷弦	活荷重載荷時	$1.25\sqrt{\lambda h} \geq 3.0$
	活荷重無載荷時	$2.5\sqrt{\lambda h} \geq 3.0$

ただし，$7 \leq \lambda/h \leq 40$

ここに，D：橋床の総高 (m)．ただし，橋軸直角水平方向から見て弦材と重なる部分の高さは含めない（下図参照）．
　　　　h：弦材の高さ (m)
　　　　λ：下弦材中心から上弦材中心までの主構高さ(m)

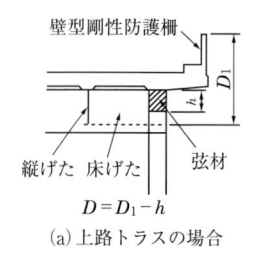

(a) 上路トラスの場合 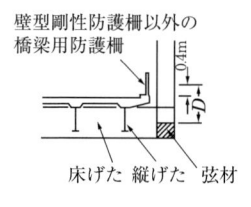　　　(b) 下路トラスの場合

　上横構は，**風荷重**(wind load)によって設計される．トラス橋の上弦材部分の重量は橋全体として占める割合がそれほど大きくないので，地震荷重は上横構に大して影響を与えないためである．標準的な 2 主構トラス橋に作用する風荷重は，表 II.6 によって求められる．

　トラスの骨組構成が標準的でない橋に対する風荷重は，骨組の充実率を考慮して定められているので，「道示 I 2.2.9」を参照にされたい．本書で設計している下路トラス橋の場合，無載荷弦とは上弦材に該当し，載荷弦とは下弦材に該当する．上路トラス橋では，これが逆になる．上横構を設計する場合には，上弦材(無載荷弦)に作用する風荷重を用いることになる．載荷弦とは活荷重が載荷される弦材のことであるから，この場合には床組や高欄の部分に作用する風荷重も考慮するので，無載荷弦の風荷重よりは大きくなる．

　載荷時とは活荷重を載荷しているときということを意味しており，このときは最大風圧を考える必要はない．載荷時の風荷重によって，弦材には，主構としての作用力に加えて横構としての作用力が加わることになる．したがって，本書では省略されているが，厳密にはこれら両方の作用力による安全性を照査しなければならな

い．しかし，このときには風荷重による許容応力度の割増し(25%「道示 II 3.1」)の範囲内に入るので，通常は，問題がない．

以上のようなことから，結果的に上横構に作用する風荷重は，表II.6の中の次式によって計算される．

$$q_w = 2.5\sqrt{\lambda h} \geq 3.0 \text{ kN/m} \qquad (\text{II}.44)$$

ここに，h：上弦材の高さ(m)，λ：主構高さ．

上横構は，図II.46に示すように，斜材と**支材**(strut)とからなる．斜材はダブルワーレンのトラス形式をしており，その部材力は図II.46の影響線図に示すようにシングルワーレンの部材力の半分として求められる．図II.46の影響線を用いて部材力 D_m を求める場合，風荷重は，全長にわたって載荷するのでなく，部材力が最大になるように影響線面積の大きいほうの範囲にだけ載荷する．風荷重は，必ずしも一定の状態で作用する固定荷重でないので，このように移動荷重としてある部材に対して最大の部材力が作用する位置に載荷する．画面II-44に示した斜材の部材力は，もっとも部材力が大きくなる上横構の端部の部材について示したものである．

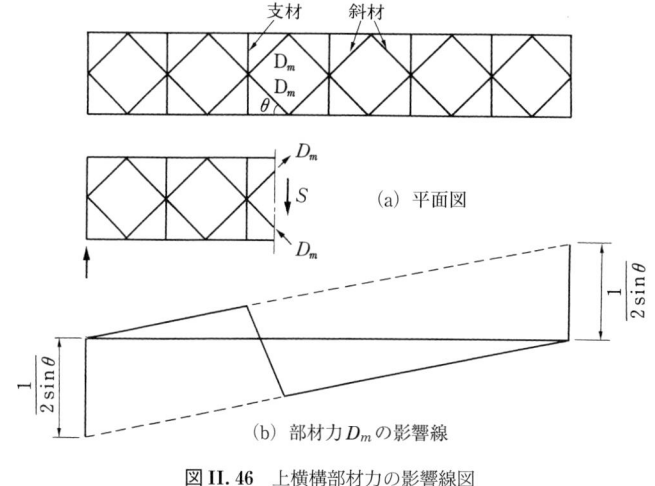

図II.46 上横構部材力の影響線図

いっぽう，支材には，風荷重によるトラス作用としての部材力が生じなく，上弦材を横方向に固定する部材としてその固定間に働く風荷重を支えている．したがって，風荷重によって支材に働く作用力はそれほど大きくならないが，支材は両側の上弦材の格点間を面外方向に結ぶ部材として主構の面外方向の剛性を保つために重

要な役割を果たしている．トラスの圧縮弦に取りつく上横構の斜材や支材は，風荷重や地震荷重の外に面外方向の安定保持のために弦材の圧縮部材力との関係から算定する．このときに受ける部材力としては，慣習的にそれぞれ次の式を用いて算定する（「道示Ⅱ 12.5.2」）．

$$P = \frac{P_1 + P_2}{100} \quad : 支材に対して \qquad (\text{II}.45\,\text{a})$$

$$P = \frac{P_1 + P_2}{100} \sec\theta \quad : 横構に対して \qquad (\text{II}.45\,\text{b})$$

ここに，P：支材の部材力
P_1, P_2：支材が取り付けられている格点の両側の上弦材に作用する部材力
θ：支材と横構とのなす角度

上式は，圧縮力を受ける上弦材が面外方向に受ける力の算定式として，ポニートラスの横力算定等にも用いられる．

5.2　上横構斜材の断面

上横構の斜材には，T形断面がよく用いられる．画面Ⅱ-45の算定結果からわか

画面 II-45　上横構斜材の断面

（3）断面

		Ag(cm2)	z(cm)	Agz(cm3)	I(cm4)
1 - pl.	160 * 9	14.4	5.95	85.7	510
1 - pl.	110 * 9	9.9	-	-	100
		24.3		85.7	610

$e = 3.53$ (cm)
$I_y = 308$ (cm4)　$I_z = 307$ (cm4)
$r_y = 3.56$ (cm)
$l/r_y = 140 < 150$
$\sigma_{ca} = 46$ (N/mm2)
$\sigma_{ca}' = 29$ (N/mm2)
$\sigma_c = 22$ (N/mm2) $< 1.2 * \sigma_{ca}' = 35$ (N/mm2)
$\sigma_t = 35$ (N/mm2) $< 1.2 * \sigma_{ta} = 168$ (N/mm2)

るように，断面が作用応力度よりも細長比の制限値から決まるために，断面二次半径を比較的大きくできる T 形断面が，上横構斜材には有利である．

上横構の斜材は，圧縮力をも引張力をも受ける．いっぽう，このような T 形断面は，その端部においてフランジのみがガセットに連結されており（図 II.47(a) 参照），重心の位置で固定されているわけではない．したがって，圧縮力を受けるときには，圧縮力と偏心圧縮による曲げモーメントを受ける部材として設計しなければならないが，このような 2 次部材に対して厳密な計算を適用しても，いたずらに煩雑さを増すだけなので，次の簡易式によって設計してもよいとされている（「道示 II 4.5」）．

$$\sigma_c = \frac{D}{A_g} < \sigma_{ca}' = \sigma_{ca}\left(0.5 + \frac{l/r_x}{1\,000}\right) \tag{II.46}$$

ここに，D：上横構斜材の軸方向圧縮力，A_g：T 形断面の総断面積

σ_{ca}：l/r_x を用いて算出した許容軸方向圧縮応力度，l：有効座屈長

r_x：断面の重心を通り，ガセット面に平行な軸（x 軸）に関する断面 2 次半径

また，T 形断面が引張力を受ける場合には，次の式により設計する．

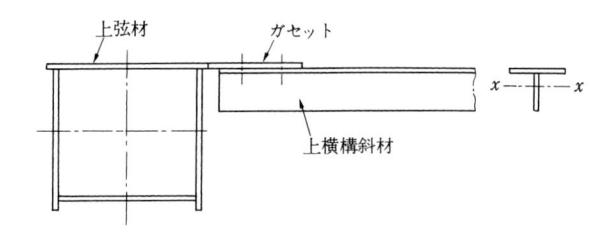

（a） 上横構斜材の取付け

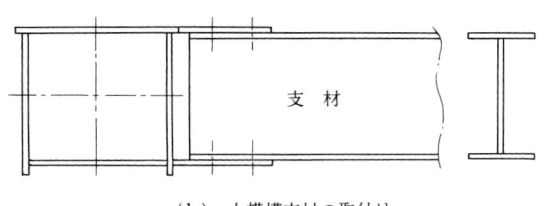

（b） 上横構支材の取付け

図 II.47 上横構の取付け

$$\sigma_t = \frac{D}{A_n} < \sigma_{ta} \qquad (\text{II}.47)$$

ここに，A_n：T 形断面の純断面積，σ_{ta}：許容引張応力度．

T 形断面の純断面積 A_n は，ガセットに連結されているフランジの純断面積と連結されていないウェブの断面積の半分を加えたものとして求める（「道示 II 4.6」）．この模様を，図 II.48 に示す．

上横構の斜材は，すべて画面 II-45 に示された断面を用いる．これは，部材力が小さくなっても細長比の制限値から断面を小さくできないからである．

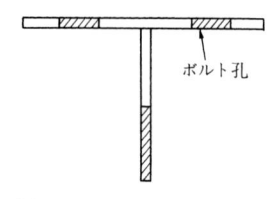

図 II.48 T 形断面の純断面積（斜線部を除く）

5.3　上横構支材の断面

上横構の支材は，単に風荷重に耐えるだけでなく，主構を連結する部材としてト

画面 II-46　上横構支材の断面（本画面は修正入力が可能）

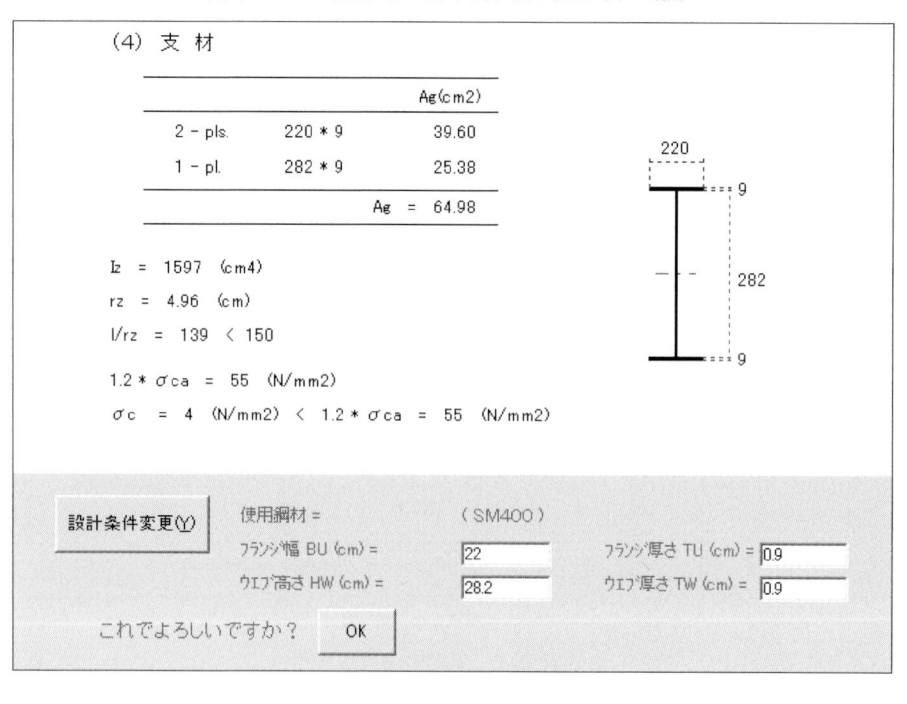

```
(4) 支 材

                            Ag(cm2)
      2 - pls.    220 * 9    39.60
      1 - pl.    282 * 9    25.38
                   Ag =     64.98

Iz   = 1597  (cm4)
rz   = 4.96  (cm)
l/rz = 139  < 150

1.2 * σca = 55  (N/mm2)
  σc = 4 (N/mm2) < 1.2 * σca = 55 (N/mm2)


  [設計条件変更(Y)]   使用鋼材 =         (SM400)
                    フランジ幅 BU (cm) =  [22]      フランジ厚さ TU (cm) = [0.9]
                    ウェブ高さ HW (cm) = [28.2]    ウェブ厚さ TW (cm) = [0.9]
       これでよろしいですか？  [OK]
```

5章　上横構の設計

ラス橋の横方向の剛性を保つために重要な役割を果たしている．これは，単に風荷重に対して必要な断面積を有する部材として設計されるのではなく，構造的に必要性を判断された部材であるからである．

　支材がその役割を十分果たすためには，その高さを図II.47に示したようにそれが取り付く弦材の高さと同じにしなければならない（「道示II 12.5.2」）．したがって，おのずから支材の高さは，決まってくる．画面II-46に示したように，風荷重による作用応力度は，許容応力度に対して十分な余裕がある．

6章　下横構の設計

6.1　下横構への荷重と部材力

　下横構は，主構の下弦材に取り付けられ，トラス橋の下面に働く横荷重に対して抵抗する．その骨組は，図 II.49 に示すように，通常，上横構と同じダブルワーレンのトラス形式をとる．図 II.49 に示した鉛直材は床桁であり，下横構は床桁の下フランジと同じ面に取り付けられる．

　下横構に働く横荷重としては，風荷重と**地震荷重**(seismic load) がある．風荷重 q_w は，下弦材が載荷弦であるために，表 II.6 の風荷重算定式の中の次の式によって計算する．

$$q_w = 3.0D + 2.5\sqrt{\lambda h} \geq 6.0 \text{ kN/m} \quad (無載荷時) \qquad (\text{II}.48)$$

　活荷重を載荷している状態での風荷重は，上式よりも小さくなる．このときの下弦材の作用応力度を照査するためには，主荷重による応力度に載荷時の風荷重によ

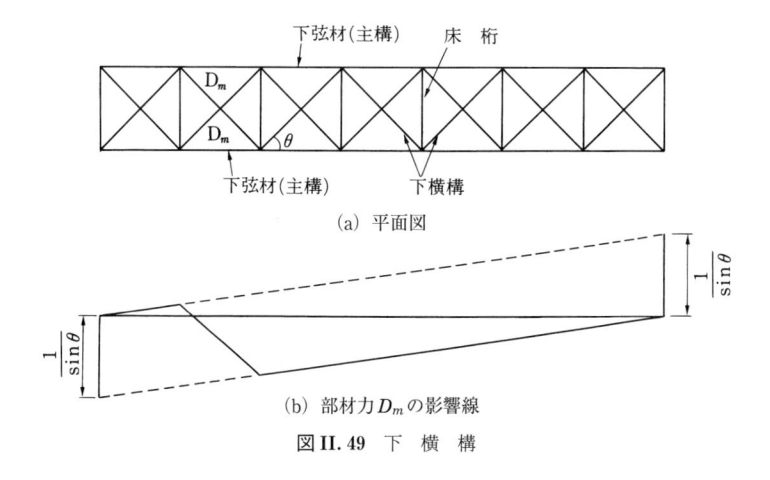

(a) 平面図

(b) 部材力 D_m の影響線

図 II.49　下横構

る応力度を加えなければならない．しかし，このときには，許容応力度の割増しが25％認められているので（「道示II 3.1」），たいていの場合，問題とならない．

いっぽう，地震荷重 q_e は，自重に設計震度を乗じた次の式によって求められる．

$$q_e = w_d \cdot k_h \tag{II.49}$$

ここに，w_d：死荷重，k_h：設計水平震度．

設計水平震度は骨組振動解析を行って算定されるが，ここでは0.2を採用する．

下横構の設計に用いる荷重は，上に述べた風荷重か地震荷重のいずれか大きいほうで決まる．これらの従荷重は，一時的に作用する荷重としての許容応力度の割増しが許され，それぞれ風荷重に対しては20％，地震荷重に対しては50％である．したがって，この許容応力度の割増しを考慮して設計荷重 w を求めると，次のようになる．

$$w = [q_w/1.2,\ q_e/1.5] \quad (いずれか大きいほう) \tag{II.50}$$

下横構の部材力は，上横構と相違してこれをプラットトラスと見なし（図II.2参照），斜材は引張部材のみが有効と考え，圧縮部材は無視して求める．下横構の場

画面 II-47　下横構への荷重と部材力（本画面は修正入力が可能）

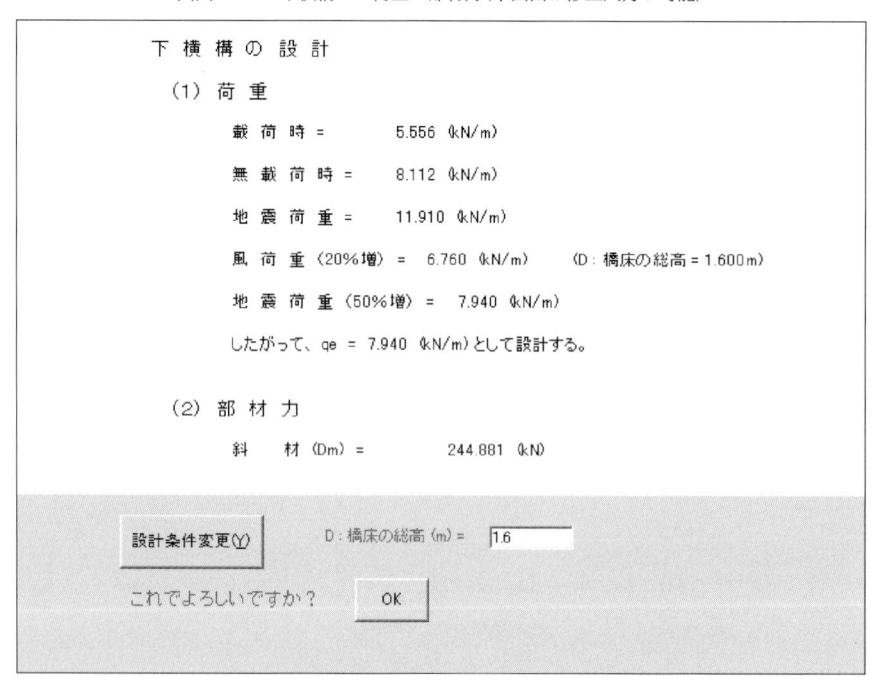

```
下 横 構 の 設 計
  (1) 荷 重
        載 荷 時 =        5.556 (kN/m)
        無 載 荷 時 =      8.112 (kN/m)
        地 震 荷 重 =     11.910 (kN/m)
        風 荷 重 (20%増) =   6.760 (kN/m)    (D：橋床の総高 = 1.600 m)
        地 震 荷 重 (50%増) = 7.940 (kN/m)
        したがって、qe = 7.940 (kN/m) として設計する。

  (2) 部 材 力
        斜　材 (Dm) =     244.881 (kN)


  [ 設計条件変更(Y) ]    D：橋床の総高 (m) = [ 1.6 ]

        これでよろしいですか？    [ OK ]
```

6章 下横構の設計

合は，上横構よりも部材長が大きく細長比が大きくなるので，これを引張部材とすれば，2次部材の細長比の制限値である240まで大きくとることができる．いっぽう，図II.49に示した部材力の影響線は，結果的に上横構の場合の2倍になっている(図II.46参照)．

画面II-47に示された部材力は支点近く(端部)の最大部材力であり，スパン中央にいくに伴って，この部材力はだんだん小さくなる．また，横荷重がどちらの方向から作用するにしても，実際の骨組構成は，ダブルワーレンとなっているため，有効な引張部材を入れ替えることによりどちら側からでもプラットトラスと見なすことができる．

6.2 下横構斜材の断面

下横構斜材の断面は，上横構と同じくT形断面を用いる．引張部材として設計されるので，式(II.47)を，適用することができる．圧縮部材を無視して部材力を求めたので，上横構よりは部材力が大きくなり，また断面も上横構よりはひと回り大きいT形断面となっている．

画面II-48 下横構斜材の断面

(3) 断面の決定

		$A_g(cm^2)$	$z(cm)$	$A_{gz}(cm^3)$	$I(cm^4)$
1 - pl.	180 * 9	16.2	6.95	112.6	783
1 - pl.	130 * 9	11.7	-	-	165
		27.9		112.6	947

$e = 4.04$ (cm)

$I_y = 493$ (cm^4)

$r_y = 4.20$ (cm)

$l/r_y = 236 < 240$

$A_n = 17.55$ (cm^2)

$\sigma_t = 140$ (N/mm^2) < 140 (N/mm^2)

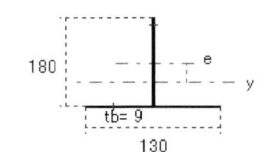

画面 II-48 に示された応力度の算定は，最大部材力を受ける端部の部材についてのものであるが，作用応力度および細長比とも許容値に近い．中央部の部材についても部材力は小さくなるが，細長比の制限からこれ以上断面を小さくするわけにはいかない．したがって，下横構は，すべて画面 II-48 に示された断面と同じとする．

7章　橋門構の設計

7.1　橋門構への荷重と部材力

　上弦材に作用する風荷重は，上横構によって端柱の上部にまで伝達され，この端柱と橋門構によって構成されるラーメン構造を通して支承に伝達される．図II.50には，橋門構に関連した部分の構造図を示す．

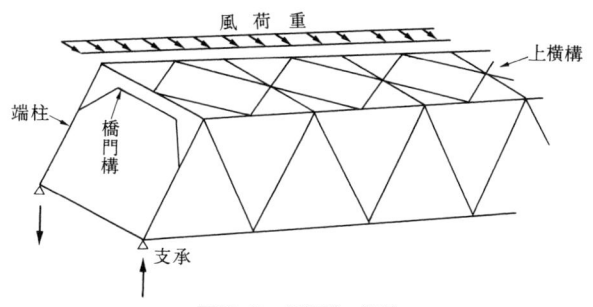

図II.50　橋門構の役割

　図II.51には，この橋門構を解析するための構造形式を示す．実際の構造形式は，不静定のラーメン構造(図II.51(a))に近い．しかし，構造解析が煩雑となるので，設計計算では，これを仮想ヒンジを設けることにより静定構造(図II.51(b))に簡略化して解析を行う場合が多い．最近では，パソコンによってこのような不静定構造も簡単に解析できるようになり，このような簡略化は，必要でなくなってきた．

　画面II-49の算定結果は，簡略化した静定構造をもとにしている．水平荷重は，風荷重の合計を半分(両側の橋門構で2分される)にした値である．この水平荷重に対して，図II.51(b)に示した橋門構のA点および端柱のB点ならびにC点における作用断面力の計算結果が，画面II-49に示してある．この断面力を用いて，

橋門構の設計および端柱の応力照査を行う．

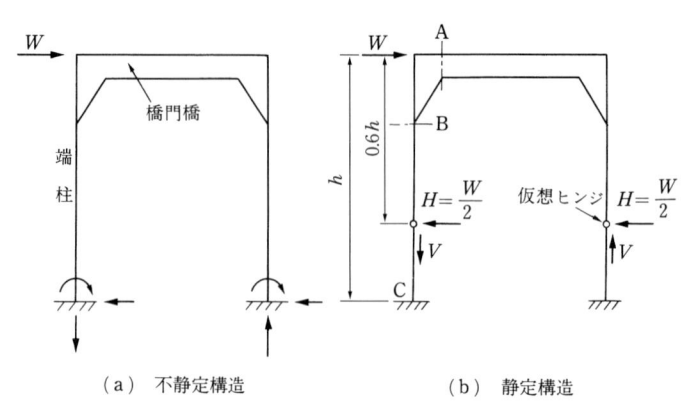

図 II.51　橋門構の構造形式

(a) 不静定構造　　　(b) 静定構造

画面 II-49　橋門構への荷重と部材力

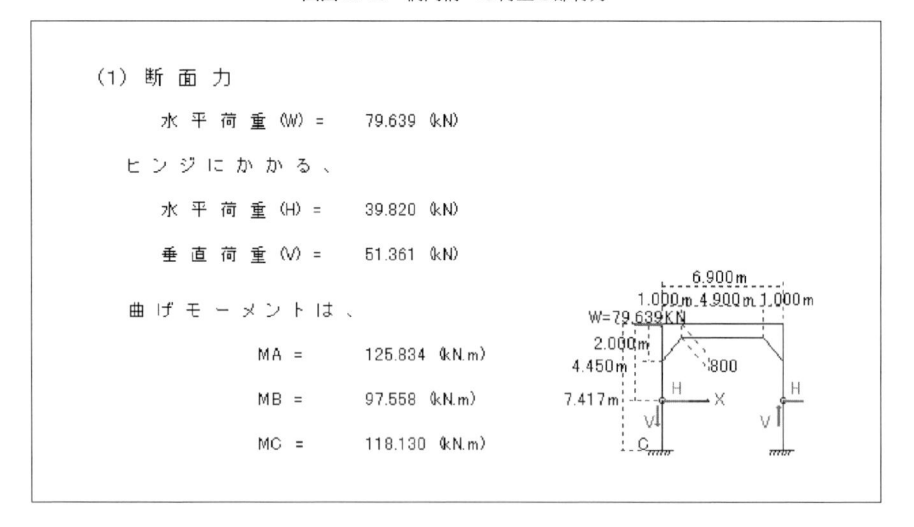

(1) 断面力

　　水平荷重 (W) = 79.639 (kN)

　ヒンジにかかる、

　　水平荷重 (H) = 39.820 (kN)

　　垂直荷重 (V) = 51.361 (kN)

　曲げモーメントは、

　　MA = 125.834 (kN.m)

　　MB = 97.558 (kN.m)

　　MC = 118.130 (kN.m)

7.2　橋門構の断面

　橋門構に働く断面力は，図 II.52 に示すように軸方向圧縮力，曲げモーメントおよびせん断力が働く．これに抵抗する橋門構の断面形状は，I 形断面とする．

7章 橋門構の設計

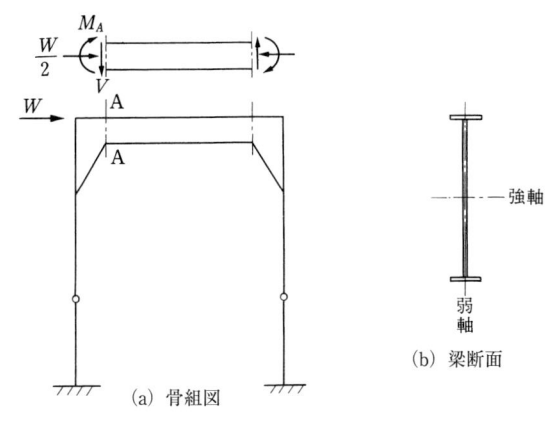

図 II.52 橋門構に働く断面力

画面 II-50 橋門構の断面

(2) 断 面

		A(cm2)	z(cm)	I(cm4)
2 - Flg pl.	180 * 9	32.4	40.45	53013
1 - Web pl.	800 * 9	72.0	-	38400
		104.4		I_y = 91413

I_z = 874 (cm4)
r_y = 29.6 (cm), r_z = 2.9 (cm)
l/r_y = 23 l/r_z = 238

許容軸方向圧縮応力度　；　1.2 * σ_{ca} = 23 (N/mm2)
許容オイラー座屈応力度　；　σ_{ea} = 2268 (N/mm2)
許容曲げ圧縮応力度　；　1.2 * σ_{ba} = 118 (N/mm2)

応 力 照 査　　σ_c = 4 (N/mm2)
　　　　　　　　σ_{bc} = 56 (N/mm2)
　　照　査　0.64 < 1.0

　画面 II-50 には，その断面を示す．作用する断面力のうち，せん断力は小さくて問題とならないので，応力度の算定は，省略する．残りの軸方向圧縮力と曲げモーメントを受ける部材の場合は，次式により，その安全性を照査する（「道示 II

$$\frac{\sigma_c}{\sigma_{ca}} + \frac{\sigma_{bc}}{\sigma_{ba}\left(1 - \dfrac{\sigma_c}{\sigma_{ea}}\right)} < 1.0 \qquad (\text{II.51})$$

ここに，σ_c：軸方向圧縮力による応力度
σ_{ca}：弱軸まわりの許容軸方向圧縮応力度(第Ⅰ編 表Ⅰ.10)
σ_{bc}：曲げモーメントによる最大応力度
σ_{ba}：強軸まわりの許容曲げ圧縮応力度(第Ⅰ編 表Ⅰ.10)
σ_{ea}：強軸まわりの許容オイラー座屈応力度($=1,200,000/(l/r)^2 \text{N/mm}^2$)

橋門構の設計に上式を適用する場合，許容応力度は，風荷重に対して20%の割増し(「道示Ⅱ 3.1」)となるので，それぞれ$1.2\sigma_{ca}$と$1.2\sigma_{ba}$を用いる．

式(Ⅱ.51)では，曲げモーメントが一方向しか作用しない場合を考えているが，曲げモーメントが2軸方向に作用する場合には式(Ⅱ.51)の第2項と同様な項がもう1つの方向の曲げモーメントに対して加えられることになる(「道示Ⅱ 4.3」参照)．

7.3 端柱の応力照査

端柱(D_1部材)は，主構の一部として主荷重を支え，また橋門構の一部として横荷重をも支える．前掲の画面Ⅱ-30において，主構としての応力度算定は終わっているので，ここでは，その結果に橋門構としての応力度を加えて端柱の安全性を照査する．

端柱に働く断面力は，橋門構と同じように軸方向力，曲げモーメントおよびせん断力であるが，このうちのせん断力の影響が小さいので無視している．結局，軸方向力と曲げモーメントが作用する部材として，式(Ⅱ.51)を，適用して設計される．

橋門構として端柱に働く断面力は，画面Ⅱ-49に示したように，M_BとM_Cの大きいほうとして曲げモーメントが与えられ，Vが軸方向力として与えられる．いっぽう，主構としては，斜材D_1の部材力としてNが作用している．これらの断面力に対してそれぞれの応力度を算定し，式(Ⅱ.51)の照査式を適用した結果が，画面Ⅱ-51に示されている．このとき，許容応力度は，主荷重と風荷重が作用するときの割増し率25%を考慮して，それぞれ$1.25\sigma_{ca}$および$1.25\sigma_{ba}$が用いられる

画面 II-51　端柱の応力照査

```
(3) 端 柱 の 応 力 照 査
    断 面 力
        N = -1270.132 (kN),    V = 51.361 (kN),    M = 118.130 (kN.m)
        σca =      140 (N/mm2)
        σea =      439 (N/mm2)
        σba =      175 (N/mm2)
        σc  =       75 (N/mm2)
        σbc =       61 (N/mm2)

    照  査      0.96 < 1.0
```

(「道示II 3.1」).

　橋門構のように，軸圧縮力と曲げモーメントを同時に受ける部材のことを，**梁柱**(beam-column) という．第 I 編合成桁橋の設計の図 I.27 で示したように，曲げモーメントを受ける部材のことを梁といい，軸圧縮力を受ける部材のことを柱という．そして，これら両方の部材力を受ける部材のことを，梁-柱というように合わせた名前でよぶ．

　鋼構造物は，必ず何らかの形で圧縮力を受ける．鋼構造物の設計において最も問題となるのは，この圧縮力を受ける部材である．鋼材は，強度が大きいために，小さな断面ですむことになり，そのかわり圧縮力を受けたときに座屈が起こりやすい．これを避けるために様々な注意が必要であり，「道路橋示方書」においても，これに関する規準が多く定められている．詳しいことは，他の座屈に関する参考書を参照されたい．

8章　たわみの計算

8.1　トラスのたわみの計算法

　トラスのたわみは，**仮想仕事の原理**(principle of virtual work) により簡単に求められる．仮想仕事の原理においては，図 II.53 に示すように，たわみを求めたい実際の荷重状態(a)と，これとはまったく別にたわみを求めたい位置に荷重 $\bar{P}$ を載せた仮想の荷重状態(b)の2つを考える．仮想仕事の原理とは，この2つの荷重系の間に次の関係が成り立つことをいう．

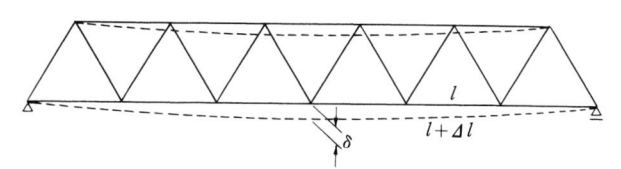

(a)　実際の荷重状態

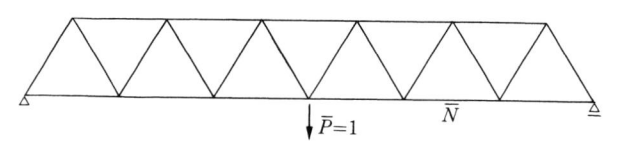

(b)　仮想の荷重状態

図 II.53　仮想仕事の原理

$$\bar{P}\delta = \sum \bar{N} \Delta l \tag{II.52}$$

ここに，$\bar{P}$：仮想荷重($=1$)

　　　　δ：トラスのたわみ

　　　　$\bar{N}$：仮想荷重 $\bar{P}=1$ による部材力($=$スパン中央における影響線値 η)

　　　　Δl：実荷重による部材の伸縮量 $\left(= \dfrac{Nl}{EA} \right)$

(N：部材力，l：部材長，A：断面積，E：ヤング率)

式(II.52)において，仮想荷重を単位荷重に等しい($\bar{P}=1$)とすれば，このときのたわみδは，次のようになる．

$$\delta = \sum \frac{\bar{N}Nl}{EA} \tag{II.53}$$

上式の加算記号は，すべての部材について加算することを意味している．また，仮想荷重を単位荷重としたのであるから，$\bar{N}$としては，各部材の影響線図(画面II-23〜25)においてすでに求められている値を用いることができる(図II.53(b)参照)．トラスのたわみとして，スパン中央の最大たわみが必要となるので，$\bar{N}$はスパン中央における影響値ηを用いる．

式(II.53)を導くもととなった図II.53(a)における実際の荷重状態は，どのような荷重状態でも同式は適用できる．たとえば，死荷重による等分布活荷重の場合，部材力Nは，次式により求められる．

$$N = w_d A_d \tag{II.54}$$

ここに，w_d：等分布荷重，A_d：部材力影響線の全面積

また，活荷重の場合は，次の式により求められる．

$$N = \bar{p}_1 A_{p_1} + \bar{p}_2 A_{p_2} \tag{II.55}$$

ここに，$\bar{p}_1$：p_1活荷重による主構への荷重強度(式(II.25))

$\bar{p}_2$：p_2活荷重による主構への荷重強度(式(II.26))

A_{p_1}：$\bar{p}_1$荷重が中央部に載荷されたときの影響断面積

A_{p_2}：$\bar{p}_2$荷重が全スパンにわたって載荷されたときの影響線面積($=A_d$)

式(II.54)と(II.55)を式(II.53)に代入すると，死荷重と活荷重によるたわみ計算式が，次のように得られる．

$$\delta_d = w_d \sum \frac{\eta A_d l}{EA} \tag{II.56}$$

$$\delta_l = \bar{p}_1 \sum \frac{\eta A_{p_1} l}{EA} + \bar{p}_2 \sum \frac{\eta A_{p_2} l}{EA} \tag{II.57}$$

式(II.57)の活荷重によるたわみの算定において，全体等分布荷重部分p_2によるたわみは死荷重と同様にして求められる．しかし，部分等分布荷重p_1がスパン中央部に載荷されたときのたわみは，影響線面積A_{p_1}の算定が複雑であるため，面倒である．そこで，これを梁のたわみ算定式(I.103)を準用して，次式により求める．

8章 たわみの計算

$$\delta_l = \bar{p}_1 D \left\{ 1 - \frac{1}{2}\left(\frac{D}{L}\right)^2 + \frac{1}{8}\left(\frac{D}{L}\right)^3 \right\} \sum \frac{\eta^2 l}{EA} + \bar{p}_2 \sum \frac{A_d \eta l}{EA} \quad \text{(II.58)}$$

ここに，D：p_1 荷重の載荷長（$=6$ m（A 荷重），$=10$ m（B 荷重））

L：支間長，η：支間中央に単位荷重が載ったときの各部材の影響値

画面II-52 に，たわみ計算に必要な結果を示す．画面II-52 の (1)，(2) および (3) は，それぞれの部材の寸法に関するデータ，(4) および (5) は各部材の荷重に対する影響線データを示す (画面II-22 参照)．そして，(6) および (7) は集中荷重と等分布荷重のたわみに関するデータで，これらの合計値に荷重強度を乗ずるとたわみが得られる．本設計例は左右対称トラスなので，画面II-52 には，その半分のみのデータを示す．

画面 II-52　トラスのたわみの計算

	(1) lr(cm)	(2) Ar(cm2)	(3) lr/Ar(1/cm)	(4) Ad	(5) $\bar{N}$	(6) $\bar{N}^2 \cdot $lr/Ar	(7) Ad·Nr·lr/Ar
U(1)	714.3	122.4	5.836	−23548	−549	1.759	75.444
U(2)	714.3	183.6	3.891	−39247	−1099	4.699	167.808
U(3)	714.3	217.6	3.283	−47096	−1648	8.915	254.779
D(1)	741.7	176.8	4.195	−24452	−571	1.368	58.573
D(2)	741.7	108.4	6.845	24452	571	2.232	95.567
D(3)	741.7	101.2	7.329	−16302	−571	2.390	68.222
D(4)	741.7	76.8	9.658	16302	571	3.149	89.897
D(5)	741.7	88.2	8.409	−8151	−571	2.742	39.139
D(6)	741.7	58.5	12.679	8151	571	4.134	59.009
D(7)	741.7	75.5	9.821	0	0	0.000	0.000
L(1)	714.3	109.8	6.505	11774	275	0.492	21.064
L(2)	714.3	116.6	6.126	31398	824	4.159	158.492
L(3)	714.3	160.0	4.464	43172	1374	8.428	264.819
L(4)	714.3	170.8	4.182	47097	1648	11.358	324.594
					2Σ =	0.00501	0.152

8.2　たわみの制限

たわみの計算は，死荷重によるたわみと活荷重によるたわみに分けて計算される．死荷重によるたわみの計算は，その分だけあらかじめそり（キャンバー，camber) をつけてトラスを製作することのために必要である．これは，橋の完成後に，垂下りが，起こらないようにするためである．

いっぽう，活荷重によるたわみは，たわみの制限に対して必要になる．たわみの制限は，橋の剛性が小さくなりすぎないようにするため設けられたものである．活荷重によるたわみをチェックすることにより，橋の剛性が，小さくなりすぎることを防止する．橋の剛性が小さすぎると，自動車が通過したときに振動が激しくなったりして，橋の損傷の原因となる．

活荷重は，p_1 部分等分布荷重と p_2 全体等分布荷重とから成り，式(II.57) あるいは(II.58) で求められる．ここでは，p_1 部分等分布荷重によるたわみを近似的に梁のたわみと同等と見なして，式(II.58) を用いて算定し，その結果を画面 II-53 に示す．

たわみの許容値 δ_a は，トラス橋に対して次のとおりとなっている（「道示 II 2.3」）．

$$\delta_a = \frac{L}{600} \tag{II.59}$$

画面 II-53 を見るとわかるとおり，一般にトラス橋の場合は剛性が高く，たわみは許容値に対してかなり余裕がある．

画面 II-53　たわみの制限

```
荷　重
    死 荷 重    wd = 29.774 (kN/m)
    活 荷 重    P1 = 29.765 (kN/m) ,  P2 = 10.418 (kN/m)
    載 荷 長    D = 6 m (A荷重)

た わ み 値
    死 荷 重    δd = 45.110 (mm)
    活 荷 重    δl = 24.677 (mm)

    ∴ δl/L = 1/2026 < 1/600
```

9章　トラス橋設計計算のフォームペーパー

Form-T 1　一般図（縦桁3本）
Form-T 2　一般図（縦桁4本）
Form-T 3　縦桁の荷重強度
Form-T 4　縦桁の断面力
Form-T 5　縦桁の断面決定
Form-T 6　床桁の荷重強度
Form-T 7　床桁の断面力
Form-T 8　床桁の断面決定
Form-T 9　主構の荷重強度
Form-T 10　部材力影響線
Form-T 11　部材力表
Form-T 12　主構の断面決定(1)上弦材
Form-T 13　上弦材の継手
Form-T 14　主構の断面決定(2)斜材 ⅰ）引張部材
Form-T 15　主構の断面決定(2)斜材 ⅱ）圧縮部材
Form-T 16　主構の断面決定(2)斜材 ⅲ）端柱
Form-T 17　主構の断面決定(3)下弦材
Form-T 18　たわみの計算

(Form-T1)

一　般　図

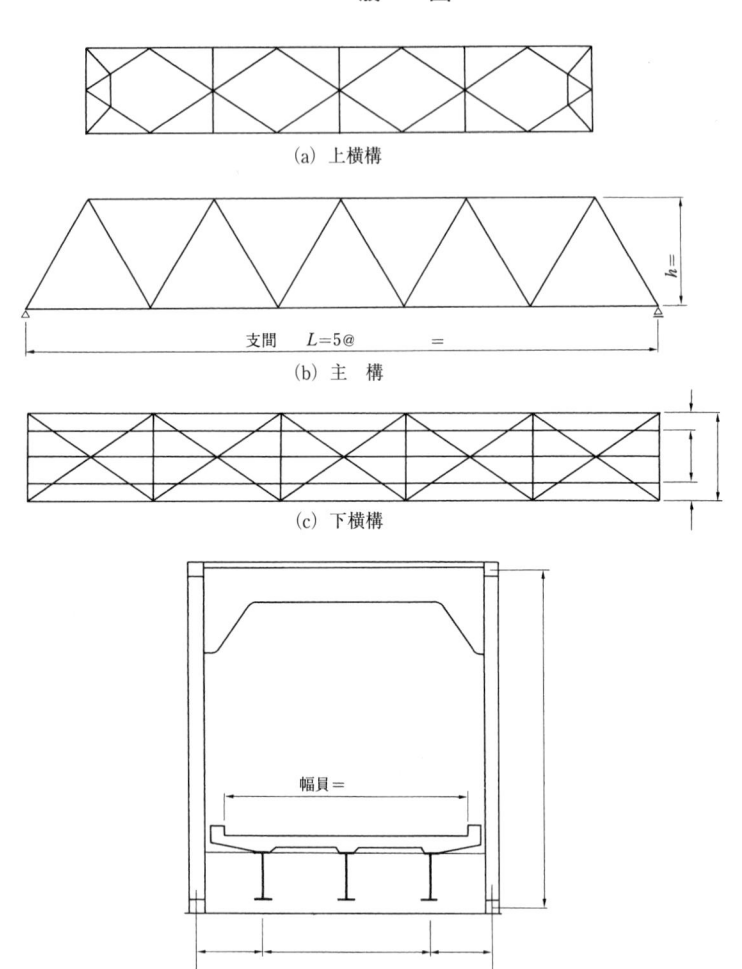

(a) 上横構

(b) 主　構

支間　$L=5@\quad =$

$h=$

(c) 下横構

幅員 $=$

(d) 断　面　図

(Form-T2)

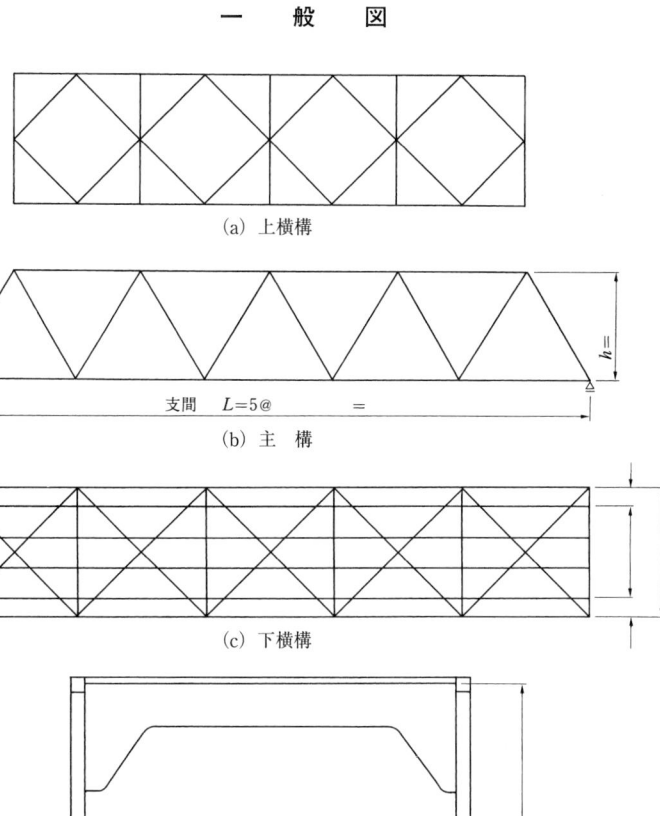

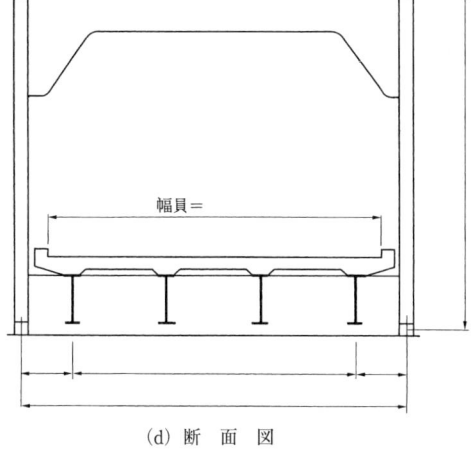

一　般　図

(a) 上横構

(b) 主　構

支間　$L=5@\quad =$

$h=$

(c) 下横構

幅員＝

(d) 断　面　図

(Form-T3)

荷重強度の算定（縦桁）

項　目		外縦桁への荷重	中縦桁への荷重
縦桁の反力影響線		P_r　P_r　250　1 750　1 000　$A=$	1 000　$A=$
死荷重強度	床　版	$24.5\times$	$24.5\times$
	舗　装	$22.5\times$	$22.5\times$
	地　覆		
	高　欄		
	縦　桁		
	ハンチ，外		
	合　計	$w_d=$	$w_d=$
活荷重強度	T荷重強度	$P_r($	$P_r($
	後輪荷重	$\bar{P}_r=$	$\bar{P}_r=$
衝撃係数		$i=\dfrac{20}{50+L_\lambda}=$	

(Form-T4)

最大曲げモーメント M (縦桁)

項　　目	外　縦　桁	中　縦　桁
載　荷　状　態		
死荷重モーメント： $M_d = w_d l^2 / 8$ 活荷重モーメント： $M_l = \overline{P}_r l / 4$ 衝撃モーメント： $M_i = M_l \cdot i$		
合計モーメント： $M = M_d + M_l + M_i$		

最大曲げモーメント S (縦桁)

項　　目	外　縦　桁	中　縦　桁
載　荷　状　態		
死荷重せん断力： $S_d = w_d l / 2$ 活荷重せん断力： $S_l = \overline{P}_r$ 衝撃せん断力： $S_i = S_l \cdot i$		
合計せん断力： $S = S_d + S_l + S_i$		

(Form-T5)

縦桁の断面決定

(イ) 外縦桁 ($M=$　　　 kN・m, $S=$　　　 kN)

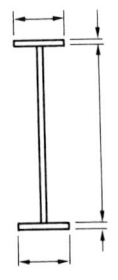

	$A(\text{cm}^2)$	$z(\text{cm})$	Az^2 or $I(\text{cm}^4)$
2-Flg. Pls.	=		
1-Web Pl.	=		
$A=$		$I=$	

$$\sigma = \frac{M}{I}z = \qquad\qquad < \sigma_{ba} =$$

$$\tau = \frac{S}{A_w} = \qquad\qquad < \tau_a =$$

$$\delta_l = \frac{\bar{P}_r L_\lambda^3}{48EI} = \qquad\qquad < \frac{L_\lambda}{2\,000} =$$

(ロ) 中縦桁 ($M=$　　　 kN・m, $S=$　　　 kN)

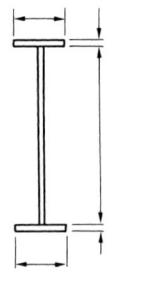

	$A(\text{cm}^2)$	$z(\text{cm})$	Az^2 or $I(\text{cm}^4)$
2-Flg. Pls.	=		
1-Web Pl.	=		
$A=$		$I=$	

$$\sigma = \frac{M}{I}z = \qquad\qquad < \sigma_{ba} =$$

$$\tau = \frac{S}{A_w} = \qquad\qquad < \tau_a =$$

$$\delta_l = \frac{\bar{P}_r L_\lambda^3}{48EI} = \qquad\qquad < \frac{L_\lambda}{2\,000} =$$

(ハ) 床桁との連結

　　高力ボルト：F　　 T(M 22)　　　許容伝達力：$\rho_a =$　　　 kN/1 摩擦面

　　所要本数：$n > \dfrac{S}{\rho_a} =$

　　(ボルト間隔 90～120 mm として)　　　本用いる

(Form-T6)

床桁の荷重強度

項　目	中　間　床　桁	端　床　桁
載荷状態 （スパン方向）	P_r ↓ △　　△　　△ ←―――→←―――→ │1 000│ $A=$	P_r ↓ △　　　　　△ │400│←――――→ │1 000│ $A=$
死荷重　外縦桁反力 $W_{d,1}=w_d A$ 　　　　中縦桁反力 $W_{d,2}=w_d A$ 　　　　床桁自重 w_f		
活荷重　$\bar{P}$		
衝撃係数	$i=\dfrac{20}{50+L_f}=$	

(Form-T7)

床桁最大曲げモーメント：M

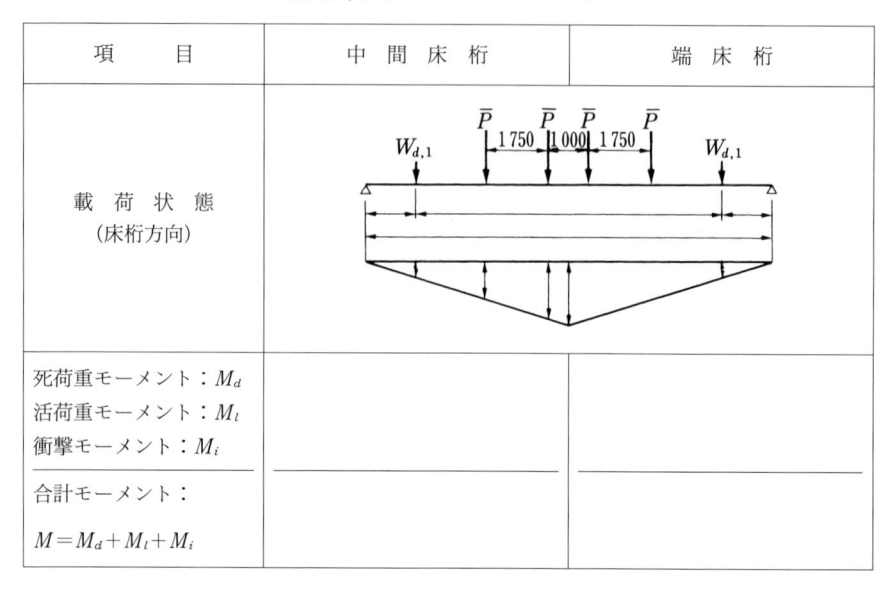

項　　目	中　間　床　桁	端　床　桁
載　荷　状　態 （床桁方向）	$\overline{P}$　$\overline{P}$　$\overline{P}$　$\overline{P}$ $W_{d,1}$　1 750　1 000　1 750　$W_{d,1}$	
死荷重モーメント：M_d 活荷重モーメント：M_l 衝撃モーメント：M_i		
合計モーメント： $M = M_d + M_l + M_i$		

床桁最大せん断力：S

項　　目	中　間　床　桁	端　床　桁
載　荷　状　態	$\overline{P}$　$\overline{P}$　$\overline{P}$　$\overline{P}$ 1 750　1 000　1 750 $W_{d,1}$　　　　　　　　$W_{d,1}$	
死荷重せん断力：S_d 活荷重せん断力：S_l 衝撃せん断力：S_i		
合計せん断力： $S = S_d + S_l + S_i$		

(Form-T8)

床 桁 の 断 面 決 定

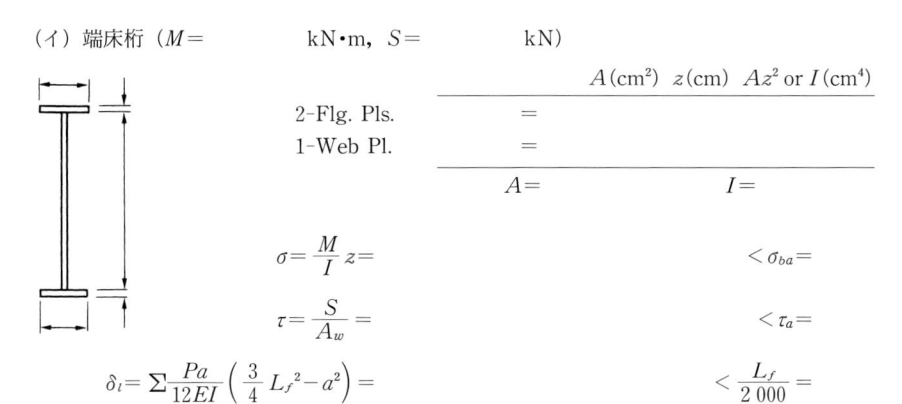

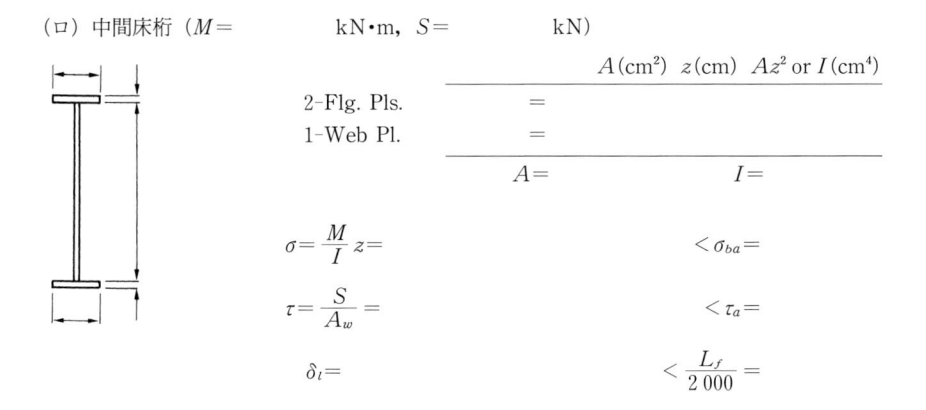

(イ) 端床桁 ($M=$　　　kN・m, $S=$　　　kN)

	A(cm²)	z(cm)	Az^2 or I(cm⁴)
2-Flg. Pls.	=		
1-Web Pl.	=		
	$A=$		$I=$

$\sigma = \dfrac{M}{I} z =$ 　　　　　$< \sigma_{ba} =$

$\tau = \dfrac{S}{A_w} =$ 　　　　　$< \tau_a =$

$\delta_l = \Sigma \dfrac{Pa}{12EI}\left(\dfrac{3}{4} L_f{}^2 - a^2\right) =$ 　　　$< \dfrac{L_f}{2\,000} =$

(ロ) 中間床桁 ($M=$　　　kN・m, $S=$　　　kN)

	A(cm²)	z(cm)	Az^2 or I(cm⁴)
2-Flg. Pls.	=		
1-Web Pl.	=		
	$A=$		$I=$

$\sigma = \dfrac{M}{I} z =$ 　　　　　$< \sigma_{ba} =$

$\tau = \dfrac{S}{A_w} =$ 　　　　　$< \tau_a =$

$\delta_l =$ 　　　　　$< \dfrac{L_f}{2\,000} =$

(ハ) 主構との連結

　　高力ボルト：F　　T (M 22)　　許容伝達力：$\rho_a =$　　　kN/1 摩擦面

　　所要本数：$n > \dfrac{S}{\rho_a} =$

　　（ボルト間隔 90〜120 mm として）　　本用いる

(Form-T9)

主構の荷重強度

項　目	荷　重　強　度
載　荷　状　態	5 500 1 000 $A_1 =$ $A_2 =$
死荷重　アスファルト舗装 　　　　鉄筋コンクリート床版 　　　　地覆 　　　　高欄 　　　　鋼　重（仮定） 　　　　ハンチ，その他 　　　　合計：w_d	$22.5 \times$ $24.5 \times$ $24.5 \times$
活荷重　部分等分布荷重：$p_1 \begin{cases} \text{M 用} \\ \text{S 用} \end{cases}$ 　　　　等分布荷重：p_2	
衝撃係数　弦　材　 　　　　　端斜材　 　　　　　斜　材　　　（$l=$支間）	$i = \dfrac{20}{50+l} = \underline{\hspace{2cm}} =$ $i = \dfrac{20}{50+0.75l} = \underline{\hspace{2cm}} =$

(Form-T10)

部 材 力 影 響 線

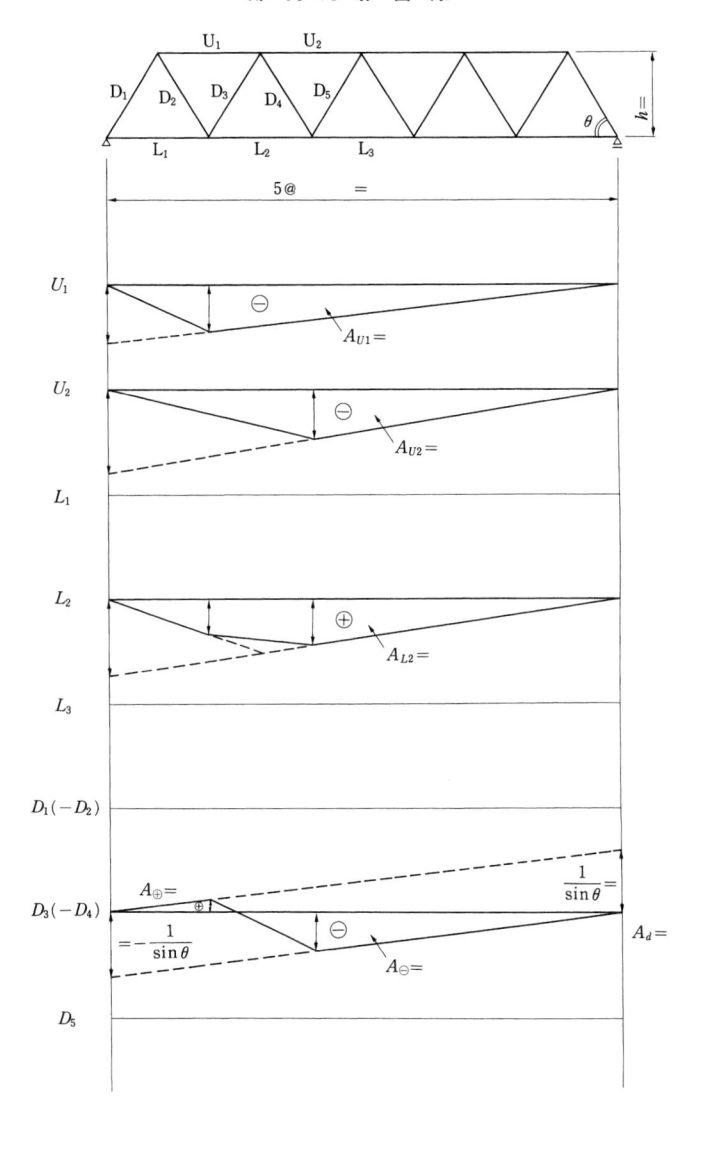

トラス図: 上弦材 U_1, U_2、下弦材 L_1, L_2, L_3、斜材 $D_1 \sim D_5$、高さ $h=$、角度 θ、スパン $5@ =$

U_1 影響線
$\ominus$, $A_{U1}=$

U_2 影響線
$\ominus$, $A_{U2}=$

L_1 影響線

L_2 影響線
$\oplus$, $A_{L2}=$

L_3 影響線

$D_1(-D_2)$ 影響線

$D_3(-D_4)$ 影響線
$A_\oplus =$, $\oplus$
$=-\dfrac{1}{\sin\theta}$
$\ominus$, $A_\ominus =$
$\dfrac{1}{\sin\theta}=$
$A_d =$

D_5 影響線

(Form-T11)

部　材　力　表

部　　材		N_d	$\bar{P}\eta$	$\bar{p}A_1$	N_l	N_{l+i}	N
上弦材	U_1						
	U_2						
	U_3						
斜材	$D_1(=-D_2)$						
	$D_3(=-D_4)$						
	$D_5(=-D_6)$						
	$D_7(=-D_8)$						
下弦材	L_1						
	L_2						
	L_3						

(Form-T12)

主構の断面決定

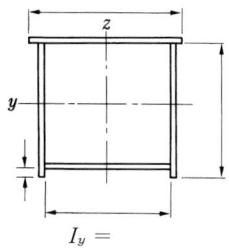

(1) 上弦材　　i) U　部材（$N=$　　kN）

	$A_g(\text{cm}^2)$	$z(\text{cm})$	$A_g z(\text{cm}^3)$	$A_g z^2$ or $I(\text{cm}^4)$
1-Top Pl.	=			
2-Web Pls.	=			
1-Bott. Pl.	=			

$e = \dfrac{}{} =$

$I_y =$

$I_z =$　　　　　　　　　　　　　$I_z > I_y$

$r =$　　　　　　　　$\dfrac{l}{r} =$

$\sigma_{ca} =$

$\sigma_c = \dfrac{N}{A_g} = \dfrac{}{} =$　　　　　$< \sigma_{ca} =$

ii) U　部材（$N=$　　kN）

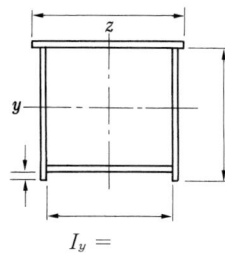

	$A_g(\text{cm}^2)$	$z(\text{cm})$	$A_g z(\text{cm}^3)$	$A_g z^2$ or $I(\text{cm}^4)$
1-Top Pl.	=			
2-Web Pls.	=			
1-Bott. Pl.	=			

$e = \dfrac{}{} =$

$I_y =$

$I_z =$

$r =$　　　　　　　　$\dfrac{l}{r} =$

$\sigma_{ca} =$

$\sigma_c = \dfrac{N}{A_g} = \dfrac{}{} =$　　　　　$< \sigma_{ca} =$

(Form-T13)

上弦材の継手

U　部材

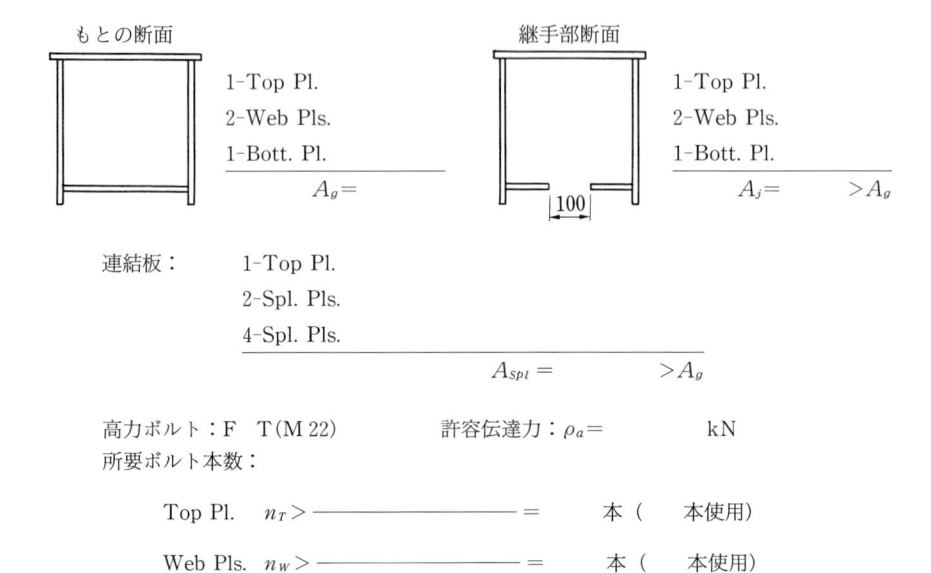

もとの断面
1-Top Pl.
2-Web Pls.
1-Bott. Pl.
$A_g =$

継手部断面
1-Top Pl.
2-Web Pls.
1-Bott. Pl.
$A_j = \qquad > A_g$

100

連結板：　1-Top Pl.
　　　　　2-Spl. Pls.
　　　　　4-Spl. Pls.

$A_{Spl} = \qquad > A_g$

高力ボルト：F　T(M 22)　　　許容伝達力：$\rho_a =$ 　　　kN
所要ボルト本数：

Top Pl.　$n_T > $ ─────── = 　　本（　　本使用）

Web Pls.　$n_W > $ ─────── = 　　本（　　本使用）

Bott. Pl　$n_B > $ ─────── = 　　本（　　本使用）

ボルト配置

Top Pl.

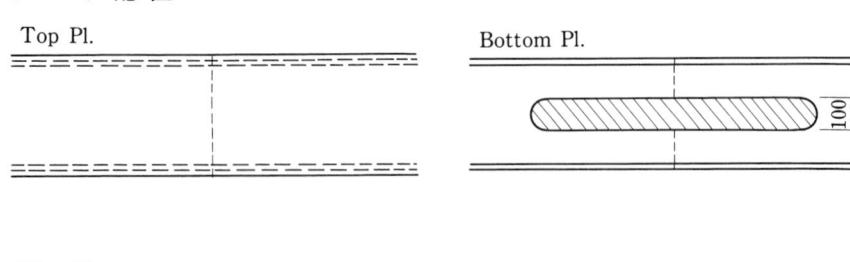

Bottom Pl.

100

Web Pls.

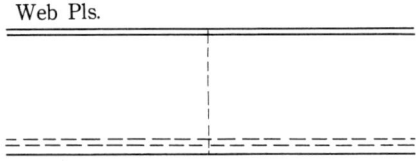

(Form-T14)

(2) 斜　材

　　i) 引張部材　D　部材（$N=$　　　　kN）

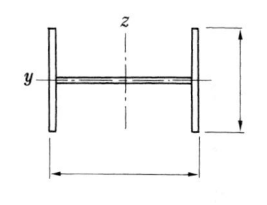

	A_g(cm²)	A_n(cm²)
2-Flg. Pls.		
1-Web Pl.		

$I_y=$

$I_z=$

$r_y = \sqrt{\dfrac{I_y}{A_g}} = \sqrt{\rule{2cm}{0.4pt}} =$

$\dfrac{0.9\, l}{r_y} = $ 　　　　　　< 200

$\sigma = \dfrac{N}{A_n} = \rule{2cm}{0.4pt} = $ 　　$< \sigma_{ta} =$

高力ボルト：F　　T (M 22)　　　許容伝達力：$\rho_a=$　　　kN

所 要 本 数：$n > \rule{2cm}{0.4pt} =$

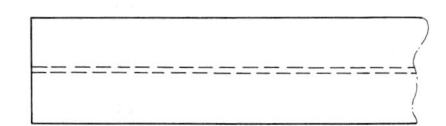

ガセットプレートの厚さ：

$t = 20 \times \dfrac{N}{b} = 20 \times \rule{2cm}{0.4pt} = $ 　　mm

(Form-T15)

（斜材続き）

ⅱ）圧縮部材　D　部材（$N=$　　　kN）

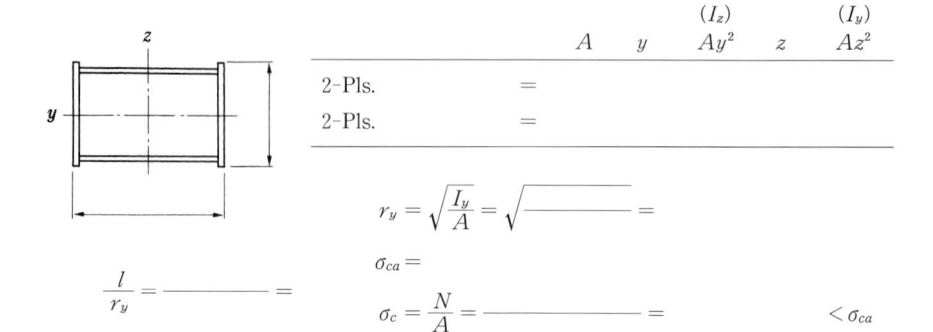

	A	y	(I_z) Ay^2	z	(I_y) Az^2
2-Pls.		=			
2-Pls.		=			

$$r_y = \sqrt{\frac{I_y}{A}} = \sqrt{} =$$

$$\frac{l}{r_y} = \frac{}{} =$$

$\sigma_{ca} =$

$\sigma_c = \dfrac{N}{A} = = \qquad < \sigma_{ca}$

高力ボルト：F　　T（M 22）

所 要 本 数：$n > \dfrac{N}{\rho_a} = = \qquad$ 本

ガセットプレートの厚さ：

$t = 20 \times \dfrac{N}{b} = 20 \times = \qquad$ mm

(Form-T16)

(斜材続き)

　　iii) 端柱 D_1 部材 ($N=$　　　kN)

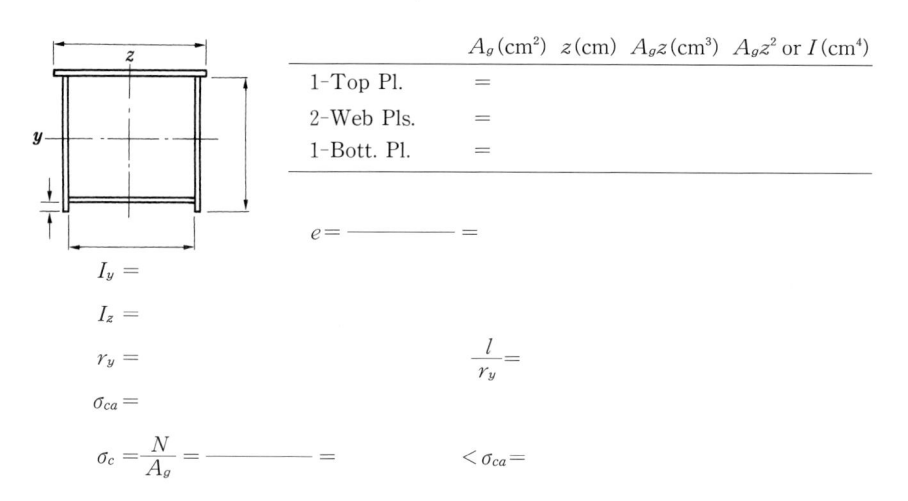

	$A_g(\text{cm}^2)$	$z(\text{cm})$	$A_g z(\text{cm}^3)$	$A_g z^2$ or $I(\text{cm}^4)$
1-Top Pl.	=			
2-Web Pls.	=			
1-Bott. Pl.	=			

$e = \dfrac{}{} =$

$I_y =$

$I_z =$

$r_y =$　　　　　　　　　$\dfrac{l}{r_y} =$

$\sigma_{ca} =$

$\sigma_c = \dfrac{N}{A_g} = \underline{} = < \sigma_{ca} =$

橋門構としての応力度（曲げと軸圧縮を受ける部材）：

$r_z = \sqrt{\dfrac{I_z}{A_g}} = \sqrt{\underline{}} = $ cm,　　$\dfrac{l}{r_z} =$

$\sigma_{ca} = 1.25 \{ \} =$

$\sigma_{ea} = \dfrac{1\,200\,000}{(l/r_z)^2} = \dfrac{1\,200\,000}{} = $ N/mm^2

$\sigma_{ba} = 1.25 \times =$

$\sigma_c = \dfrac{N+V}{A_g} = \underline{} =$

$\sigma_{bc} = \dfrac{M}{I} z = \underline{} =$

$\dfrac{\sigma_c}{\sigma_{ca}} + \dfrac{\sigma_{bc}}{\sigma_{ba}\left(1 - \dfrac{\sigma_c}{\sigma_{ca}}\right)} = \underline{} + \dfrac{}{\left(1 - \underline{}\right)} = < 1.0$

(Form-T17)

(3) 下弦材

　i) L　部材（$N=$　　　kN）

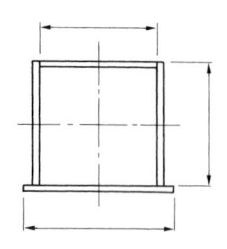

	A_n(cm²)
1-Top Pl.	=
2-Web Pls.	=
1-Bott. Pl.	=

$$\sigma_t = \frac{N}{A_n} = \text{――――} = \qquad < \sigma_{ta} =$$

　ii) L　部材（$N=$　　　kN）

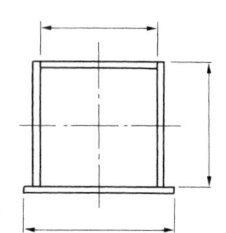

	A_n(cm²)
1-Top Pl.	=
2-Web Pls.	=
1-Bott. Pl.	=

$$\sigma_t = \frac{N}{A_n} = \text{――――} = \qquad < \sigma_{ta} =$$

　iii) 下弦材の継手　L　部材

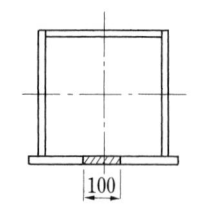

			A_n(cm²)
1-Top Pl. (	×25)×		=
2-Web Pls.(	×25)×		=
1-Bott. Pl. (	×25)×		=

　　　　　　もとの断面積＝　　　＜

　　所要高力ボルト本数：F　　T×M 22

〔連結板の設計および高力ボルトの配列は上弦材にならって行うものとする〕

Top Pl.　$n_T >$ ―――――― = 　本（　　本使用）

Web Pls.　$n_W >$ ―――――― = 　本（　　本使用）

Bott. Pl.　$n_B >$ ―――――― = 　本（　　本使用）

(Form-T18)

たわみの計算

部材	(1) l_r (cm)	(2) A_r (cm²)	(3) $\dfrac{l_r}{A_r}$ (1/cm)	(4) A_d $(=N_r)$ (cm)	(5) $\bar{N}_r$ $(=\eta_r)$	(6) $\dfrac{\bar{N}_r^2 l_r}{A_r}$ (×10³/cm)	(7) $\dfrac{A_d \bar{N}_r l_r}{A_r}$ (×10³)
U_1							
U_2							
D_1							
D_2							
D_3							
D_4							
D_5							
L_1							
L_2							
L_3							
合計	($E_s = 2.0 \times 10^4 \,\text{kN/cm}^2$)				$2\sum =$		

死荷重によるたわみ：$\delta_d =$ 　　　　× 　　　　= 　　　　(cm)

活荷重によるたわみ：$\delta_l =$ 　　× 　　+ 　　× 　　= 　　(cm) $< \dfrac{L}{600}$

索　引

〈ア　行〉

アーチ橋 …………………………………… 6
圧縮斜材 ………………………………… 193
圧縮板の幅厚比 ………………………… 189
圧縮フランジ …………………………… 52
安全照査 …………………… 76, 79, 80, 82

一般構造用圧延鋼材 …………………… 58
一般図 …………………… 13, 114, 136

ウェブ …………………………………… 4
上フランジ ……………………………… 93
上フランジの現場継手 ………………… 93
上横構 ………………………………… 209
　　──の設計 ………………………… 209

影響線 …………………………… 33, 173
影響線面積 ……………………… 34, 175

応力度 …………………………………… 23
　温度差による── ……………………… 77
　活荷重による── ……………………… 67
　──の組合せ …………………………… 44
応力度-ひずみ曲線 …………………… 65

〈カ　行〉

格間長 ………………………………… 130
格　点 ………………………………… 127
下弦材 ………………………………… 126
　　──の影響線 …………………… 176
　　──の作用応力度 ……………… 201
　　──の断面決定 ………………… 200
　　──の断面寸法 ………………… 207
　　──の部材力 …………………… 180
重ね梁 ………………………………… 105
荷重強度 ………………………………… 23
荷重係数 ………………………………… 81

荷重の種類 ……………………………… 24
荷重反力影響線 ……………………… 167
荷重分配横桁 …………………………… 9
風荷重 ………………………………… 210
架設時応力度 …………………………… 44
仮想仕事の原理 ……………………… 227
形　鋼 …………………………………… 58
活荷重 ………………………………… 16
活荷重強度 …………………… 27, 170
活荷重合成 ……………………………… 4
活荷重合成桁 ………………………… 27
活荷重モーメント ……………………… 34
可動ヒンジ ……………………………… 3
下路橋 ………………………………… 128
下路トラス …………………………… 128
下路トラス橋 ………………………… 210
簡易計算法 …………………………… 25
間接荷重 ……………………………… 178
乾燥収縮 ……………………………… 70

キャンバー …………………… 111, 229
橋　長 …………………………………… 7
橋門構 ………………………………… 221
　　──の設計 ……………………… 221
　　──の断面 ……………………… 222
曲弦トラス …………………………… 127
許容応力度 …………………………… 59
許容応力度の割増し ……………… 218
許容応力度設計法 …………… 23, 80
許容水平せん断力 ………………… 109
許容曲げ圧縮応力度 ……………… 61

クリープ ……………………………… 73
クリープ曲線 ………………………… 73
クリープ係数 ………………… 72, 73
群集荷重 ……………………………… 16

桁　長 …………………………………… 7

索　引

ゲルバー梁 …………………………… 3
限界状態設計法 …………………… 80
建築限界 ………………………………129
現場継手 ……………………………… 93
　──に働く力 ……………………… 93
　──の設計 ………………………… 93

鋼　橋 ………………………………… 1
鋼桁応力度 …………………………… 66
鋼桁の断面定数 ……………………… 62
鋼材の許容応力度 …………………… 58
格子計算法 …………………………… 25
鋼　重 …………………………… 26, 168
鋼種の種類 …………………………… 56
鋼種の選定 …………………… 56, 112
合成桁 ………………………… 3, 46
　──の応力度 ……………………… 67
　──の断面定数 …………………… 63
合成後死荷重 ………………… 22, 67
合成断面 ……………………………… 3
合成梁 ………………………………105
合成前死荷重 ………………… 26, 66
構造用鋼材 …………………………… 56
高張力鋼 ……………………………… 56
交番部材 ……………………………200
降伏応力度 …………………… 45, 57
降伏強度 ……………………………… 82
高　欄 ………………………………… 9
高欄推力 ……………………………… 17
高力ボルト …………………………… 94
　──の配列 …………………………102
　──の本数 ………………… 155, 166
固定ヒンジ …………………………… 3
コンクリートの乾燥収縮 …………… 70
コンクリートのクリープ …………… 73

〈サ　行〉

載荷弦 ………………………………210
最小腹板厚 …………………………… 49
最大せん断力図 ……………………… 31
最大曲ザモーメント ………………… 36
最大曲げモーメント図 ……………… 31
座　屈 ………………………………… 59

死荷重 ………………………………… 16

死荷重強度 …………………… 25, 168
死荷重モーメント …………………… 34
死活荷重合成 ………………………… 4
支　間 ………………………………… 5
軸方向力 ……………………………… 59
支　材 ………………………… 211, 214
地震荷重 ……………………………217
下フランジ …………………………… 97
　──の現場継手 …………………… 96
下横構 ………………………………217
　──の設計 ………………………217
自動車荷重 …………………… 16, 27
斜　材 ………………………………134
　──の影響線 ……………………175
　──の断面決定 …………………192
　──の断面寸法 …………………206
斜材部材力 …………………………178
シャープレート ……………………101
車輪荷重 ……………………………… 16
終局強度設計法 ……………………… 80
従載荷荷重 …………………… 28, 170
自由突出幅 …………………… 54, 153
主荷重 ………………………………… 76
主荷重応力度 ………………… 44, 76
主　桁 ………………………………… 6
　──の間隔 ………………… 6, 10
　──の設計 ………………………… 23
　──のたわみ ……………………111
　──の断面決定 …………………… 40
　──の本数 ………………… 6, 11
　──に働くせん断力 ……………… 38
　──に働く曲げモーメント ……… 34
主桁断面 ……………………………… 40
主　構 ………………………………131
　──の設計 ………………………167
　──の部材力 ……………………182
　──への死荷重強度 ……………167
主構間隔 ……………………………133
主構部材の断面 ……………………205
主載荷荷重 …………………… 28, 170
主鉄筋 ………………………………… 20
純断面積 ……………………………193
純　幅 ………………………………… 97
衝撃荷重 ……………………… 30, 144
衝撃係数 ……………………… 157, 161

索　引

上弦材 …………………………………… 126
　──の影響線 ……………………… 174
　──の断面形状 …………………… 184
　──の断面決定 …………………… 184
　──の断面寸法 …………………… 205
　──の必要断面積 ………………… 185
衝突荷重 …………………………………… 17
床　版 ……………………………………… 9
　──の厚さ ………………………… 9
　──の設計 ………………………… 15
　──の有効幅 ……………………… 46
上路橋 …………………………………… 128
上路トラス橋 …………………… 129, 210
靭　性 …………………………………… 58

垂直材 …………………………………… 134
垂直補剛材 ………………………… 49, 89
水平せん断力 …………………………… 105
　温度差による── ……………… 108
水平補剛材 ……………………… 49, 88, 91
スタッドジベル ………………………… 106
ずれ止め ………………………………… 105
　──の間隔 ……………………… 108
　──の設計 ……………………… 105

設計基準 …………………………………… 2
設計構造物単位 …………………… 23, 139
設計条件 ……………………………… 5, 126
全体等分布荷重 ………………………… 172
せん断応力度 …………………………… 66
せん断遅れ ……………………………… 47
せん断力 …………………………… 38, 59
せん断力影響線 ………………………… 36
線膨張係数 ……………………………… 77

総　幅 …………………………………… 97
外桁断面 ………………………………… 40
外主桁 …………………………………… 29
外縦桁 ………………………………… 142
そ　り ………………………………… 111, 229

〈タ　行〉

対傾構 …………………………………… 9, 89
対傾構間隔 ……………………………… 89
縦桁 …………………………………… 131

　──の間隔 ……………………… 135
　──の支持条件 ………………… 145
　──の設計 ……………………… 139
　──の断面決定 ………………… 149
　──の連結 ……………………… 155
　──に働くせん断力 …………… 147
　──に働く曲げモーメント …… 145
　──への活荷重強度 …………… 143
　──への死荷重強度 …………… 142
　──への反力影響線 …………… 141
たわみ ………………………………… 111
　──の計算 ……………………… 227
　──の制限値 …………… 111, 154, 229
単位体積重量 …………………………… 25
単純支持 …………………………… 3, 126
単純梁 …………………………… 3, 145
単純版 …………………………………… 18
端床桁 ………………………………… 157, 165
端　柱 ………………………………… 190
　──の応力照査 ………………… 222
　──の断面決定 ………………… 190
断面決定 ………………………………… 40
断面変化点 ……………………………… 30
断面力 …………………………… 23, 30

千鳥配列 ………………………………… 97
地　覆 …………………………………… 9
中間垂直補剛材 …………………… 88, 90
中間床桁 …………………………… 157, 164
直弦トラス ……………………………… 126

道路橋 …………………………………… 1
道路橋示方書 …………………………… 2
トラス ……………………………… 127, 173
　──の影響線 …………………… 173
　──の高さ ……………………… 133
　──の骨組線 …………………… 188
トラス橋 …………………………… 6, 126

〈ナ　行〉

中桁断面 ………………………………… 40
中主桁 …………………………………… 30
中縦桁 ………………………………… 142
軟　鋼 …………………………………… 56

2次応力 ……………………………… 186

〈ハ 行〉

配力鉄筋 ……………………………… 20
ハウトラス …………………………… 127
箱　桁 ………………………………… 4
橋の形式 …………………………… 2, 126
柱 ……………………………………… 59
梁 ……………………………………… 59
梁　柱 ………………………………… 225
張出し梁 ……………………………… 3
版 ……………………………………… 17
ハンチ …………………………… 25, 143
ハンドホール ………………………… 187
反力影響線 …………………………… 24

ひずみ量 ……………………………… 72
引張許容応力度 ……………………… 59
引張斜材 ……………………………… 192
引張フランジ ………………………… 52
ひび割れ ……………………………… 70

幅　員 ………………………………… 5
腹　材 ………………………………… 134
腹　板 ………………………………… 4
　——の厚さ ……………………… 48, 164
　——の現場継手 …………………… 99
　——の座屈 ………………………… 49
　——のせん断座屈 ………………… 88
　——の高さ ……………………… 48, 150, 164
部分等分布荷重 ……………………… 172
プラットトラス ……………………… 127
フランジ ……………………………… 4
　——の自由突出幅 ………………… 54
　——の必要断面積 ……………… 51, 173
プレートガーダー ………………… 93, 173
　——の腹板厚 ……………………… 152

平均せん断応力度 …………………… 86

補剛材 ………………………………… 85
　支点上の—— ……………………… 85
　——の設計 ……………………… 85, 152
舗　装 ………………………………… 27
細長比の制限値 ……………………… 186

ボルト配置 …………………………… 94

〈マ 行〉

曲げ圧縮許容応力度 ………………… 46
曲げ引張許容応力度 ………………… 46
曲げモーメント …………………… 34, 59
　——の影響線 …………………… 33, 159
摩擦接合用高力ボルト ……………… 95

見かけのヤング係数比 …………… 71, 74
溝形鋼 ………………………………… 58

無載荷弦 ……………………………… 210

モーメントプレート ………………… 101

〈ヤ 行〉

山形鋼 ………………………………… 58
ヤング係数 …………………………… 65
ヤング係数比 ………………………… 63

有効座屈長 …………………………… 194
床　組 ………………………………… 131
床　桁 ………………………………… 131
　——の設計 ………………………… 157
　——の断面決定 …………………… 164
　——に働くせん断力 ……………… 162
　——に働く曲げモーメント ……… 160
　——への連結 ……………………… 166

横　構 ………………………………… 89
横ねじれ座屈 …………………… 51, 66

〈ラ 行〉

ラーメン構造 ………………………… 221

連続橋 ………………………………… 6
連続版 ………………………………… 18

〈ワ 行〉

割増し係数 ……………………… 19, 144
ワーレントラス ……………………… 127

〈英 名〉

I 桁 …………………………………… 4, 28

索　引

L 荷重 ·· *17, 170*
p_1 荷重 ·· *28*
p_2 等分布荷重 ······································ *28*

T 荷重 ·· *17, 170*
T 形断面 ··· *213, 219*

〈著者紹介〉

中井　博　（なかい　ひろし）
1961 年　大阪市立大学大学院工学研究科修士課程修了
1973〜1999 年　大阪市立大学教授
現　在　福井工業大学教授．工学博士
主　書　「Analysis and Design of Curved Steel Bridges」McGraw-Hill
　　　　「鋼橋設計の基礎」共立出版

当麻　庄司　（とうま　しょうじ）
1967 年　神戸大学工学部土木工学科卒業
1967〜1977 年　川崎重工業(株)
1980 年　米国パーデュー大学大学院博士課程修了
現　在　北海学園大学教授．Ph.D
主　著　「BASICによる橋梁工学」共立出版
　　　　「Advanced Analysis of Steel Frames」CRC Press

丹羽　量久　（にわ　かずひさ）
1983 年　関西大学工学部土木工学科卒業
1983〜2003 年　日本電子計算(株)
現　在　JIPテクノサイエンス(株)．博士(工学)
主　著　「NEWSユーザのためのやさしいUNIXのはじめかた」オーム社

対話形式による
橋梁設計シミュレーション
2005 年 7 月 25 日　初版 1 刷発行

検印廃止

著　者　中井　博
　　　　当麻　庄司　©2005
　　　　丹羽　量久

発行者　南條　光章

発行所　共立出版株式会社

〒112-8700　東京都文京区小日向 4 丁目 6 番 19 号
電話　03-3947-2511
振替　00110-2-57035
URL　http://www.kyoritsu-pub.co.jp/

（社団法人
自然科学書協会
会　員）

印刷：真興社／製本：協栄製本
NDC 515 ／ Printed in Japan

ISBN 4-320-07418-1

JCLS　<(株)日本著作出版権管理システム委託出版物>
本書の無断複写は著作権法上での例外を除き禁じられています．複写される場合は，そのつど事前に
(株)日本著作出版権管理システム（電話03-3817-5670, FAX 03-3815-8199）の許諾を得てください．

テキストシリーズ
土木工学

編集委員：足立紀尚
髙木不折・樗木　武
長瀧重義・西野文雄

近年，社会基盤施設整備に対する市民のニーズは単に経済発展や地域の活性化を推進するためというだけにとどまらず，豊かで快適な生活環境の創造や地球規模ともいえる環境問題への取組みなどを求める方向にあります。本テキストシリーズは，この新時代に相応しい土木工学のカリキュラム編成を考慮しながら，将来の関係分野の専攻にかかわらず必要とされる基礎が十分理解でき，また最新の技術，今後の動向が把握できるように配慮したものです。

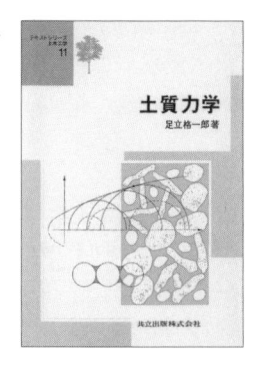

❶ 海岸海洋工学
水村和正　著　　波の基本的性質／波の変形／風波の性質／海面の変動／沿岸の流れと砂の移動／数値解析／他・・・・・・・・・256頁・定価3675円

❷ 交通計画学 第2版
樗木　武・井上信昭 著　交通と交通計画／交通問題と交通政策／交通網の計画と評価／交通結節点の計画／他・・・・・・・・272頁・定価3885円

❸ 橋梁工学 第2版
長井正嗣 著　荷重／鋼材／許容応力度と安定照査／接合／床版／床組／Ⅰげた橋／箱げた橋／合成げた橋／他・・・・・292頁・定価4095円

❹ 交通システム工学
笠原　篤 編著　交通システムと複合輸送／交通システムと心理学／道路と自動車交通／交通運用システム／他・・・・・・・238頁・定価3570円

❺ 鉄筋コンクリート構造 第2版
大和竹史 著　鉄筋コンクリートの概説／限界状態設計法の基本的事項／材料の性質と設計用値／荷重と構造解析／他・・・242頁・定価3465円

❻ 線形代数
田村　武 著　ベクトルと行列／行列式と逆行列／連立1次方程式／1次変換と固有値問題／線形代数学とトラス構造の力学　190頁・定価2520円

❼ 環境衛生工学
津野　洋・西田　薫 著　総論／水質汚濁／水道／下水道／大気汚染・悪臭／騒音・振動／廃棄物／環境影響評価・・・・・・・308頁・定価4095円

❽ 構造振動・制御
山口宏樹 著　構造物の振動問題／構造物のモデル化と定式化／構造物の振動制御／構造物のアクティブ制御／他・・・・・・・・・・・・品　切

❾ 土木工学概論
黒田勝彦・和田安彦 著　土木工学の起源と体系／社会資本と公共投資／公共土木事業と行財政の仕組み／他・・・・・・272頁・定価3780円

❿ 鋼構造
三木千壽 著　鋼構造の歴史／鉄と鋼／鋼材の力学的性質／鋼材の規格と鋼種の選定／引張部材／ロープとケーブル／他・・360頁・定価5040円

⓫ 土質力学
足立格一郎 著　建設プロジェクトにおける土質力学の役割／土の構成と基本的物理量／透水／土の分類／他・・・・・・・・・296頁・定価4095円

続刊項目
コンピュータ概論／構造力学／応用弾塑性学／水理学／土木材料／コンクリート／基礎工／学土木計画学／都市・地域計画／景観工学／河川工学

【各 巻】A5判・190～360頁・上製本
(税込価格。価格は変更される場合がございます。)

共立出版
http://www.kyoritsu-pub.co.jp/

土質力学
足立格一郎著
共立出版株式会社

実力養成の決定版········学力向上への近道！

共立出版の詳解演習シリーズ

大学において学問・研究を進める上で最も大切なことは、数学的・物理的基礎を十分に養い、活用できる知識を身につけることである。本「詳解演習」シリーズは、各領域における多数の基本問題を提起し、懇切で詳細な解法を付した演書の決定版である。■各冊：Ａ５判・176〜454ページ（価格は税込）

詳解 線形代数演習 鈴木七緒・安岡善則他編 ············ 定価2520円	**詳解 理論／応用量子力学演習** 後藤憲一・西山敏之他編 ············ 定価4200円
詳解 微積分演習Ⅰ 福田安蔵・安岡善則他編 ············ 定価2100円	**詳解 物理化学演習** 小野宗三郎・長谷川繁夫他編 ········ 定価2993円
詳解 微積分演習Ⅱ 鈴木七緒・黒崎千代子他編 ·········· 定価1995円	**詳解 土木工学演習** 栗谷陽一・彦坂 煕他著 ············ 定価3675円
詳解 微分方程式演習 福田安蔵・安岡善則他編 ············ 定価2310円	**詳解 構造力学演習** 彦坂 煕・崎山 毅他著 ············ 定価3570円
詳解 確率と統計演習 鈴木七緒・安岡善則他編 ············ 定価2835円	**詳解 測量演習** 佐藤俊朗編 ······················ 定価2625円
詳解 図学演習 新訂版 田中政夫著 ······················ 品切れ中	**詳解 建築構造力学演習** 蜂巣 進・林 貞夫著 ·············· 定価3570円
詳解 LAPLACE変換演習 大下眞二郎著 ···················· 品切れ中	**詳解 機械工学演習** 酒井俊道編 ······················ 定価3045円
詳解 FORTRAN演習 中村明子・伊藤文子編 ·············· 品切れ中	**詳解 材料力学演習 上** 斉藤 渥・平井憲雄著 ·············· 定価3360円
詳解 物理学演習 上 後藤憲一・山本邦夫他編 ············ 定価2415円	**詳解 材料力学演習 下** 斉藤 渥・平井憲雄著 ·············· 定価3360円
詳解 物理学演習 下 後藤憲一・西山敏之他編 ············ 定価2415円	**詳解 制御工学演習** 明石 一・今井弘之著 ·············· 定価3990円
詳解 現代物理学演習 後藤憲一・西山敏之他編 ············ 品切れ中	**詳解 流体工学演習** 吉野章男・菊山功嗣他著 ············ 定価2940円
詳解 物理／応用数学演習 後藤憲一・山本邦夫他編 ············ 定価3360円	**詳解 電気回路演習 上** 大下眞二郎著 ···················· 定価3570円
詳解 力学演習 後藤憲一・神吉 健他編 ············ 定価2520円	**詳解 電気回路演習 下** 大下眞二郎著 ···················· 定価3570円
詳解 電磁気学演習 後藤憲一・山崎修一郎他編 ·········· 定価2730円	**共立出版** http://www.kyoritsu-pub.co.jp/

■土木工学関連書　　　　　　　　　http://www.kyoritsu-pub.co.jp/　共立出版

測量用語辞典……………………松井啓之輔編著	測　量…………………………駒村正治他著
詳解 土木工学演習………………栗谷陽一他著	測量学Ⅰ…………………………松井啓之輔著
建設材料 コンクリート……………村田二郎他著	測量学Ⅱ…………………………松井啓之輔著
土木練習帳………………………吉川弘道他著	測量学 基礎編……………………大嶋太市著
基礎 弾・塑性力学………………大塚久哲著	測量学 応用編……………………大嶋太市著
詳解 構造力学演習………………彦坂　熙他著	測量士補受験のための測量問題集…松井啓之輔著
静定構造力学 第2版…………高岡宣善著／白木　渡改訂	リモートセンシング用語辞典…日本リモートセンシング研究会編
不静定構造力学 第2版…………高岡宣善著／白木　渡改訂	新編 橋梁工学……………………中井　博他著
鉄筋コンクリート工学……………加藤清志他著	橋梁工学 第5版……………………橘　善雄著
鉄筋コンクリート工学 訂正2版……横道英雄他著	例題で学ぶ橋梁工学………………中井　博他著
わかりやすい水理学の基礎………水村和正他著	鋼橋設計の基礎……………………中井　博他著
水工水理学………………………水村和正著	コンピュータによる鋼橋の終局強度解析と座屈設計 ………………関西道路研究会・道路橋調査研究委員会編
水理学 改訂版……………………小川　元著	実践 耐震工学……………………大塚久哲著
河川工学…………………………篠原謹爾著	ライフライン地震工学……………高田至郎著
ウォーターフロントの計画ノート……横内憲久他著	都市の水辺と人間行動……………畔柳昭雄他著
新編 海岸工学……………………椹木　亨他著	
環境システム………………土木学会環境システム委員会編	
土木計画学のためのデータ解析法…加藤　晃他著	
土木計画序論………………………長尾義三著	
新・都市計画概論…………………加藤　晃他著	
道路の計画とデザイン……………樗木　武他著	
ミチゲーションと第3の国土空間づくり……長尾義三他監修	
詳解 測量演習……………………佐藤俊朗編	